建筑安装工程施工工长系列丛书

U0199106

焊工工长

刘书贤 主编

金盾出版社

内容提要

本书依据现行的焊工操作标准和规范进行编写,主要介绍了焊工基础知识、焊接工程施工管理、常用焊接方法、金属材料焊接技术、锅炉及压力容器焊接技术、梁与柱焊接技术、焊接质量控制及焊接工料计算等内容。

本书例题新颖,脉络清晰,重点突出,可作为焊工工长的职业培训教材,也可作为施工现场焊工工长的常备参考书和自学用书。

图书在版编目(CIP)数据

焊工工长/刘书贤主编 . -- 北京:金盾出版社,2013.7
(建筑安装工程施工工长丛书)
ISBN 978-7-5082-8194-0

I.①焊… II.①刘… III.①焊接—基本知识 IV.①TG4

中国版本图书馆 CIP 数据核字(2013)第 047138 号

金盾出版社出版、总发行

北京太平路 5 号(地铁万寿路站往南)
邮政编码:100036 电话:68214039 83219215
传真:68276683 网址:www.jdcbs.cn
封面印刷:北京凌奇印刷有限责任公司
正文印刷:北京军迪印刷有限责任公司
装订:兴浩装订厂
各地新华书店经销
开本:850×1168 1/32 印张:10.625 字数:273 千字
2013 年 7 月第 1 版第 1 次印刷
印数:1~7 000 册 定价:27.00 元

本书编委会

主　编　刘书贤

参　编　(按姓氏笔画排序)

于　涛　马文颖　刘艳君　吕文静

孙丽娜　齐丽娜　李　东　张　彬

郑大为　夏　怡　夏　欣　陶红梅

前　言

近年来,我国城市建设正在蓬勃发展,建筑业作为国民经济的支柱产业,也随之迅速发展。电气焊是工程建设中重要的施工工艺,它直接关系到工程质量和设备的安全运行。在施工中,对焊接工程进行有效的管理控制,对节省工程投资、缩短工期、保证工程质量,显得尤为重要。焊工工长在其中扮演非常重要的角色,他们的管理控制能力、操作技术水平、安全意识直接关系到施工的质量、进度、成本、安全以及工程项目的工期。

为了适应焊接工程的需要以及施工管理的新动向,不断提高施工现场管理人员素质和工作水平,我们根据国家最新颁布实施的相关规范、规程及行业标准,组织多年来从事焊接施工和现场管理的工程师,汇集他们的实际工作经验,针对工长工作时所必需的参考资料和要求,编写了此书。

书中编入了多种新材料、新工艺、新技术,具有很强的针对性、实用性和可操作性。内容深入浅出、通俗易懂。

本书体例新颖,包含"本节导读"和"技能要点"两个模块,在"本节导读"部分对该节内容进行概括,并绘制出内容关系框图;在"技能要点"部分对框图中涉及的内容进行详细的说明与分析。力求能够使读者快速把握章节重点,理清知识脉络,提高学习效率。

本书在编写过程中得到了有关领导和专家的帮助,在此一并致谢。由于时间仓促,加之作者水平有限,虽然在编写过程中反复推敲核实,但仍不免有疏漏之处,恳请读者热心指正,以便进一步修改和完善。

编　者

目　　录

第一章 焊工基础知识

第一节 焊 工 识 图

本节导读：

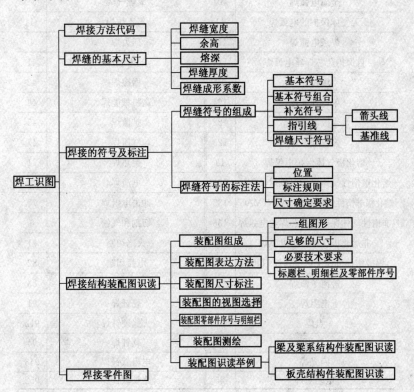

技能要点 1:焊接方法代码

各种焊接方法的代号应符合《焊接及相关工艺方法》(GB/T 5185—2005)的规定。可通过代号对每种工艺方法加以识别。焊接及相关工艺方法一般采用三位数代号表示。其中,一位数代号表示工艺方法大类,二位数代号表示工艺方法分类,而三位数代号表示某种工艺方法。常用的焊接及相关工艺方法代号见表 1-1。

表 1-1　常用的焊接方法的代号

焊接方法	代号	焊接方法	代号
电弧焊	1	气焊	3
金属电弧焊	101	氧燃气焊	31
无气体保护的电弧焊	11	氧乙炔焊	311
焊条电弧焊	111	压力焊	4
自保护药芯焊丝电弧焊	114	超声波焊	41
埋弧焊	12	摩擦焊	42
单丝埋弧焊	121	高机械能焊	44
带极埋弧焊	122	扩散焊	45
多丝埋弧焊	123	气压焊	47
熔化极气体保护电弧焊	13	铝热焊	71
熔化极惰性气体保护电弧焊(MIG)	131	电渣焊	72
熔化极非惰性气体保护电弧焊(MAG)	135	冲击电阻焊	77
非惰性气体保护的药芯焊丝电弧焊	136	切割和气刨	8
非熔化极气体保护电弧焊	14	火焰切割	81
钨极惰性气体保护电弧焊(TIG)	141	电弧切割	82
等离子弧焊	15	等离子弧切割	83
电阻焊	2	硬钎焊	91
点焊	21	火焰硬钎焊	912
缝焊	22	软钎焊	94
闪光焊	24	电阻软钎焊	948
电阻对焊	25	烙铁软钎焊	952

技能要点 2：焊缝的基本尺寸

1. 焊缝宽度

焊缝表面与母材的交界处叫焊趾。单道焊缝横截面中，两焊趾之间的距离叫焊缝宽度，如图 1-1 所示。

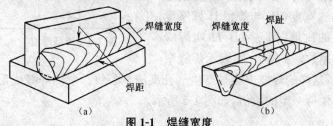

图 1-1 焊缝宽度

(a)角焊缝焊缝宽度 (b)对接焊缝焊缝宽度

2. 余高

对接焊缝中，超出表面焊趾连线上面的那部分焊缝金属的高度叫余高。余高使焊缝的截面积增加，强度提高，并能增加 X 射线摄片的灵敏度，但易使焊趾处产生应力集中。所以余高既不能低于母材，也不能太高。国家标准规定手弧焊的余高值为 0～3mm，埋弧自动焊余高值取 0～4mm，如图 1-2 所示。

3. 熔深

在焊接接头横截面上，母材熔化的深度叫熔深。当填充金属材料(焊条或焊丝)一定时，熔深的大小决定了焊缝的化学成分，如图 1-3 所示。

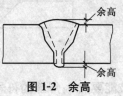

图 1-2 余高

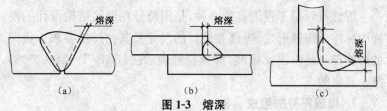

图 1-3 熔深

(a)对接接头熔深 (b)搭接接头熔深 (c)T形接头熔深

4. 焊缝厚度

在焊缝横截面中,从焊缝正面到焊缝背面的距离叫焊缝厚度,如图 1-4 所示。

5. 焊缝成形系数

熔焊时,在单道焊缝横截面上焊缝宽度(B)与焊缝计算厚度(H)的比值,即 $\phi = B/H$ 叫焊缝成形系数。ϕ 越小,则表示焊缝窄

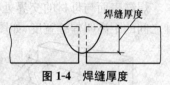

图 1-4　焊缝厚度

而深,这样的焊缝中容易产生气孔夹渣和裂纹。所以焊缝成形系数应保持一定的数值,如图 1-5 所示。

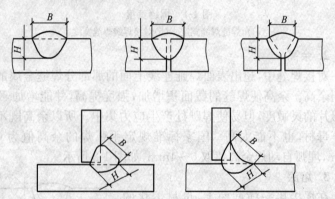

图 1-5　焊缝成形系数

技能要点 3:焊缝的符号及标注

焊缝符号是工程语言的一种,是用符号在焊接结构设计的图样中标注出焊缝形式、焊缝和坡口的尺寸及其他焊接要求。我国的焊缝符号是由国家标准《焊缝符号表示法》(GB/T 324—2008)统一规定的。

1. 焊缝符号的组成

一般由基本符号与指引线组成。必要时还可加上辅助符号、

补充符号和焊缝尺寸符号。

（1）基本符号。基本符号是表示焊缝横截面形状的符号,见表1-2。

表 1-2　基本符号

序号	名称	示意图	符号
1	卷边焊缝 （卷边完全熔化）		八
2	I 形焊缝		‖
3	V 形焊缝		∨
4	单边 V 形焊缝		⋁
5	带钝边 V 形焊缝		Y
6	带钝边单边 V 形焊缝		⊬
7	带钝边 U 形焊缝		Y
8	带钝边 J 形焊缝		⊬
9	封底焊缝		⌣

续表1-2

序号	名称	示意图	符号
10	角焊缝		△
11	塞焊缝或槽焊缝		⊓
12	点焊缝		○
13	缝焊缝		⊖
14	陡边 V 形焊缝		⋁
15	陡边单 V 形焊缝		⋁
16	端焊缝		‖‖
17	堆焊缝		⌢⌢
18	平面连接（钎焊）		=

续表1-2

序号	名称	示意图	符号
19	斜面连接(钎焊)		//
20	折叠连接(钎焊)		⊇

(2)基本符号组合。标注双面焊焊缝或接头时,基本符号可以组合使用,见表1-3。

表1-3　基本符号组合

序号	名称	示意图	符号
1	双面V形焊缝(X焊缝)		X
2	双面单V形焊缝(K焊缝)		K
3	带钝边的双面V形焊缝		X
4	带钝边的双面单V形焊缝		K
5	双面U形焊缝		X

（3）补充符号。补充符号是为了补充说明焊缝或接头的某些特征，如表面形状、衬垫、焊缝分布、施焊地点等采用的符号，见表1-4。

表 1-4　补充符号

序号	名　称	示意图	备　注
1	平面	▬	焊缝表面通常经过加工后平整
2	凹面	 ⌣	焊缝表面凹陷
3	凸面	⌢	焊缝表面凸起
4	圆滑过渡	⌣⌣	焊趾处过渡圆滑
5	永久衬垫	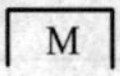 [M]	衬垫永久保留
6	临时衬垫	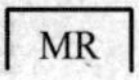 [MR]	衬垫在焊接完成后拆除
7	三面焊缝	⊏	三面带有焊缝
8	周围焊缝	○	沿着工件周边施焊的焊缝标注位置为基准线与箭头线的交点处
9	现场焊缝	 ▶	在现场焊接的焊缝
10	尾部	 <	可以表示所需的信息

（4）指引线。指引线由箭头线和基准线（实线和虚线）组成，如图 1-6 所示。

1）箭头线：箭头直接指向的接头侧为"接头的箭头侧"，与其相对的则为"接头的非箭头侧"，如图 1-7 所示。

2)基准线:基准线一般应与图样的底边平行,必要时也可与底边垂直。实线和虚线的位置可根据需要互换。

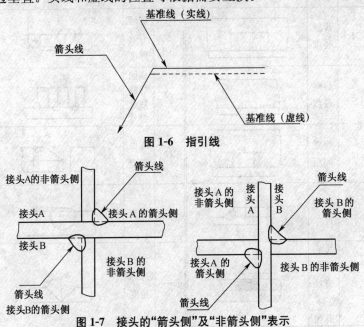

图1-6 指引线

图1-7 接头的"箭头侧"及"非箭头侧"表示

(5)焊缝尺寸符号。焊缝尺寸符号见表1-5。

表1-5 焊缝尺寸符号

符号	名称	示意图	符号	名称	示意图
δ	工件厚度		p	钝边	
α	坡口角度		c	焊缝宽度	
b	根部间隙		R	根部半径	

续表 1-5

符号	名称	示意图	符号	名称	示意图
l	焊缝长度		S	焊缝有效厚度	
n	焊缝段数	$n=2$	N	相同焊缝数量符号	$N-3$
e	焊缝间距	e	H	坡口深度	H
K	焊脚尺寸	K	h	余高	h
d	点焊：焊核直径 塞焊：孔径	d	β	坡口面角度	β

2. 焊缝符号的标注法

（1）基本符号与基准线的相对位置。

1）基本符号在实线侧时，表示焊缝在箭头侧，如图 1-8a 所示。

2）基本符号在虚线侧时，表示焊缝在非箭头侧，如图 1-8b 所示。

3）对称焊缝允许省略虚线，如图 1-8c 所示。

4）在明确焊缝分布位置的情况下，有些双面焊缝也可省略虚线，如图 1-8d 所示。

（2）标注规则。尺寸的标注方法如图 1-9 所示。

1）横向尺寸标注在基本符号的左侧。

2）纵向尺寸标注在基本符号的右侧。

3)坡口角度、坡口面角度、根部间隙标注在基本符号的上侧或下侧。

4)相同焊缝数量标注在尾部。

5)当尺寸较多不易分辨时,可在尺寸数据前标注相应的尺寸符号。当箭头线方向改变时,上述规则不变。

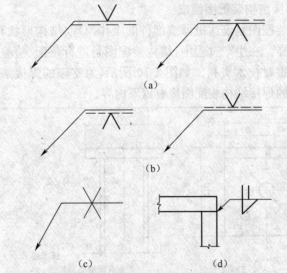

图1-8　基本符号与基准线的相对位置
(a)焊缝在接头的箭头侧　(b)焊缝在接头的非箭头侧　(c)对称焊缝　(d)双面焊缝

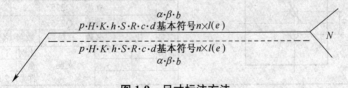

图1-9　尺寸标注方法

(3)关于尺寸的其他确定。确定焊缝位置的尺寸不在焊缝符号中标注,应将其标注在图样上。

在基本符号的右侧无任何尺寸标注又无其他说明时,意味着焊缝在整个工件的整个长度方向上是连续的。

在基本符号的左侧无任何尺寸标注又无其他说明时,意味着对接焊缝应完全焊透。

塞焊缝、槽焊缝带有斜边时,应标注其底部的尺寸。

技能要点4:焊接结构装配图识读

1. 焊接结构装配图组成

结构装配图是表达机器或部件的工作原理、结构形状和装配关系的图样。在生产过程中,结构装配图是进行装配、检验、安装及维修的重要技术资料。如图1-10所示,为支座的焊接结构图。一张完整的焊接结构装配图应有以下内容。

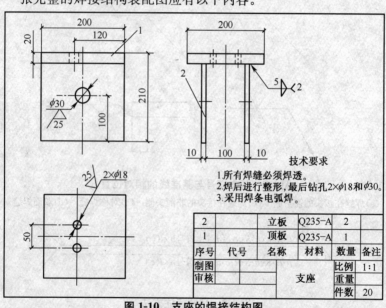

图1-10　支座的焊接结构图

(1)一组图形。完整而清晰地表达出构件各个部分的结构形状,表达装配结构特征、工作原理、装配件以及全部构件的形状等的图形。对于焊接结构图中除了包含与焊接有关的内容外,还有其他加工所需的全部内容。

(2)足够的尺寸。表达有关装配体的外形、性能、规格、连接关系或确定结构件各部分结构形状的大小和相对位置等的尺寸。

(3)必要的技术要求。为了确保构件或机器的装配焊接质量，满足使用要求，对装配体的装配、试验、使用规则、应用范围、特殊处理等提出严格、合理的规定或说明，焊接装配图是用代号（符号）或文字等注写出结构件在制造和检验时的各项质量要求，如焊缝质量、表面修理、矫正、热处理以及尺寸公差、形状和位置公差等。

(4)标题栏、明细栏及零部件序号。根据生产组织和管理的需要，在装配图中，用标题栏填写部件的名称、图号、比例等，除此之外还需对每个零件编写序号，并在标题栏上方画出明细栏，然后按零件序号，自下向上详细地列出每个零件的名称、数量及材料等。

2. 装配图表达方法

有关机件的各种表达方法都适用于装配图，但装配图还有其规定的画法和特殊的表达方法。

(1)规定画法。

1)装配图中，对于连接件（螺钉、螺栓、螺母、垫圈、键、销等）和实心件（轴、手柄、连杆等），当剖切面通过基本轴线或对称面时，可采用局部剖视图。

2)相邻两个零件的接触面和配合面之间，规定只画一条轮廓线。相邻两个零件的非接触面，即使间隔很小，也必须画两条线，如图1-11a所示。两个相邻的零件在剖视图中的剖面线方向应该相反，或方向一致而间隔不等，如图1-11b所示。

(2)特殊表达方法。

1)沿零件的结合面剖切和拆卸画法：在装配图中，为了把装配体某部分零件表达得更清楚，可以假想沿某些零件的结合面进行剖切或假想把某些零件拆卸后绘制，拆卸后需要说明时可注上"拆去件××"。

2)零件的单独画法：在装配图中，可用视图、剖视图或剖面单独表达某个零件的结构形状，但必须在视图上方标注对应的说明。

3)假想画法:在装配图上,当需要表达某些零件的运动范围和极限位置时,可用双点画线画出该零件在极限位置的外形图。当需要表达本部件与相邻部件的装配关系时,可用双点画线画出相邻部分的轮廓线。

4)夸大画法:装配图中的薄片零件、细小零件、微小零件及较小的斜度等,允许该部分不按比例,夸大画出。

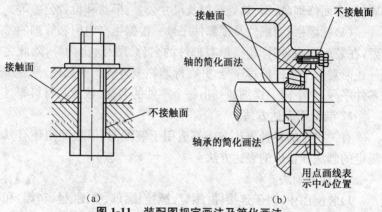

（a）　　　　　　　　（b）
图 1-11　装配图规定画法及简化画法

（3）简化画法。

1)在装配图中,零件的工艺结构,如小圆角、小倒角、退刀槽等允许不画。

2)装配图中若干相同的零件组(如螺栓连接等),可以详细地画出一组或几组,其余的以点画线表示中心位置即可。

装配图中的标准件(如滚动轴承的一边)应用规定表示法,而另一边允许用交叉细实线表示。

3)当剖面的厚度等于或小于 2mm,可用涂黑代替剖面线。当两相邻剖面均涂黑时,两剖面之间应留出不小于 0.7mm 的间隙。

4)当剖切平面通过某些部件的对称中心线或轴线时,同时这些部件为标准产品或已用其他图形表达清楚,则该部分可按不剖绘制。

3. 装配图的尺寸标注

装配图的尺寸标注与零件图不同,在装配图中不必标出全部尺寸,只需标注必要的尺寸。这些尺寸是根据装配图的作用来说明机器性能、工作原理和安装要求的。

(1)规格尺寸。说明机器(或部件)的规格性能的尺寸,它是设计产品的主要根据。

(2)外形尺寸。表示机器(或部件)的总长、总宽和总高尺寸。外形尺寸表明了机器(或部件)所占的空间大小,供包装、运输和安装时参考。

(3)装配尺寸。表示部件内部零件间装配关系的尺寸,主要有以下几种。

1)配合尺寸:表示零件间配合性质的尺寸。

2)相对位置尺寸:表示装配机器或部件时需要保证两零部件间重要的相对位置,如螺钉、螺柱和销等的定位尺寸。

(4)安装尺寸。将部件安装到机器上或地基上所需要的尺寸。

(5)其他重要尺寸。在设计过程中经计算或选定的尺寸,但又未包括在以上几类尺寸中,这些尺寸在拆画零件图时不能改变。

4. 装配图的视图选择

(1)表达机件(部件)的基本要求。装配图应清晰地表达机器或部件的工作原理、装配关系、主要零件的基本结构及所属零件的相对位置、连接方式和运动情况,而不侧重于表达每个零件的形状。选择装配图的表达方案时,应该围绕所述基本要求,力求做到绘图简单方便。

(2)装配图的视图选择。

1)主视图的选择:绘制主视图时,一般将机器(部件)按工作位置放置,并从反映机器(部件)的工作原理、装配关系和结构特点的最佳方向进行投影,沿其主要装配干线进行剖切。

2)其他视图的选择:在主视图确定之后,对尚未表达清楚的内容要选择其他视图予以补充。选择其他视图时应考虑的问题如下：

①优先选用基本视图并采取适当剖视。

②每个视图都要有明确的表达重点，应避免对同一内容重复表达。

③视图的数量要依据机器（部件）的复杂程度而定，在表达清楚、完整的基础上力求简单。

5. 装配图的零部件序号与明细栏

为了装配图的识读和生产的准备工作，对装配图中所有的零部件都要进行统一编号，并填写明细栏，以便统计零件数量进行生产准备。同时，看装配图时，可以根据序号查阅明细栏，从而了解零件的名称、材料和数量等。

(1)零部件序号及编排方法。

1)相同的零部件用一个序号，一般只标注一次。

2)序号应注写在图形轮廓的外边，填写在横线上或圆圈内，指引线、横线和圆圈用细实线画出。填写在横线或圆圈内的序号要比装配图中尺寸标注的尺寸数字大一号或两号，如图 1-12a、b 所示。也可以将序号标注在指引线附近，但此时序号高度比该装配图中所注尺寸数字高度大两号，如图 1-12c 所示。

3)指引线应从所指部分的可见轮廓内引出，并在末端画一圆点，如图 1-13 所示。若所指部分为很薄的零件或为涂黑的剖面内不便画圆点时，可在指引线的末端画出箭头，指向该部分轮廓。

4)当指引线通过有剖面线的区域时，指引线不能与剖面线平行，如图 1-13 所示。指引线不能相互交叉，必要时可以画成折线，但只可曲折一次，如图 1-14 所示。

5)一组紧固件或装配关系清楚的零件组，可用一条公共指引线，如图 1-15 所示。

6)编写序号时，为了使全图布置美观整齐，序号要沿水平或沿垂直方向顺时针或逆时针次序排列整齐，如图 1-13 所示。

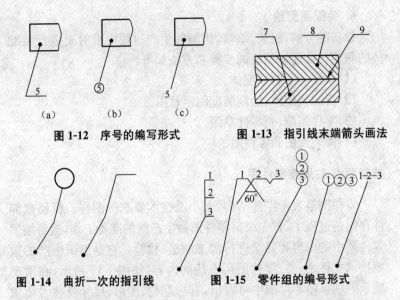

图 1-12 序号的编写形式   图 1-13 指引线末端箭头画法

图 1-14 曲折一次的指引线   图 1-15 零件组的编号形式

（2）明细栏。装配图的明细栏接在标题栏的上方,其侧边为粗实线,其余为细实线。填写明细栏时按零件序号自下而上依次书写,不得间断或交错。当明细栏不能向上延伸时,可在标题栏左方再画一排。

图 1-16 所示的明细栏与标题栏格式可供学习时使用。在实际生产中,明细栏也可不画在装配图内,按 A4 幅面作为装配图的续页单独绘出,编写顺序是自上而下,可连续加页,但在明细栏下方应设置与装配图完全一致的标题栏。

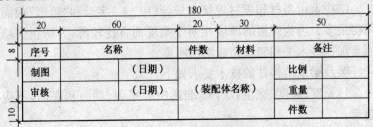

图 1-16 明细栏与标题栏

6. 装配图测绘

设备的分解、组装、维修、仿制等生产过程中有时要进行装配体的测绘。装配体测绘的步骤和方法如下：

(1)观察与了解装配体。

(2)拆卸装配体,绘制装配图示意图。

(3)零件测绘,画零件草图。

(4)画装配图和零件图。

技能要点5:焊接零件图

零件图是表示零件结构、大小及技术要求的图样。机器或部件在制造过程中,首先根据零件图做生产前的准备工作,然后按照零件图中的内容和要求进行加工制造、检验。它是组织生产的重要技术文件之一。零件图所表达的内容,如图1-17所示,在滑动轴承的轴承座零件图中可看出,有标题栏、图形、尺寸及技术要求等。按这样的图纸所确定的内容进行生产,能够制造出符合设计要求的合格产品。

技能要点6:焊接结构装配图识读举例

1. 梁及梁系结构件装配图识读

(1)梁及梁系结构件的特点。梁及梁系结构件指在一个或两个平面内受弯矩作用的构件,是焊接结构中最主要的构件之一,是组成各种建筑钢结构的基础。

结构上由型材和板材焊接而成,其中"工"字形和"箱形"截面用得最多。因为腹板的厚度相对于高度而言比较薄,为防止失稳通常加一些水平和竖直肋板增加刚度。

梁及梁系结构件的技术要求如下:

1)长度、高度、宽度尺寸基准选中心平面、端面和底面,不应超差。

2)在长度方向上,轴线的直线度及横向弯曲不应超差。

3)对于梁有时允许有一定的上翘弯曲,扭转强度要求较高。

4)焊后要校正和去应力退火,焊后进行无损检验。

一般选用两个或三个基本视图来表达,常以工作位置为主视图,反映主要形状特征,并根据需要增加局部放大图或剖视图表示焊缝尺寸。

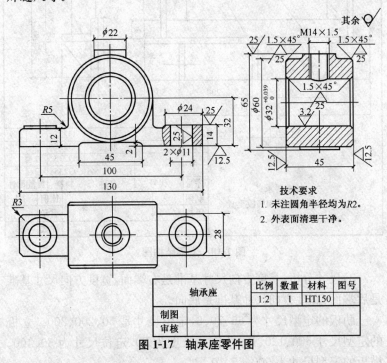

技术要求

1. 未注圆角半径均为R2。

2. 外表面清理干净。

轴承座			比例	数量	材料	图号
			1:2	1	HT150	
制图						
审核						

图 1-17　轴承座零件图

(2)简单梁类结构图的识读。上梁结构的读图示例如图 1-18 所示。

1)概括了解:结构件的名称为上梁,数量为 20,除件 1 为型材外,其余为板材剪裁而成。制造该结构件所用材料为 Q235,其中 ∟ 50×50×6 的含义是等边角钢,边宽为 50mm,边厚为 6mm。

2)分析视图想象形状:为表达梁的结构形状,采用了两个视图,即主视图和左视图。该结构较为简单,为了提高结构的承载能力,增加了件3、件4。

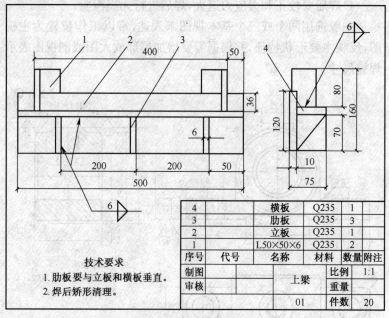

图 1-18　上梁结构图

3)尺寸分析:长度方向尺寸基准是右端面,宽度方向尺寸基准是后端面,高度方向尺寸基准是底向。

肋板的定型尺寸为 65、70、6,定位尺寸是 50、200、200。立板的定型尺寸 500、120、10,角钢的长度为 80,定位尺寸为 50、400。横板的定型尺寸为 500、65、10。

符号 6▷ 表示上述各件之间的焊缝名称为角焊缝,焊脚高为6mm,总体尺寸为 500、160、75。

4)技术要求:肋板与立板和横板垂直,焊角高度要保证,焊后清渣,矫形。

2. 板壳结构件装配图识读

(1)板壳结构件的特点。板壳结构件主要指承受较大的内部或外部应力构件,主要起容纳和支撑作用,包括压力容器、锅炉、管道等,要求结构具有良好的气密性。结构上由板材与型材焊接而成,对容器的排油阀要求处于最低位,允许有下挠度。

板壳结构件的技术要求如下:

1)长度、高度、宽度尺寸基准选中心线、轴线等。

2)对接触面和重要孔有形位公差要求。

3)压力容器具有防止泄漏的要求,焊后要去应力退火,进行无损检验或耐压试验。

一般选用两个或三个基本视图来表达,主视图常选择工作位置,反映主要形状特征,对焊缝尺寸要求较高,可用局部放大图来表示。在视图上合适的位置进行剖切表示厚度。

(2)简单板壳结构图的识读。

1)容器类结构件:容器类结构件是锅炉行业和化工行业主要设备之一,它的主要作用是盛装液体或气体。

压力容器应有安全指标,故制造和检验都有较高要求。液化石油气钢瓶属于压力容器的识图示例如图1-19所示。

①概括了解。该结构件名称为液化石油气钢瓶,所用材料为低合金结构钢中的容器用钢16MnR,属于单层压力容器。由4个件组焊而成,与其他两个零件(护罩和底座)组焊后作为家用液化气瓶。在施焊时,先将垫板与下封头组焊完成,再进行上、下封头的焊接,实现单面焊双面成形,保证总体质量。

②分析视图想象形状。为了表达钢瓶的内外形状,共用了两个视图,其中一个为基本视图,另一个为局部放大图。

主视图中采用了半剖,表达了钢瓶环焊缝的位置,局部放大图表达上封头、下封头与垫板的结构及焊缝的形状。

③尺寸分析。液化气钢瓶的内径为 $\phi314mm$,高度约为580mm。

表示焊缝为整圈对接焊缝,焊接间隙为3mm,坡口角度为 50°,有垫板,焊接方法为单丝埋弧焊(121)。

$\overset{4}{\diagup}\diagdown_{111}$表示焊缝为角焊缝,焊角尺寸为 4mm,焊接方法为焊条电弧焊(111)。

④技术要求。瓶嘴与上封头组焊后高度为 292mm,整个钢瓶焊完之后要进行无损探伤,焊后要去除应力退火。焊缝过渡要光滑,避免产生应力集中。

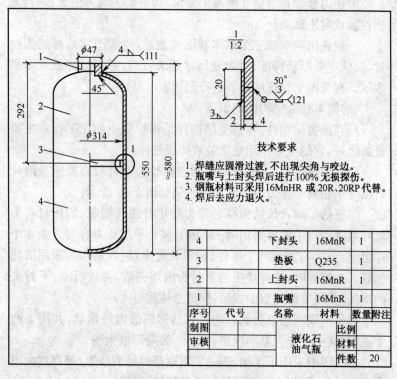

图 1-19　液化石油气钢瓶

2)管类结构件:管类结构件也是锅炉行业与化工行业的主要设备之一,其主要作用是输送液体或气体,管接头则起连接作用。承受压力的管类结构件的制造和检验都有特殊的要求。

第二节 焊接接头

本节导读:

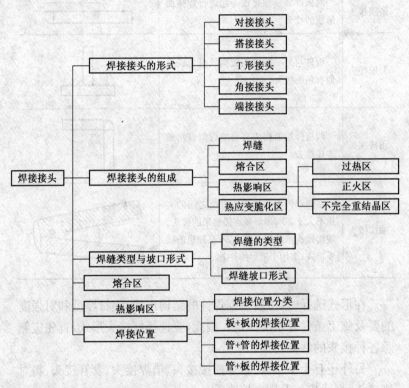

技能要点1:焊接接头的形式

焊接接头的种类和形式很多,根据所采用的焊接方法的不同,焊接接头可以分为熔焊接头、压焊接头和钎焊接头3大类。根据接头的构造形式不同,焊接接头又可以分为对接接头、T形(十字)接头、搭接接头、角接接头和端接接头5种,见表1-6。

表 1-6　焊接接头分类

接头形式	特　　点	图　　示
对接接头	在同一平面上,两板件端面相对焊接而形成的接头	
搭接接头	两板件部分重叠在一起进行焊接而形成的接头	
T形接头	板件与另一板件相交构成直角或近似直角的接头	
角接接头	两板件端面构成直角或近似直角的连接接头	
端接接头	将两焊件重叠放置或表面之间的夹角不大于30°,用焊接连接起来的接头。端接接头承载能力较差,不是理想的接头形式,多用于密封构件上	0°~30°

　　在形式选择时,主要根据焊件的结构形式、钢材厚度和对强度的要及施工条件等情况而定。因此,要选择好接头形式,首先应熟悉各种接头的性能特点。

　　另外还有十字接头、塞焊搭接接头、槽焊接头、套管接头、斜对接接头、卷边接头及锁底接头等。

技能要点 2:焊接接头的组成

　　焊接接头是指用焊接方法连接的接头,简称接头。焊接接头包括焊缝(OA)、熔合区(AB)、热影响区(BC)和热应变脆化区(CD),如图 1-20 所示。

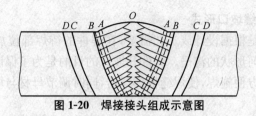

图 1-20　焊接接头组成示意图

技能要点 3:焊缝类型与坡口形式

1.焊缝的类型

(1)按焊缝的空间位置不同可分为平焊缝、立焊缝、横焊缝和仰焊缝四种形式。

(2)按焊缝结合形式不同可分为对接焊缝和角接焊缝两大类。

1)对接焊缝是构成对接接头的焊缝,是在工件的坡口面间或一工件的坡口面与另一工件表面间焊接的焊缝,主要尺寸以焊缝高度、焊缝宽度和熔池深度表示。

2)角接焊缝是沿两直交或接近直交焊件的交线所焊接的焊缝,主要尺寸以焊脚高度表示。

(3)按焊缝断续情况的不同可分为连续焊缝和断续焊缝两种。断续焊缝只适用于对强度要求不高和不需要密闭的焊接结构。断续焊缝又可分为交错式焊缝和链状式焊缝两种。

(4)按焊缝所起的作用不同可分为作承受载荷的承载焊缝和不直接承受载荷而只起连接作用的联系焊缝两类,主要用于防止流体渗漏的密封焊缝,在正式施焊前为装配和固定焊件上接头的位置而焊接的长度较短的定位焊缝。

(5)按焊缝形状及在接头处的位置不同可分为端接接头所形成的端接焊缝。在工件卷边处施焊的卷边焊缝。两板件相叠,其中一块开有圆孔,然后在圆孔中焊接两板所形成的塞焊焊缝。沿球形或圆筒形工件环向分布的头尾相接的环形焊缝。焊缝表面经修整后与母材表面齐平的削平焊缝等。

2. 焊缝坡口形式

坡口是根据设计或工艺需要,在焊件的待焊部位加工并装配成一定几何形状的沟槽。焊件开坡口的目的是为了保证焊接接头的质量和方便施焊,使焊缝根部焊透,同时调节母材与填充金属的比例。

常用的坡口形式有 I 形、V 形、X 形、K 形和 U 形等坡口,如图 1-21 所示。坡口形式的选择主要取决于板材的厚度、焊接方法和焊接工艺过程。各种坡口的尺寸可根据国家统一标准或根据具体情况而定。

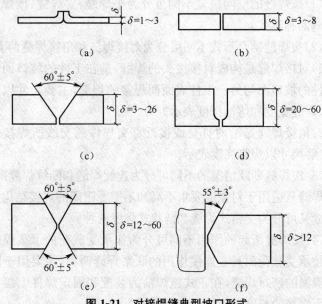

图 1-21　对接焊缝典型坡口形式

(a)卷边接头　(b)I 形坡口接头　(c)V 形坡口接头
(d)U 形坡口接头　(e)X 形坡口接头　(f)K 形坡口接头

技能要点 4:熔合区

熔合区是接头中焊缝与焊接热影响区过渡的区域。该区很窄,宽度只有 0.1~0.4mm,是接头中最薄弱地带,许多焊接接头破坏的事故,常因该处的某些缺陷引起,冷裂纹、脆性相、再热裂纹、奥氏体不锈钢的刀状腐蚀等均源于该区。

焊接时,熔合区内液态金属与未熔化的母材金属共存,冷却后,其组织为部分铸态组织和部分过热组织,组织不均匀,晶粒粗大,强度下降,力学性能很差,是焊接接头中的薄弱部位。

技能要点 5:热影响区

焊接过程是焊缝金属熔化,靠近焊缝金属的母材因受热的影响而发生金相组织和力学性能变化,这一区域称为焊接热影响区。

热影响区的宽度与焊接方法和焊接线能量大小有关。它的组织与性能变化与材料的化学成分、焊前的热处理状态及焊接热循环等因素有关。

按照加热温度的不同,焊接热影响区可划分为过热区、正火区和不完全重结晶区。

(1)过热区。温度在固相线至 1100℃之间,宽度为 1~3mm。焊接时,该区域内奥氏体晶粒长大,冷却后得到晶粒粗大的过热组织,使材料塑性和韧性明显下降,力学性能差,是焊接接头中性能最差的薄弱部位。

(2)正火区。金属组织发生重结晶,组织细化,晶粒细小,金属的力学性能良好。

(3)不完全重结晶区。焊接时,只有部分组织转变为奥氏体,冷却后获得细小的铁素体和珠光体,其余部分仍为原始组织,因此晶粒大小不均匀,力学性能也较差。

技能要点 6:焊接位置

1. 焊接位置分类

焊接位置是焊缝所处的空间位置,可用焊缝倾角和焊缝转角来表示:焊缝倾角是指焊缝轴线与水平面间的夹角;焊缝转角是指焊缝中心线与水平参照面 Y 轴的夹角。焊接位置的分类见表1-7。

表1-7　焊接位置的分类

类　别	示　意　图	描　述
平焊位置		焊缝倾角为0°~5° 焊缝转角为0°~10°
横焊位置		焊缝倾角为0°~5° 焊缝转角为70°~90°
角焊缝横焊位置		焊缝倾角为0°~5° 焊缝转角为30°~55°
立焊位置		焊缝倾角为80°~90° 焊缝转角为0°~180°
仰焊位置		焊缝倾角为0°~15° 焊缝转角为160°~180°

续表 1-7

类　别	示　意　图	描　述
仰角焊位置	0° 15° 0 115°　115° 15° 135° 180° 135°	焊缝倾角为 0°～15° 焊缝转角为 115°～180°
船形焊	45° 45°	T 形、十字形和角接接头处于平焊位置进行的焊接,称为船形焊

2. 板十板的焊接位置

常用板十板的焊接位置有板平焊、板立焊、板横焊、板仰焊和船形焊五种,如图 1-22 所示。

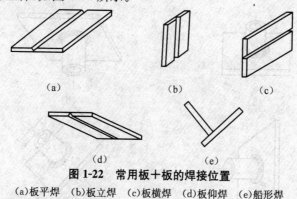

（a）　　　　　　　（b）　　　　　　　（c）

（d）　　　　　　　（e）

图 1-22　常用板十板的焊接位置

（a）板平焊　（b）板立焊　（c）板横焊　（d）板仰焊　（e）船形焊

3. 管十管的焊接位置

常用管十管的焊接位置包括管十管水平固定焊、管十管水平转动焊、管十管垂直固定焊和管十管 45°固定焊四种,如图 1-23 所示。

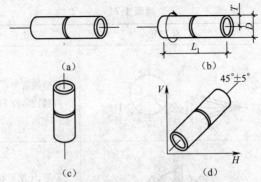

图 1-23　常用管＋管的焊接位置

(a)管＋管水平固定焊　(b)管＋管水平转动焊

(c)管＋管垂直固定焊　(d)管＋管 45°固定焊

4. 管＋板的焊接位置

　　常用管＋板的焊接位置包括管＋板垂直俯位焊、管＋板垂直仰位焊、管＋板水平固定焊和管＋板 45°固定焊四种,如图 1-24所示。

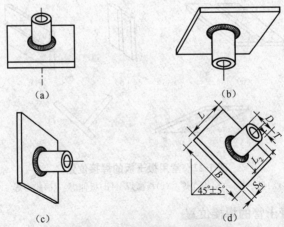

图 1-24　常用管＋板的焊接位置

(a)管＋板垂直俯位焊　(b)管＋板垂直仰位焊

(c)管＋板水平固定焊　(d)管＋板 45°固定焊

第三节　焊接常用材料

本节导读：

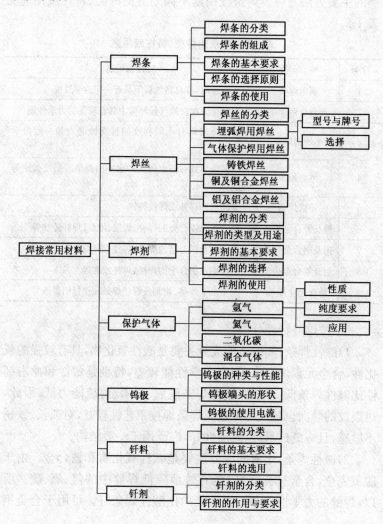

技能要点 1:焊条

1. 焊条的分类

(1)按焊条的用途分类。按照焊条的用途进行分类,是焊条分类的主要方法之一。焊条按用途不同划分的种类、特性或用途见表1-8。

表 1-8　焊条的种类、特性或用途

序号	种　　类	特性或用途
1	碳钢焊条	熔敷金属,在自然气候下具有一定力学性能
2	低合金钢焊条	熔敷金属在自然气候环境中具有较强的力学性能
3	不锈钢焊条	熔敷金属具有不同程度的抗腐蚀能力和一定力学性能
4	堆焊焊条	熔敷金属具有一定程度的耐不同类型磨损或腐蚀等性能
5	铸铁焊条	专门用作焊补或焊接铸铁
6	镍及镍合金焊条	用作镍及镍合金的焊补、焊接、堆焊;焊补铸铁等
7	铜及铜合金焊条	用作铜及铜合金的焊补、焊接、堆焊;焊补铸铁等
8	铝及铝合金焊条	用作铝及铝合金的焊接、焊补或堆焊
9	特殊用途焊条	用于水下焊接、切割及管状焊条和铁锰铝焊条等

(2)按熔渣特性分类。

1)酸性焊条:其熔渣的成分主要是酸性氧化物,具有较强的氧化性,合金元素烧损多,因而力学性能较差,特别是塑性和冲击韧性比碱性焊条低。同时,酸性焊条脱氧、脱磷、脱硫能力低,因此,热裂纹的倾向也较大。但这类焊条焊接工艺性较好,对弧长、铁锈不敏感,且焊缝成形好,脱渣性好,广泛用于一般结构。

2)碱性焊条:熔渣的成分主要是碱性氧化物和铁合金。由于脱氧完全,合金过渡容易,能有效地降低焊缝中的氢、氧、硫。所以,焊缝的力学性能和抗裂性能均比酸性焊条好。可用于合金钢和重要碳钢的焊接。但这类焊条的工艺性能差,引弧困难,电弧稳定性差,飞溅较大,不易脱渣,必须采用短弧焊。

(3)按药皮的主要成分分类。焊条按药皮的主要成分分类,见表1-9。

表1-9　焊条药皮的主要成分

药皮类型	药皮主要成分(质量分数)	焊接电源
钛型	氧化钛≥35%	直流或交流
钛钙型	氧化钛 30%以上;钙、镁的碳酸盐 20%以下	
钛铁矿型	钛铁矿≥30%	
氧化铁型	多量氧化铁及较多的锰铁脱氧剂	直流或交流
纤维素型	有机物 15%以上,氧化钛 30%左右	
低氢型	钙、镁的碳酸盐或萤石	直流
石墨型	多量石墨	直流或交流
盐基型	氯化物和氟化物	直流

2. 焊条的组成

涂有药皮的供手弧焊用的熔化电极叫焊条,它由药皮和焊芯两部分组成,如图 1-25 所示。

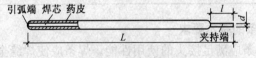

图1-25　焊条外形

L. 焊条长度　*d.* 焊芯直径(焊条直径)　*l.* 夹持端长度

(1)焊芯。焊芯是焊条中的钢芯。焊芯的牌号用“H”表示,表示“焊”,后面的数字表示碳量,其他合金元素含量的表示方法与钢号大致相同,质量水平不同的焊芯在最后标以一定符号以示区别。

(2)药皮。涂敷在焊芯表面的有效成分称为药皮,也称涂料。它是由矿石、铁合金、纯金属、化工物料和有机物的粉末混合均匀后粘结到焊芯上的。

根据焊条药皮的组成不同,药皮可分为不同类型,具体内容见表1-10。

表 1-10　药皮的类型

序号	类　型	内　　容
1	氧化钛型	氧化钛型,简称钛型。焊条药皮中加入35%以上的二氧化钛和相当数量的硅酸盐、锰铁以及少量有机物
2	氧化钛钙型	氧化钛钙型,简称钛钙型。药皮中加入30%以上的二氧化钛和20%以下的碳酸盐,以及相当数量的硅酸盐和锰铁,一般不加或少加有机物
3	钛铁矿型	药皮中加入30%以上的钛铁矿和一定数量的硅酸盐、锰铁以及少量有机物,不加或少量的碳酸盐
4	氧化铁型	药皮中加入大量铁矿石和一定数量的硅酸盐、锰铁以及少量有机物
5	纤维素型	药皮中加入15%以上的有机物、一定数量的造渣物质以及锰铁等
6	低氢型	药皮中加入大量碳酸盐、萤石、铁合金以及二氧化钛等
7	石墨型	药皮中加入多量石墨,以保证焊缝金属的石墨化作用;配以低碳钢芯或铸铁芯可用于铸铁焊条
8	盐基型	药皮由氟盐和氯盐组成,如氟化钠、氟化钾、氯化钠、氯化锂、冰晶石等,主要用于铝及铝合金焊条

3. 焊条的基本要求

(1)焊条应满足接头的使用性能。焊条应使焊缝金属具有满足使用条件下的力学性能和其他物理化学性能的要求。

1)对于结构钢用的焊条,必须使焊缝金属具有足够的强度和韧性。

2)对于不锈钢和耐热钢用的焊条,除要求焊缝金属具有必要的强度和韧性外,还要求有足够的耐蚀性和耐热性能,保证焊缝金属在工作期内的安全可靠。

(2)焊条应满足焊接的工艺性能。

1)焊条应具有良好的抗裂性及抗气孔的能力。

2)焊接过程应飞溅小、电弧稳定,不易产生夹渣或焊缝成形不良等工艺缺陷。

3)焊条应能适应各种位置的焊接需要。

4)焊条应符合低烟尘和低毒要求。

(3)焊条应具有良好的内外质量。

1)药皮粉末应混合均匀,与焊芯黏结牢靠,表面光洁、无裂纹、无脱落和气泡等缺陷。

2)焊条磨头、磨尾应圆整干净,尺寸符合要求,焊芯无锈,具有一定的耐湿性,有识别焊条的标志等。

(4)制造成本低。

4. 焊条的选择原则

(1)根据被焊金属材料的化学成分、力学性能、抗裂性、耐腐蚀性及耐高温性等要求,选择相应的焊条种类。

(2)根据焊缝金属的使用性能,选择相应的焊条。

(3)根据焊缝金属的抗裂性选择焊条。当焊件刚度较大,母材含碳、硫、磷量偏高或外界温度偏低时,焊缝容易出现裂纹,焊接时最好选用抗裂性较好的碱性焊条。

(4)根据焊件的工作条件与工艺特点选择焊条。对于承受交变载荷、冲击载荷的焊接结构,或者形状复杂、厚度大、刚性大的焊件,应选用碱性焊条甚至超低氢型焊条、高韧性焊条。对于母材中含碳、硫、磷量较高的焊件,应选择抗裂性较好的碱性焊条。在确定了焊条牌号后,还应根据焊接件厚度、焊接位置等条件选择焊条直径。一般是焊接件愈厚,焊条直径愈大。

(5)根据焊接设备及施工条件选择焊条。在没有直流焊机的情况下,就不能选用低氢钠型焊条,可以选用交直流两用的低氢钾型焊条。当焊件不能翻转而必须进行全位置焊接时,应选用能适合各种条件下空间位置焊接的焊条。

(6)根据焊工的劳动条件、生产率及经济合理性选用焊条。在满足产品质量的前提下,尽量选用少尘低害、生产率高、价格便宜的焊条。

(7)根据生产效率选择焊条。对于焊接工作量大的焊件,在保证焊缝性能的前提下,尽量采用高效率的焊条。

5. 焊条的使用

(1)焊条使用前的检查。

1)焊条采购入库时,必须有焊条生产厂的质量合格证,凡无质量合格证或对其质量有怀疑时,应按批抽查试验。

2)对重要的焊接结构进行焊接时,焊前应对所选用的焊条进行性能鉴定。

3)对于长时间存放的焊条,焊前应进行技术鉴定。

4)对于焊芯有锈迹的焊条,应经试验鉴定合格后使用。

5)对于受潮严重的焊条,应进行烘干后使用。

6)对于药皮脱落的焊条,应作报废处理。

(2)焊条烘干。焊条在使用前,应按说明书规定的温度进行烘干。因为焊条药皮受其成分、存放空间空气湿度、保管方式和贮存时间长短等因素的影响,会吸潮而使工艺性能变坏,造成焊接电弧不稳定,焊接飞溅增大,容易产生气孔和裂纹等缺陷。

1)酸性焊条烘干:酸性焊条的烘干温度为 75～150℃,烘干时间为 1～2h,当焊条包装完好且贮存时间较短,用于一般的钢结构焊接时,焊前也可以不予以烘干。焊条烘干后允许在大气中的放置时间不超过 6～8h,否则必须重新烘干。

2)碱性焊条烘干:碱性焊条的烘干温度为 350～400℃,烘干时间 1～2h,烘干后的焊条放在焊条保温筒中随用随取,焊条烘干后允许在大气中放置 3～4h,对于抗拉强度在 590MPa 以上低氢型高强度钢焊条应在 1.5h 以内用完,否则必须重新烘干。

3)纤维素型焊条烘干:纤维素型焊条烘干温度为 70～120℃,保温时间为 0.5～1h。注意烘干温度不可过高,否则纤维素易烧损、焊条性能变坏。

对于某些管道用纤维素型焊条,由于厂家在调制焊条配方时,已将焊条药皮中所含水分对电弧吹力的影响一并考虑在内,若再进行烘干,将降低药皮的含水量,减弱了电弧吹力,使焊接质量变差。因此,对于此类焊条可直接使用。

(3)焊条使用注意要点。

1)严格按图样和工艺规程要求检查焊条牌号、规格和烘干等是否与要求相符。

2)按焊条说明书要求,正确地选择用电源、极性接法、焊接工艺参数及适宜的操作方法。

3)施焊过程中,发现异常情况,应立即停焊,报请有关部门处理。

技能要点 2:焊丝

1. 焊丝的分类

(1)按其适用的焊接方法分类。可分为埋弧自动焊焊丝、电渣焊焊丝、CO_2 焊焊丝、堆焊焊丝、气焊焊丝等。埋弧焊使用的焊丝有实心焊丝和药芯焊丝两类,生产中普通使用的是实心焊丝,药芯焊丝只在某些特殊场合应用。CO_2 气体保护焊目前已较多地采用了药芯焊丝。

(2)按被焊金属材料的不同分类。可分为碳素结构钢焊丝、低合金钢焊丝、不锈钢焊丝、镍基合全焊丝、铸铁焊丝,有色金属焊丝和特殊合金焊丝等。

(3)按制造方法与焊丝的形状分类。可分为实心焊丝和药芯焊丝两大类。其中药芯焊丝还可分为气体保护焊丝和自保护焊丝两种。目前较常用的是按制造方法和其适用的焊接方法进行分类,焊丝分类的简明示意如图 1-26 所示。

2. 埋弧焊用焊丝

(1)埋弧焊用焊丝的型号与牌号。

1)实心焊丝的牌号:实心焊丝的牌号都是以字母"H"开头,后

面的符号及数字用来表示该元素的近似含量。具体表示方法如图
1-27 所示。

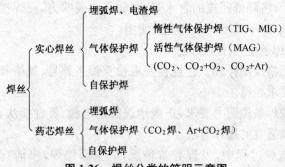

图 1-26　焊丝分类的简明示意图

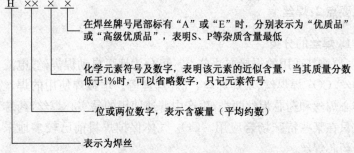

图 1-27　实心焊丝的牌号

2)药芯焊丝的牌号:常用的埋弧焊药芯焊丝牌号和用途见表
1-11。

表 1-11　埋弧焊药芯焊丝牌号和用途

牌号	主要化学成分 (质量分数%)	堆焊层硬度 HRC	主要用途
HYD047	C≤1.7	≥55	堆焊辊压机挤压辊表面
	Cr4.0～7.0		
	Mo1.5～3.0		
	Ni≤3.0		

续表 1-11

牌号	主要化学成分 (质量分数%)	堆焊层硬度 HRC	主要用途
HYD117Mn	C≥0.1 Mn1.2～1.6 Cr+Mo1.5～2.5	—	用于 HYD616Nb 的打底焊,特别严重磨料磨损耐磨层的修复和堆焊
YD616-2	C3.0～3.5 Cr13.5～15.5 Mn0.9～1.2 Mo0.3～0.6 Si0.7～1.0	46～53	堆焊耙路机的齿、破碎机锤头和挖土机齿等

　　3)机械化埋弧焊用钢焊丝的牌号与代号:机械化埋弧焊用钢焊丝在《埋弧焊用碳钢焊丝和焊剂》(GB/T 5293—1999)中有明确规定,其部分牌号及代号见表 1-12。

表 1-12　焊接用钢焊丝的牌号及代号

牌　号	代　号	牌　号	代　号
碳素结构钢焊丝			
焊 08	H08	焊 08 高	H08A
焊 08 特	H08E	焊 08 锰	H08Mn
焊 08 锰高	H08MnA	焊 15 高	H15A
焊 15 锰	H15Mn	—	—
合金结构钢焊丝			
焊 10 锰 2	H10Mn2	—	H08MnSi
焊 08 锰 2 硅	H08Mn2Si	焊 08 锰 2 硅高	H08Mn2SiA
焊 10 锰硅	H10MnSi	—	H11MnSi
—	H11Mn2SiA	焊 10 锰硅钼	H10MnSiMo
焊 10 锰硅钼钛高	H10MnSiMoTiA	焊 08 锰钼高	H08MnMoA

续表 1-12

牌　号	代　号	牌　号	代　号
不锈钢焊丝			
焊 0 铬 14	H0Cr14	焊 1 铬 13	H1Cr13
焊 1 铬 17	H1Cr17	焊 0 铬 21 镍 10	H0Cr21Ni10
焊 00 铬 21 镍 10	H00Cr21Ni10	焊 1 铬 24 镍 21	H1Cr24Ni13
焊 1 铬 24 镍 13 钼 2	H1Cr24Ni13Mo2	焊 0 铬 26 镍 21	H0Cr26Ni21
焊 1 铬 26 镍 21	H1Cr26Ni21	焊 0 铬 19 镍 12 钼 2	H0Cr19Ni12Mo2
焊 00 铬 19 镍 12 钼 2	H00Cr19Ni12Mo2	焊 00 铬 19 镍 12 钼 2 铜 2	H00Cr19Ni12Mo2Cu2

4)埋弧焊用焊丝型号与牌号对照:埋弧焊焊丝的型号与牌号对照见表 1-13。

表 1-13　埋弧焊焊丝的型号与牌号对照

牌号	符合(相当)标准的焊丝型号		
	GB	AWS	JIS
H08A、H08E	H08A、H08E	EL8	W11
H08MnA	H08MnA	EM12	W21
H10Mn2	H10Mn2	EH14	W41
H10MnSi	H10MnSi	EM13K	—

(2)埋弧焊焊丝的选择。选择埋弧焊用焊丝应符合下列要求:

1)焊接碳钢或低合金钢时,应该根据等强度的原则选用焊丝,所选用的焊丝应该保证焊缝的力学性能。

2)焊接耐热钢或不锈钢时,应尽可能保证焊缝的化学成分与焊件的相同或相近,同时还要考虑满足焊缝的力学性能。

3)焊接碳钢和低合金钢时,通常选择强度等级较低、抗裂性较好的焊丝。

4)焊接低温钢时,主要是根据低温韧性来选择焊丝。

5)在焊丝的合金系统选择上,主要是在保证等强度的前提下,重点考虑焊缝金属对冲击韧度的要求。

3. 气体保护焊用焊丝

(1)钨极熔化极惰性气体保护电弧焊用焊丝。在焊接过程中,气体的成分直接影响到合金元素的烧损,从而影响到焊缝金属的化学成分和力学性能,所以焊丝成分应该与焊接用的保护气体成分相匹配。对于氧化性较强的保护气体应该采用高锰、高硅焊丝。对于氧化性较弱的保护气体,可以采用低锰、低硅焊丝。

钨极惰性气体保护电弧焊用焊丝的型号表示方法如图 1-28 所示。

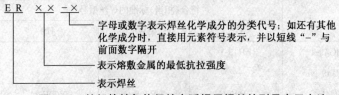

图 1-28 钨极惰性气体保护电弧焊用焊丝的型号表示方法

(2)钨极非熔化极气体保护焊用焊丝。由于在焊接过程中用的保护气体是氩气,焊接时无氧化,焊丝熔化后成分基本上变化,母材的稀释率也很低,所以焊丝的成分接近于焊缝的成分。也有的采用母材作为焊丝,使焊缝成分与母材保持一致。

目前我国尚无专用 TIG 焊丝标准,一般选用熔化极气体保护焊用焊丝或焊接用钢丝。

1)焊接低碳及低合金高强度钢时一般按照等强度原则选择焊接用钢丝。

2)焊接铜、铝、不锈钢时一般按照等成分原则选择熔化极气体保护焊焊丝。

3)焊接异种钢时,如果两种钢的组织不同,在选用焊丝时应考虑抗裂性及碳的扩散问题；如果两种钢的组织相同，而机械性能不同，则最好选用成分介于两者之间的焊丝。

（3）CO_2 气体保护焊用焊丝。在 CO_2 气体保护焊过程中，强烈的氧化反应使大量的合金元素烧损，所以，CO_2 焊用焊丝成分中应该有足够数量的脱氧剂，如 Si、Mn、Ti 等元素。否则，不仅焊缝的力学性能（特别是韧性）明显下降，而且，由于脱氧不充分，还将导致焊缝中产生气孔。

1）CO_2 气体保护焊实心焊丝：CO_2 气体保护焊实心焊丝的型号与牌号的表示参照钨极熔化极惰性气体保护焊及埋弧焊用焊丝的相关内容。CO_2 气体保护焊实心焊丝的型号与牌号对照见表1-14。

表 1-14　CO_2 焊实心焊丝的型号与牌号对照

牌　　号	符合（相当）标准的焊丝型号		
	GB	AWS	JIS
MG49-1	ER49-1	—	—
MG49-Ni		—	—
MG49-G	ER49-G	ER70S-G	YGW-11
MG50-3	ER50-3	ER70S-3	
MG50-4	ER50-4	ER70S-4	
MG50-6	ER50-6	ER20S-6	
MG50-G	ER50-G	ER70S-G	YGW-16
MG59-G			

2）CO_2 气体保护焊药芯焊丝：

①药芯焊丝型号表示方法。药芯焊丝型号表示方法如图1-29所示。

②药芯焊丝牌号表示方法。首字母"Y"表示药芯焊丝的牌号；第二个字母及第一、二、三位数字与焊条编制方法相同；"一"后面的数字表示焊接时的保护方法见表1-16。药芯焊丝有特殊性

能和用途时,在牌号后面加注起主要作用的元素或主要用途的字母(一般不超过两个)。

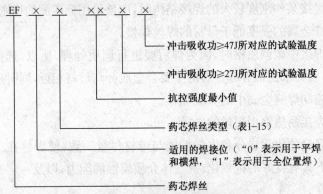

图 1-29 药芯焊丝型号表示方法

表 1-15 药芯焊丝分类及类型代号

焊丝类型	药芯类型	保护气体	电源种类	适用性
EF×1—	氧化钛型	二氧化碳	直流反接	单道焊和多道焊
EF×3—	氧化钛型	二氧化碳	直接反接	单道焊
EF×3—	氧化钙—氟化物型	二氧化碳	直接反接	单道焊和多道焊
EF×4—	—	自保护	直接反接	单道焊和多道焊
EF×5—	—	自保护	直接正接	单道焊和多道焊
EF×G—	—	—	—	单道焊和多道焊
EF×GS—	—	—	—	单道焊

表 1-16 药芯焊丝牌号"—"后面数字的含义

牌 号	YJ×××-1	YJ×××-2	YJ×××-3	YJ×××-4
焊接时保护方法	气体保护	自保护	气体保护、自保护两用	其他保护形式

(4)气体保护焊用焊丝的选择。

1)焊接碳钢或低合金钢用焊丝的选择:

①要满足焊缝金属与母材等强度及对其他力学性能指标的

要求。

②满足焊缝金属的化学成分与母缝的一致性。

③焊接某些刚度较大的焊接结构时,应该采用低匹配的原则,选用焊缝金属的强度低于母材的焊丝焊接。

④焊接中碳调质钢时,因为焊后要进行调质处理,所以,选择焊丝时,要力求保证焊缝金属的主要合金成分与母材相近,同时还要严格控制焊缝金属中的 S、P 杂质。

2)焊接耐热钢用焊丝的选择:

①焊缝的化学成分和力学性能与母材尽量一致,使焊缝在工作温度下具有良好的抗氧化、抗气体介质腐蚀的能力,以及一定的高温强度。

②考虑母材的焊接性,避免选用强度较高或杂质含量较多的焊丝。

3)焊接低温钢用焊丝的选择:

①选择便于焊缝金属在低温工作条件下,具有足够的强度、塑性和韧性的焊丝。

②考虑焊缝金属对时效脆性和回火脆性的敏感性要小,以保证焊接接头在脆性转变温度低于最低工作温度时,具有足够的抗裂能力。

4)焊接不锈钢用焊丝的选择:焊接不锈钢用焊丝的选择方法见表 1-17。

表 1-17　焊接不锈钢用焊丝的选择

序号	项　目	选　择　要　求
1	焊接马氏体型不锈钢用焊丝的选择	①如果焊后需用热处理来调整焊缝性能,应尽量使用能满足焊缝金属成分和母材成分相近的焊丝 ②如果焊后不能进行热处理时,可用奥氏体焊丝焊接,但焊缝的强度必然低于母材

续表 1-17

序号	项 目	选 择 要 求
2	焊接奥氏体型不锈钢用焊丝的选择	①选择能保证焊缝金属合金成分与母材成分一致或相近的焊丝焊接 ②在无裂纹的前提下,选择保证焊缝金属的耐腐蚀性能、力学性能和母材基本相近或略高的焊丝焊接 ③在不影响焊缝耐腐蚀性能的条件下,希望用焊后焊缝金属能含有一定数量的铁素体组织的焊丝焊接,这样既能保证焊缝具有良好的耐腐蚀性,又能保证焊缝金属具有良好的抗裂性能
3	焊接铁素体型不锈钢用焊丝的选择	为了改善铁素体不锈钢的焊接性能和焊缝韧性,应选择含 C、N、S、P 等有害元素少的焊丝焊接。为了降低焊缝缺口敏感性,提高焊接接头的抗裂能力,也可以采用奥氏体型的高 Ni、Cr 焊丝焊接

4. 铸铁焊丝

(1)型号编制方法与标记。

1)填充焊丝:字母"R",表示填充焊丝,字母"Z",表示用于铸铁焊接,在"RZ"字母后用焊丝主要化学元素符号或金属类型代号表示,见表 1-18。填充焊丝标记示例如图 1-30 所示。

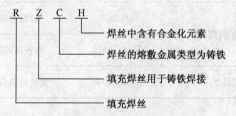

图 1-30 填充焊丝标记示例

2)气体保护焊焊丝:字母"ER"表示气体保护焊焊丝,字母"Z"表示用于铸铁焊接,在"ERZ"字母后用焊丝主要化学元素符号或金属类型代号表示,见表 1-18。

气体保护焊焊丝标记示例如图 1-31 所示。

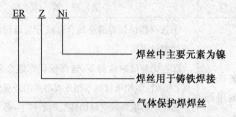

图 1-31　气体保护焊焊丝标记示例

3)药芯焊丝:字母"ET"表示药芯焊丝,字母"ET"后的数字"3"表示药芯焊丝为自保护类型,字母"Z"表示用于铸铁焊接,在"ET3Z"后用焊丝熔敷金属的主要化学元素符号或金属类型代号表示,见表 1-18。

表 1-18　填充焊丝、气保护焊丝及药芯焊丝类别与型号

类　型	型　号	名　称
铁基填充焊丝	RZC	灰铸铁填充焊丝
	RZCH	合金铸铁填充焊丝
	RZCQ	球墨铸铁填充焊丝
镍基气体保护焊焊丝	ERZNi	纯镍铸铁气保护焊丝
	ERZNiFeMn	镍铁锰铸铁气保护焊丝
镍基药芯焊丝	ET3ZNiFe	镍铁铸铁自保护药芯焊丝

药芯焊丝标记示例如图 1-32 所示。

(2)铸铁焊丝的选择。铸铁焊丝可以分为灰铸铁焊丝、合金铸铁焊丝和球墨铸铁焊丝。进行焊丝选择时,应遵循下列原则:

1)要考虑焊丝的焊接性以及该焊丝焊接的接头力学性能是否

满足焊件的力学性能要求。同时还要考察焊丝的使用性能。

2)要考虑焊丝的工艺性,在工艺性方面主要包括操作性能和成形性能。

3)还要考察经济合理性。

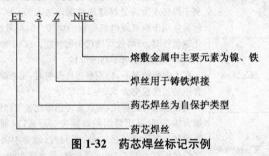

图 1-32 药芯焊丝标记示例

5. 铜及铜合金焊丝

铜及铜合金焊丝按化学成分分为铜、黄铜、青铜、白铜 4 类。

(1)型号编制方法。焊丝型号由三部分组成。第 1 部分为字母"SCu",表示铜及铜合金焊丝;第 2 部分为四位数字,表示焊丝型号;第 3 部分为可选部分,表示化学成分代号。

完整焊丝型号示例如图 1-33 所示。

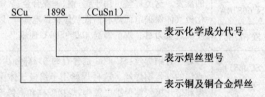

图 1-33 铜及铜合金完整焊丝型号示例

(2)铜及铜合金焊丝的选择。铜及铜合金焊丝适用的焊接方法有氩弧焊、氧乙炔气焊以及碳弧焊。当采用氩弧焊焊接铜及青铜时,不仅能获得优质的焊缝,而且还有利于减小焊接变形。但是,如果焊丝选择不当,同样也会影响焊接质量。铜及铜合金焊接时,焊丝的选择见表 1-19。

表 1-19　焊丝的选择

序号	类别	焊丝型号	具 体 说 明
1	纯铜	SCu1897 SCu1898 SCu1898A	SCu1898 是含有磷、硅、锡、锰等微量元素的脱氧铜焊丝。磷和硅主要是作为脱氧剂加入的。其他元素是为利于焊接或为满足焊缝的性能而加入的。SCu1898 焊丝通常用于脱氧或电解韧铜的焊接。但与氢反应和氧化铜偏析时，可降低焊接接头的性能。SCu1898 焊丝可用来焊接质量要求不高的母材 　　在大多数情况下，特别是焊接厚板时，要求焊前预热。合适的预热温度为 205～540℃ 　　对较厚母材的焊接，应优先考虑熔化极气体保护电弧焊方法，一般采用常用的焊接接头形式，以利于施焊。当焊接板厚不大于 6.4mm 母材时，通常不需要预热。当焊接板厚大于 6.4mm 母材时，要求在 205～540℃范围内预热
2	黄铜	SCu4700 SCu4701 SCu6800 SCu6810 SCu6810A SCu7730	SCu4700 是含少量锡的黄铜焊丝。熔融金属具有良好的流动性，焊缝金属具有一定的强度和耐蚀性。可用于铜、铜镍合金的熔化极气体保护电弧焊和惰性气体保护电弧焊。焊前需经 400～500℃预热 　　SCu6800、SCu6810A 是含少量铁、硅、锰的锡黄铜焊丝。熔融金属流动性好，由于含有硅，可有效地抑制锌的蒸发。这类焊丝可用于铜、钢、铜镍合金、灰铸铁的熔化极气体保护电弧焊和惰性气体保护电弧焊，以及镶嵌硬质合金刀具。焊前需经 400～500℃预热
3	青铜	SCu6511 SCu6560 SCu6560A SCu6561 SCu5180	1)硅青铜焊丝：SCu656 是含有约 3% 硅和少量锰、锡或锌的硅青铜焊丝。这种焊丝用于钨极气体保护电弧焊和熔化极气体保护电弧焊，焊接铜硅和铜锌母材以及它们与钢的焊接 　　当用 SCu6560 焊丝进行熔化极气体保护电弧焊时，一般最好采用小熔池的施焊方法，层间温度低于 65℃，以减少热裂纹。采用窄焊道减少收缩应力，提高冷却速度越过热脆温度范围 　　当用 SCu6560 焊丝进行熔化极和钨极气体保护电弧焊时，采用小熔池的施焊方法，即使不预热也可以得到最佳的效果。可进行全位置焊接，但优先选用平焊位置

续表 1-19

序号	类别	焊丝型号	具 体 说 明
3	青铜	SCu5180A SCu5210 SCu5211 SCu5410 SCu6061 SCu6100 SCu6100A SCu6180 SCu6240 SCu6325 SCu6327 SCu6328 SCu6338	2) 磷青铜焊丝: SCu5180、SCu5210 是含锡约 8% 和含磷不大于 0.4% 的磷青铜焊丝。锡提高焊缝金属的耐磨性能，并扩大了液相点和固相点之间的温度范围，从而增加了焊缝金属的凝固时间，增大了热脆倾向。为了减少这些影响，应该以小熔池、快速焊为宜。这类焊丝可用来焊接青铜和黄铜。如果焊缝中允许含锡，它们也可以用来焊接纯铜 当用该类焊丝进行钨极气体保护电弧焊时，要求预热，仅用平焊位置施焊 3) 铝青铜焊丝: SCu6100 是一种无铁铝青铜焊丝。它是承受较轻载荷的耐磨表面的堆焊材料，是耐腐蚀介质，如盐或微碱水的堆焊材料，以及抗各种温度和浓度的常用耐酸腐蚀的堆焊材料 SCu6180 是一种含铁铝青铜焊丝，通常用来焊接类似成分的铝青铜、锰硅青铜、某些铜镍合金、铁基金属和异种金属。最通常的异种金属是铝青铜与钢、铜与钢的焊接。该焊丝也用于耐磨和耐腐蚀表面的堆焊 SCu6240 是一种高强度铝青铜焊丝，用于焊接和补焊类似成分的铝青铜铸件，以及熔敷轴承表面和耐磨、耐腐蚀表面 SCu6100A、SCu6328 是镍铝青铜焊丝，用于焊接和修补铸造的或锻造的镍铝青铜母材 SCu6338 是锰镍铝青铜焊丝，用于焊接或修补类似成分的铸造的或锻造的母材。该焊丝也可用于要求高抗腐蚀、浸蚀或气蚀处的表面堆焊 由于在熔融的熔池中会形成氧化铝，故不推荐这些焊丝用于氧燃气焊接方法 铜铝焊缝金属具有较高的抗拉强度、屈服强度和硬度的特点。是否预热取决于母材的厚度和化学成分 最好采用平焊位置焊接。在有脉冲电弧焊设备和焊工操作技术良好的情况下，也可进行其他位置的焊接

续表 1-19

序号	类别	焊丝型号	具　体　说　明
4	白铜	SCu7158	SCu7158、SCu7061 焊丝分别中含有 50%、10%的镍,强化了焊缝金属并改善了抗腐蚀能力,特别是抗盐水腐蚀。焊缝金属具有良好的热延展性和冷延展性。白铜焊丝用来焊接绝大多数的铜镍合金
		SCu7061	当这类焊丝进行钨极气体保护电弧焊或熔化极气体保护电弧焊时,不要求预热。可以全位置焊接。应尽可能保持短弧施焊,以保证适当的保护气体屏蔽而尽量减少气孔

6. 铝及铝合金焊丝

铝及铝合金焊丝按化学成分分为铝、铝铜、铝锰、铝硅、铝镁五类。

(1)型号编制方法。焊丝型号由三部分组成。第 1 部分为字母"SAl",表示铝及铝合金焊丝;第 2 部分为四位数字,表示焊丝型号;第 3 部分为可选部分,表示化学成分代号。

完整焊丝型号示例如图 1-34 所示。

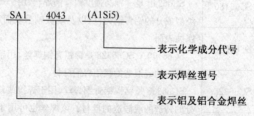

SAl　4043　(AlSi5)

表示化学成分代号
表示焊丝型号
表示铝及铝合金焊丝

图 1-34　铝及铝合金完整焊丝型号示例

(2)铝及铝合金焊丝的选择。铝及铝合金焊丝,主要用于铝及铝合金的氩弧焊及氧乙炔气焊时的填充材料,焊丝的选择,主要是依据母材的种类、焊接接头的力学性能、抗裂性能、耐腐蚀性能以及阳极化处理后,焊缝与母材的色彩是否协调来综合考虑。

技能要点 3:焊剂

埋弧焊与电渣焊时,能够熔化形成熔渣和气体,对熔化金属起保护并进行复杂的冶金反应的一种颗粒状物质叫焊剂。

1. 焊剂的分类

焊剂是埋弧焊工艺的主要焊接材料,焊剂的分类见表 1-20。

表 1-20　焊剂的分类

分类标准	种　类	简　　介
按制造方法分类	熔炼焊剂	将一定比例的各种配料放在炉内熔炼,然后经过水冷,使焊剂形成颗粒状,经烘干、筛选而制成的一种焊剂。优点是化学成分均匀,可以获得性能均匀的焊缝。由于高温熔炼过程中,合金元素会被氧化,所以不能依靠熔炼焊剂来向焊缝大量添加合金。熔炼焊剂是目前生产中使用最广泛的一类焊剂
	烧结焊剂	将一定比例的各种粉状配料加入适量的粘结剂,混合搅拌后经高温(400～1000℃)烧结成块,然后粉碎、筛选而制成的一种焊剂
	粘结焊剂	将一定比例的粉状配料加入适量粘结剂,经混合搅拌、粒化和低温(400℃以下)烘干而制成的一种焊剂,以前称陶质焊剂
按焊剂中添加脱氧剂、合金剂分类	中性焊剂	指在焊接后,熔敷金属化学成分与焊丝化学成分不产生明显变化的焊剂。多用于多道焊,特别适合厚度大于 25mm 的母材的焊接
	活性焊剂	指在焊剂中加入少量的锰、硅脱氧剂的焊剂,可以提高抗气孔能力和抗裂性能。主要用于单道焊,特别是对易氧化的母材
	合金焊剂	指该焊剂与碳钢焊丝合用后,其熔敷金属为合金钢的焊剂,这类焊剂中添加了较多的合金成分,用于过渡合金,多数合金焊剂为黏结焊剂和烧结焊剂

2. 焊剂的类型及用途

焊剂的类型及用途见表 1-21。

表 1-21　焊剂的类型及用途

序号	焊剂类型	主　要　用　途
1	高硅型熔炼焊剂	根据 MnO 含量的不同,分为高锰高硅、中锰高硅、低锰高硅、锰高硅 4 种焊剂,可向焊缝中过渡硅,锰的过渡量与 SiO_2 含量有关,也与焊丝中的含 Mn 量有关。应根据焊剂中 MnO 的含量选择焊丝。该焊剂用于焊接低碳钢和某些低合金结构钢
2	中硅型熔炼焊剂	碱度较高,大多数属于弱氧化性焊剂,焊缝金属含氢量低,韧性较高,配合适当的焊丝焊接合金结构钢,加入一定量的 FeO 成为中硅性氧化焊剂,可焊接高强度钢
3	低硅型熔炼焊剂	对焊缝金属没有氧化作用,配合相应的焊丝可焊接高合金钢,如不锈钢、热强钢等
4	氟碱型烧结焊剂	碱性焊剂,焊缝金属有较高的低温冲击韧性度,配合适当的焊丝焊接各种低合金结构钢,用于重要的焊接产品。该焊剂可用于多丝埋弧焊,特别是用于大直径容器的双面单道焊
5	硅钙型烧结焊剂	中性焊剂,配合适当的焊丝可焊接普通结构钢、锅炉用钢、管线用钢,用多丝快速焊接,特别适用于双面单道焊,由于是短渣,可焊接小直径管线
6	硅锰型烧结焊剂	配性焊剂,配合适当的焊丝可焊接低碳钢及某些低合金钢,用于机车车辆、矿山机械等金属结构的焊接
7	铝钛烧结焊剂	酸性焊剂,有较强的抗气孔能力,对少量的铁锈及高温氧化膜不敏感,配合适当的焊丝可焊接低碳钢及某些低合金结构钢,如锅炉、船舶、压力容器,可用于多丝快速焊,特别适用于双面单道焊
8	高铝型烧结焊剂	中等碱度,为短渣熔剂,工艺性能好,特别是脱渣性能优良,配合适当的焊丝可用于焊接小直径环境、深坡口、窄间隙等低合金构钢,如锅炉、船舶、化工设备等

3. 焊剂的基本要求

(1)保证电弧燃烧稳定。

(2)焊剂的吸潮性要小。

(3)焊剂在焊接过程中不应析出有毒气体。

(4)保证焊缝金属获得所需要的化学成分和力学性能。

(5)焊剂在高温状态下要有合适的熔点和黏度以及一定的熔化速度,以保证焊缝成形良好,焊后有良好的脱渣性。

(6)对锈、油及其他杂质的敏感性要小,硫、磷含量要低,以保证焊缝中不产生裂纹和气孔等缺陷。

(7)具有合适的粒度,焊剂的颗粒要具有足够的强度,以保证焊剂的多次使用。

4. 焊剂的选择

(1)低碳钢埋弧焊焊剂的选择。选择低碳钢埋弧焊用焊剂时,应遵循如下原则:

1)采用沸腾钢焊丝进行埋弧焊时,为了保证焊缝金属能通过冶金反应得到必要的硅锰渗合金,形成致密的、具有足够强度和韧性的焊缝金属,必须选用高锰高硅焊剂。

2)在中厚板对接大电流单面开Ⅰ形坡口埋弧焊焊接时,为了提高焊缝金属的抗裂性,应选用氧化性较高的高锰高硅焊剂配用H08A 或 H08MnA 焊丝进行焊接。

3)进行厚板埋弧焊时,为了得到冲击韧度较高的焊缝金属,应选用中锰中硅焊剂配用镐锰焊丝。

4)薄板用埋弧焊高速焊接时,对焊缝的强度和韧性的要求不是很高,但要充分考虑薄板在高速焊接时的良好焊缝熔合及成形,故应选用烧结焊剂 SJ501 配用强度相宜的焊丝。

5)S501 焊剂抗锈能力较强,按焊件的强度要求配用相应的焊丝,可以焊接表面锈。

(2)低合金钢埋弧焊焊剂的选择。选择低合金钢埋弧焊用焊剂时应遵循如下原则:

1)进行低合金钢埋弧焊时,为防止冷裂纹及氢致延迟裂纹的产生,应选择碱度较高的低氢型焊剂,并配用含硅、含锰量适中的合金焊丝。

2)进行低合金钢厚板多层多道埋弧焊时,应选用脱渣性较好的高碱度烧结焊剂。

（3）不锈钢埋弧焊焊剂的选择。选择不锈钢埋弧焊用焊剂时应遵循如下原则：

1）进行不锈钢埋弧焊时，为防止合金元素在焊接过程中的过量烧损，应选用氧化性较低的焊剂。

2）低锰高硅中氟型熔炼焊剂，具有一定的氧化性，为防止合金元素的烧损进行埋弧焊时应镍含量较高的铬镍钢焊丝，补充焊接过程中烧损的合金元素。

3）碱性烧结焊剂，不仅脱渣良好、焊缝成形美观，具有良好的焊接工艺性，而且还能保证焊缝金属具有足够的 Cr、Mo、Ni 含量，可满足不锈钢焊件的技术要求。

5. 焊剂的使用

（1）焊剂在使用前必须进行烘干，清除焊剂中的水分。操作时，先将焊剂平铺在干净的铁板上，再放入电炉或火焰炉内烘干，烘干炉内焊剂的堆放高度不得超过 50mm。部分焊剂烘干温度及时间见表 1-22。

表 1-22　部分焊剂烘干温度及时间

焊剂牌号	焊剂类型	焊前烘干度（℃）	保温时间（h）
HJ130	无锰中硅低氟	250	2
HJ131	无锰高硅低氟	250	2
HJ150	无锰高硅中氟	300～450	2
HJ172	无锰低硅高氟	350～400	2
HJ251	低锰中硅中氟	300～350	2
HJ351	中锰中硅中氟	300～400	2
HJ360	中锰高硅中氟	250	2
HJ431	高锰高硅低氟	200～300	2
SJ101	氟碱型（碱度值为 1.8）	300～350	2
SJ502	铝钦型酸性	300～350	1

(2)焊剂的储存环境应符合以下要求：

1)储存焊剂的环境,室温应保持在 $10\sim25℃$,相对湿度应小于50%。

2)储存焊剂的环境应该通风良好,焊剂应摆放在距离地面400mm、距离墙壁300mm 的货架上。

3)回收后准备再用的焊剂应存放在保温箱内。

4)对进入保管库内的焊剂,还要同时保存好入库焊剂的质量证明书、焊剂的发放记录等。

5)对不合格、报废的焊剂要妥善处理,不得与库存待用的焊剂混淆。

6)对于刚买进的焊剂,要进行质量验收,在未得出结果之前,要与验收合格的焊剂隔离摆放。

7)储存的每种焊剂前,都应有焊剂的标签,标签应注明焊剂的型号、牌号、生产日期、有效日期、生产批号、生产厂家、购入日期等。

焊剂的使用应先买进的焊剂先使用。焊剂回收后,经过筛选、加温去湿,再与经过加温去湿的新补充的焊剂搅拌均匀后再用。

技能要点 4:保护气体

1. 氩气(Ar)

(1)氩气的性质。氩气是目前工业上应用很广的稀有气体。化学性质十分不活泼,既不能燃烧,也不助燃。在铝、镁、铜及其合金和不锈钢在焊接时,往往用氩作为焊接保护气,防止焊接件被空气氧化或氮化。

氩气的密度为 $1.784kg/m^3$。其沸点为 $-186℃$,通常用灰色钢瓶盛装氩气。氩气的质量是空气的1.4倍,能在熔池上方形成较好的覆盖层。氩气不与金属反应又不溶于金属,同时能量损耗低,电弧稳定,适于焊接。

(2)氩气的纯度要求。在碳钢、铝及铝合金焊接时,纯度(体积分数)≥99.99%；在钛及钛合金焊接时,纯度≥99.999%。

(3)氩气的应用。

1)氩气在焊接过程中作为保护气体,可以避免合金元素的烧损以及由此而产生的其他焊接缺陷,从而使焊接过程中的冶金反应变得简单而易于控制,以确保焊缝的高质量。

2)氩气能较好地控制仰焊和立焊的焊缝熔池,常用于仰焊缝和立焊缝的焊接。

3)氩气的电离势比氦气低,在同样弧长下,电弧电压较低,因此,对于 4mm 以下的金属材料的焊接,氩弧焊比氦弧焊更具优势。

4)焊接过程中,用氩气保护的电弧稳定性比氦气保护的电弧稳定性更好。用氩气保护时,引弧容易,这对减少薄板焊接起弧点处的金属组织容易过热会很有好处。

5)钨极氩弧焊电弧在焊接过程中,有自动清除焊件表面氧化膜的作用,所以,最适宜用于化学性质比较活泼在焊接过程中容易被氧化、氮化的金属的焊接。

2. 氦气(He)

(1)氦气的性质。氦气是无色无味的惰性气体,化学性质很不活泼,在常温、高温下,既不与其他元素发生化学反应,也不溶于金属,是一种单原子气体。

氦气的密度为 $0.179kg/m^3$。在 20℃时,热导率为 $0.151W/(m \cdot K)$,电离势为 24.5V,沸点为 269℃。

(2)氦气的纯度要求。焊接用氦气的纯度一般要求在 99.8%以上。我国生产的焊接用氦气的成分见表 1-23。

表 1-23　国产焊接用氦气(99.999%)的成分

成　分	Ne	H_2	O_2+Ar	N_2	CO	CO_2	H_2O
含量($\times 10^{-5}$)	≤4.0	≤1.0	≤1.0	2.0	0.5	0.5	3

(3)氩气的应用。

1)氩气在焊接过程中作为保护气体,可以避免合金元素的烧损及由此产生的焊接缺陷。

2)氩气的重量只有空气的14%,在焊接过程中用氩气作保护,更适合仰焊位焊接和爬坡立焊。

3)氩气保护焊时采用了大的焊接热输入和高的焊接速度,不仅减少了焊接变形,同时也提高了焊缝金属的力学性能。

3. 二氧化碳(CO_2)

(1)二氧化碳气体的性质。CO_2气体是一种无色、无臭、无味的气体,在0℃和0.1MPa气压时,它的密度为$1.9768g/cm^3$,为空气的1.5倍。CO_2气体在常温下很稳定,但在高温下几乎能全部分解。

CO_2有三种状态:固态、液态和气态。CO_2液态变为气体的沸点很低(-78℃),所以工业用的CO_2都是液态,在常温即可变为气体。在不加压力冷却时,CO_2即可变为干冰。当温度升高时,干冰又可直接变为气体。因为空气中的水分不可避免地凝结在干冰上,使干冰在气化时产生的CO_2气体中含有大量的水分,所以,固态的CO_2不能用在焊接工艺制造上。

(2)二氧化碳的纯度要求。由于液态CO_2中可溶解约占质量0.05%的水分。因此当用作焊接的保护气体时,必须经过干燥处理,焊接用的CO_2气的一般标准是$CO_2 > 99\%$,$O_2 < 0.1\%$,水分$< 1.22g/m^2$,对于质量要求高的焊缝,CO_2纯度应$> 99.5\%$。

为了保证焊接质量,可以在焊接现场采取以下有效措施,降低CO_2气体中水分的含量:

1)更换新气瓶时,先放气2~3min,排除装瓶时混入气瓶中的空气和水分。

2)在气路中设置高压干燥器。用硅胶或脱水硫酸铜作干燥剂,对气路中的CO_2气体进行干燥。

3)在现场将新灌的气瓶倒置1~2h后,打开阀门,排出沉积在瓶底内自由状态的水,根据瓶中含水量的不同,每隔30min左右放一次水,需放水2~3次后再将气瓶倒180°方向放正,方可用于焊接。

(3)二氧化碳的选用。焊接用CO_2保护气体及适用范围见表1-24。

表 1-24　焊接用 CO_2 保护气体及适用范围

材料	保护气体	混合比	化学性质	简要说明
碳钢及低合金钢	$Ar+O_2+CO_2$	加 O_2 为 2% 加 CO_2 为 5%	氧化性	用于射流电弧,脉冲电弧及短路电弧
碳钢及低合金钢	$Ar+CO_2$	加 CO_2 为 2.5%	氧化性	用于短路电弧。焊接不锈钢时加入 CO_2 的体积分数最大量应小于 5%,否则渗碳严重
	$Ar+O_2$	加 O_2 为 1%~5% 或 20%	氧化性	生产率较高,抗气体孔性能优。用于射流电弧及对焊缝要求较高的场合
	$Ar+CO_2$	Ar 为 70%~80% CO_2 为 30%~20%	氧化性	有良好的熔深,可用于短路过渡及射流过渡电弧
	$Ar+O_2+CO_2$	Ar 为 80% O_2 为 15% CO_2 为 5%	氧化性	有较佳的熔深,可用于射流、脉冲及短路电弧
	CO_2	—	氧化性	适于短路电弧,有一定飞溅

4. 混合气体

焊接过程中常用的混合保护气体包括氩-氦气混合气体、氩-氧混合气体、氩-氧-二氧化碳混合气体及氩-氮混合气体等,具体内容见表1-25。

表 1-25　混合气体类型、性质及应用

序号	类　别	性质与应用
1	氩-氦混合气体	氩-氦混合气体是惰性气体。当用氢弧焊焊接时,氩气在低速流动时的保护作用较大,焊接电弧柔软、便于控制;而用氦弧焊时,氦气在高速流动时的保护作用最大,并且氦弧焊的熔深较大,适宜厚板材料的焊接 当用氦气(He)80%＋氩气(Ar)20%的混合气体进行保护焊接时,其保护作用具有氩弧焊、氦弧焊两个工艺的优点 氩-氦混合气体广泛用于自动气体保护焊工艺,用来焊接铝及铝合金的厚板
2	氩-氧混合气体	氩-氧混合气体具有氧化性,可以细化过渡熔滴,克服电弧阴极斑点飘移及焊道边缘咬边等缺陷。氩-氧混合气体与用纯氩气保护相比,同样的保护气体流量,氩-氧混合气体可以增大焊接热输入,从而提高焊接速度 氩-氧混合气体只能用于熔化极气体保护焊,因为,在钨极气体保护焊时,氩-氧混合气体将加速钨极的氧化 当熔滴需要喷射过渡或对焊缝质量要求较高时,可以用氩-氧混合气体保护进行焊接
3	氩-氧-二氧化碳合气体	氩-氧-二氧化碳合气体具有氧化性,能够提高焊缝熔池的氧化性,降低焊缝金属的含氢量,用氩-氧-二氧化碳合气体保护焊接,既增大了焊缝的熔深,又使焊缝成形好,不易形成气孔或咬边缺陷 氩-氧-二氧化碳合气体常用于不锈钢、高强度钢、碳钢及低合金钢的焊接
4	氩-氮混合气体	氩-氮混合气体具有还原性,比氮弧焊容易控制和操作电弧,焊接热输入比用纯氩气焊接时大,当用氩气(Ar)80%＋氮气(N$_2$)20%的混合气体保护焊接时,会有一定量的飞溅产生 氩-氮混合气体只能用于铜及铜合金焊接

技能要点 5：钨极

1. 钨极的种类与性能

钨极只要可以分为纯钨电极、钍钨电极、铈钨电极、锆钨电极、镧钨电极、钇钨电极和复合电极。钨极的种类与性能见表 1-26。

表 1-26　钨极的种类与性能

序号	种类	性　　能
1	纯钨电极	含钨 99.65％以上，一般使用在要求不严格的情况下 在使用交流电时，纯钨电极电流承载能力较低，抗污染能力差，要求焊机有较高的空载电压。目前很少采用
2	钍钨电极	含有 1％～2％氧化钍的钨极，其电子发射率较高，电流承载能力较好，寿命较长并且抗污染性能较好，引弧容易，电弧稳定。成本较高，具有微量放射性
3	铈钨电极	在纯钨中分别加入 0.5％、1.3％、2％的氧化铈，与钍钨电极相比，在直流小电流焊接时，易于建立电弧，引弧电压比钍钨电极低 50％，电弧燃烧稳定，弧束较长，热量集中，烧损率比钍钨极低 5％～50％，最大许用电流密度比钍钨极高 5％～8％，几乎没有放射性等是我国建议尽量采用的钨极
4	锆钨电极	性能在纯钨电极和钍钨电极之间用于交流焊接时，具有纯钨电极理想的稳定特性和钍钨电极的载流量及引弧特性等综合性能
5	镧钨电极	镧钨电极焊接性能优良，导电性能接近钍钨电极，焊接过程没有放射性伤害，焊工不需改变任何焊接操作程序，就能方便快捷地用此电极替代钍钨电极。镧钨电极主要用于直流电源焊接
6	钇钨电极	钇钨电极的焊接电弧细长，压缩程度大，尤其是在用中、大焊接电流时焊缝熔深最大。目前主要用于军工和航空航天工业
7	复合电极	复合电极是在钨中添加了两种或更多的稀钍氧化物，各添加物互为补充，相得益彰，使焊接效果更好

2. 钨极端头的形状

钨极端头的形状，在焊接过程中对电弧的稳定性有很大影响，常用的钨极端头形状与电弧稳定性的关系见表 1-27。

表 1-27　常用钨极端头形状与电弧稳定性的关系

钨极端头形状	钨极种类	电流极性	适用范围	燃弧情况
90°	铈钨或钍钨	直流正接	大电流	稳定
30°	铈钨或钍钨	直流正接	小电流用于窄间隙及薄板焊接	稳定
D d	纯钨极	交流	铝、镁及其合金焊接	稳定
	铈钨或钍钨	直流正接	直径小于 1mm 的细钨丝电极连续焊	良好

3. 钨极的使用电流

钨极的电流承载能力与钨极的直径有关,可根据焊接电流选择钨电极直径,详见表 1-28。

表 1-28　根据焊接电流选择钨电极直径

钨电极直径(mm)	直流 DC(A)		交流 AC(A)
	电极接负极(一)	电极接正极(+)	
1.0	15~80	—	10~80
1.6	60~150	10~18	50~120

续表 1-28

钨电极直径(mm)	直流 DC(A)		交流 AC(A)
	电极接负极(一)	电极接正极(＋)	
2.0	100～200	12～20	70～160
2.4	150～250	15～25	80～200
3.2	220～350	20～35	150～270
4.0	350～500	35～50	220～350
4.8	420～650	45～65	240～420
6.4	600～900	65～100	360～560

技能要点 6:钎料

1. 钎料的分类

焊接用钎料的种类丰富,按不同的分类标准可将钎料分为不同的类别,见表 1-29。

表 1-29　钎料的分类

序号	分类标准	类别与内容
1	按照钎料的熔化温度范围分类	(1)熔点低于 450℃的钎料称为软钎料(俗称易熔钎料),如镓基、铟基、锡基、铅基、锡基、锌基等合金 (2)熔点高于 450℃的钎料称为硬钎料(俗称难熔钎料),如铝基、镁基、铜基、银基、锰基、金基、镍基等合金
2	按照钎料的主要合金元素分类	钎料按其主要合金元素可分为锡基、铅基、铝基等材料
3	按照钎料的钎焊工艺性能分类	钎料按其钎焊工艺性能可分为自钎性钎料、电真空钎料、复合钎料等
4	按照钎料的制成形状分类	钎料按其制成形状可分为丝、棒、片、箔、粉状或特殊形状钎料,如环形钎料或膏状钎料等

2. 对钎料的基本要求

(1)有合适的熔化温度范围,熔化温度应低于母材熔化温度。

（2）在钎焊温度下，对母材有良好的润湿性，能充分填充接头间隙。

（3）与母材的化学物理作用能保证它们之间形成牢固的结合，满足钎焊接头的物理、化学、机械性能要求。

（4）化学成分稳定，钎焊温度下，元素烧损较少。

（5）尽可能减少稀有金属和贵重金属的含量，以降低成本。

3. 钎料的选用

（1）根据钎焊接头的使用要求选择钎料。对于钎焊接头强度要求不高，或工作温度不高的接头，可采用软钎焊。对于高温强度、抗氧化性要求较高的接头，应采用镍基钎料。

（2）根据钎料与母材的相互作用选择钎料，避免钎料与母材间的化学作用。

（3）根据钎焊方法及加热温度选择钎料。

1）对于真空钎应选择不含高蒸气压元素的钎料。

2）对于烙铁钎焊应选择熔点较低的软钎料。

3）对于电阻钎焊应选择电阻率高一些的钎料。

（4）根据焊件的性质选择钎料。对于已经调质处理的焊件，应选择加热温度低的钎料，以免使焊件退火。对于冷作硬化的铜材，应选用钎焊温度低于300℃的钎料，以防止母材钎焊后发生软化。

（5）根据经济性选择钎料。在满足使用要求及钎焊技术要求的条件下，选用价格便宜的钎料。

技能要点 7:钎剂

1. 钎剂的分类

（1）软钎剂。软钎剂是在450℃以下进行钎焊用的钎剂，分为腐蚀性软钎剂和非腐蚀性软钎剂两类。

1）腐蚀性软钎剂:腐蚀性软钎剂具有化学活性强、热稳定性好等特点，常用于黑色金属及有色金属的钎焊，最常用的腐蚀性软钎剂为氯化锌水溶液。

2)非腐蚀性软钎剂：非腐蚀性软钎剂化学活性比较弱，对母材几乎无腐蚀作用，松香、胺、有机卤化物等都属于非腐蚀性软钎剂。

（2）硬钎剂。硬钎剂是在450℃以上进行钎焊用的钎剂。

（3）铝合金用钎剂。

1)铝用软钎剂：根据铝用软钎剂去除氧化膜方式的不同可将其分为有机钎剂和反应钎剂两种。

①有机钎剂。主要组成为三乙醇胺，为提高活性可加入氟硼酸或氟硼酸盐。使用有机钎剂的钎焊温度不超过275℃，钎焊热源也不准直接与钎剂接触。有机钎剂的活性小，钎料不易流入接头间隙，有机钎剂的残渣腐蚀性低。

②反应钎剂。主要组成为锌、锡等重金属的氯化物，加热时在铝表面析出锌、锡等金属，大大提高了钎料的润湿能力。反应钎剂一般制成粉末状，也可采用不与氯化物反应的乙醇、甲醇、凡士林等调成糊状使用。反应钎剂具有吸潮性，钎剂吸潮后形成氯氧化物而丧失活性。

2)铝用硬钎剂：铝用硬钎剂的主要组成是碱金属及碱金属的氯化物，加入氟化物可以去除铝表面的氧化物。在火焰钎焊及某些炉中钎焊时，为了进一步提高钎剂的活性，除加入氟化物外，还可加入重金属的氯化物。

（4）气体钎剂。气体钎剂是炉中钎焊及气体火焰钎焊过程中起钎剂作用的气体，其优点是钎焊后无固体残渣，焊件也不需要清洗。但用作气体钎剂的化合物汽化后均有毒性，使用时必须采取相应的安全措施。

炉中钎焊最常用的气体钎剂是三氟化硼，气体火焰钎焊可采用含硼的有机化合物的蒸气作为钎剂。

2. 钎剂的作用与要求

（1）钎剂的作用。钎剂是钎焊时使用的熔剂，它的作用是清除钎料和母材表面的氧化物，并保护焊件和液态钎料在钎焊过程中免于氧化，改善液态钎料对焊件的润湿性。

(2)钎剂的要求。

1)钎剂的熔点及最低活性温度应低于钎料的熔点。

2)钎剂及其残渣对钎料和母材的腐蚀性要小。

3)钎剂的挥发物应当无毒性。

4)钎剂原料供应充足、经济性合理。

5)钎剂应具有足够的去除母材及钎料表面氧化物的能力。

6)钎剂在钎焊温度下具有足够的润湿特性。

7)钎剂中各成分的气化(蒸发)温度应比钎焊温度高,以避免钎剂挥发而丧失作用。

8)钎剂及清除氧化物后的生成物,其密度均应尽量小,以利于浮在表面,不在钎缝中形成夹渣。

9)钎焊后,残留钎剂及钎焊残渣应当容易清除。

第二章　焊接工程施工管理

第一节　焊接工程组织设计

本节导读：

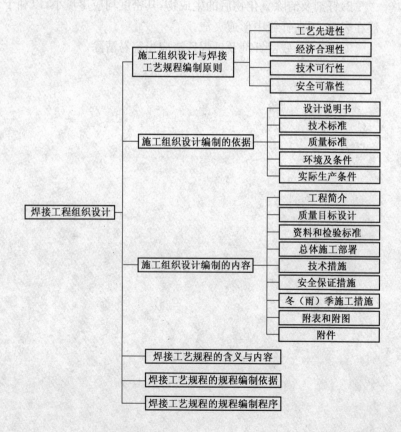

技能要点 1：施工组织设计与焊接工艺规程编制原则

1. 工艺先进性

在制定施工组织设计时，要根据调查材料及信息，了解国内外施工和焊接工艺技术的发展情况；要充分利用施工工艺和焊接技术的最新科学技术成果，广泛采用新的发明创造、合理化建议和各地的先进经验。

2. 经济合理性

在一定的生产条件下，要对各种工艺方法和施工措施进行对比，尤其要对关键部位的施工工艺和主要部件的焊接方法进行方案论证，选择经济上最合理的方法，在保证质量的前提下力求成本最低。

3. 技术可行性

制定施工方案和焊接工艺规程必须从本企业、本单位、本车间的实际条件出发，依据现有的设备、人力、技术水平及场地等条件，来制定切实可行的方案和规程。使制定出来的方案和规程在生产中具有可行性，真正成为指导生产的技术文件。否则，过高的条件和要求是难以实现的。

4. 安全可靠性

制订的方案必须要保证生产者和设备的安全。因此在制定过程中一定要充分考虑到施工中的各种不安全因素，并加以分析，以制定切实有效的安全防护措施。

技能要点 2：施工组织设计编制的依据

1. 施工工程的设计说明书

设计说明书是编制施工组织设计最主要的资料。设计说明书中包含有：施工位置、工程工作量、各项技术要求以及施工中要求注意的事项。所有这些都是编制施工组织设计时重要的依据，要根据设计说明书中提出的各种要求，制定切实可行的施工方案。

2. 施工中的有关技术标准

对于施工中的各项要求,目前都有相应的国家标准和部颁标准。因此,编制时必须依据并符合这些标准。当同一内容同时有两种以上标准时,原则上应该按高标准执行。各企业也可按本企业实际情况制定本企业的有关技术标准,但在技术上应不低于相应的部标和国标。

3. 工程验收的质量标准

编制方案时一定要满足工程验收的国家质量标准,并在方案中明确地表示出来。像各工序的质量要求、检查方法及合格标准等,都应作为施工过程中技术要求的依据。

4. 施工环境及条件

(1)施工现场的地形地貌,施工是否穿越河流、水渠、水塘及山丘,是否穿越道路、铁路等;周围有多少建筑物,是商店还是居民住宅,距离工地的距离有多少;是否有树木,其中是否有古树;若穿越道路,交通流量有多大,是否能断路;现场是否有水源、电源等。所有这些问题都是在编制施工组织设计时需要考虑和解决的问题,以便在施工中妥善地安排,保证施工得以顺利进行。

(2)除上述地面上的条件外,还应掌握地下的情况,如地质情况、地下水的状况以及地下管线的分布情况,以便在编制施工方案时考虑选择施工方法和采取保护措施。

(3)另外,还要了解施工所处的季节,是否要经过冬季和雨季,以便在方案中考虑是否需要制定冬季施工措施和雨季施工及防洪措施等。

5. 焊接工作队伍的实际生产条件

为了使所编制的施工组织设计真正可行,确实起到指导生产的目的,所以一定要从焊接工作队伍的实际情况出发,要依据自己的实力来编制施工方案。如必须根据现有设备能力、工力的情况来安排施工部署,像确定多少工作面,分几个段落同时施工时,都要依据实际条件来确定。

技能要点 3：施工组织设计编制的内容

1．工程简介

(1)工程概况。说明工程的基本情况，如工程名称、工程类型、结构形式、所处的位置、建设单位、监理单位以及工程中须要交代的事宜。

(2)工程量。说明本工程项目的工作量，若是管线则包括规格、长度以及辅助设施(如闸井、柔口、排气孔、检修孔等)。

(3)工程特点。简要描述该工程的特点，有什么特殊的要求，所处的环境条件对施工的要求以及给工程带来的困难等。

(4)开工、竣工日期。

2．质量目标设计

(1)质量目标。提出本单位对该项工程总的质量承诺，即准备使该工程要达到的水平。

(2)质量目标分解。提出工程中各工序的质量要求。

(3)检验标准和检验方法。

(4)质量保证措施。对各工序的质量要求都应有保证质量的具体措施。

(5)质量记录清单。各种质量检验和记录的表格名称的清单。

3．文件资料和检验标准

施工方案的编制所依据的资料及质量检验标准都要明确地表示出来。

4．总体施工部署

(1)组织机构。项目经理部及管理部门的组成人员。

(2)工、料、机计划。说明工程中各阶段所需工力的多少、材料供应要求和所需的机械设备。

(3)拆迁工作量。

(4)生产及生活用水、用电的安排。

(5)排降水工程。

(6)土方工程。

(7)焊接。

(8)施工部署及工程进度控制。

(9)其他有关施工项目的安排。

5. 技术措施

对施工过程中可能遇到的各种情况和问题都应有具体的技术措施,以保证工程顺利进行和满足质量的要求。如具体的施工方法、施工降水、打桩、钢结构、开槽方法及要求、焊接方法及要求、交通措施、地下管线保护措施、地上各种情况的保护措施等。

6. 安全保证措施

对工程中各种不安全因素都应有切实可行的规定和保证措施,以确保生产安全。

7. 环保及文明施工措施

对工程中各种造成环境污染的因素都制定相应的管理办法,确保焊接工作文明有序地进行。

8. 冬(雨)季施工措施

应依据施工过程中所处的季节来制订,若没有这种季节则可省略。

9. 必要的附表和附图

如工力计划表、材料计划表、机械设备计划表、质量目标分解表、工程进度表及网络图、拆迁综合情况表、总平面图及其他必要的图样。

10. 附件

对各单项技术措施的详细说明和具体方法。

施工组织设计包括的内容很多,但是由于各种工程的性质和特点不同,所编制的项目内容会有所增减。

技能要点 4:焊接工艺规程的含义与内容

(1)焊接工艺规程的含义。焊接工艺规程是一种经评定合格的书面焊接工艺文件,以指导按法规的要求焊制产品焊缝。具体地说,焊接工艺规程可用来指导焊工和焊接操作者施焊产品接头,以保证焊缝的质量符合法规的要求。

　　焊接工艺规程必须由生产该焊件的企业自行编制,不得沿用其他企业的焊接工艺规程,也不得委托其他单位编制用以指导本企业焊接生产的焊接工艺规程。因此,焊接工艺规程成为技术监督部门检查企业是否具有按法规要求生产焊接产品资格的证明文件之一,也是企业质量保证体系和产品质量计划中最重要的质量文件之一。

　　(2)焊接工艺规程的内容。一份完整的焊接工艺规程,应当列出为完成符合质量要求的焊缝所必需的全部焊接工艺参数,除了规定直接影响力学性能的重要工艺参数以外,也应规定可能影响焊缝质量和外形的次要工艺参数。具体项目包括:焊接方法、母材金属牌号、规格,焊接材料的种类、牌号、规格,预热温度、层间温度和后热温度,焊接工艺参数,接头及坡口形式、焊接顺序、焊工持证项目,操作技术和焊后检查方法及要求。如果焊接工艺规程编制者认为有必要,也可列入对按法规焊制焊件有用的其他工艺参数。

　　在生产受劳动部安全监督的焊接结构或生产法规的企业中,焊接工艺规程必须以相应的工艺评定报告为依据。而且当每个重要焊接工艺参数的变化超出法规规定的评定范围时,需重新编制焊接工艺规程,并应有相应的工艺评定报告作为支持。

技能要点 5:焊接工艺规程的编制依据

　　(1)结构设计说明书及产品的整套装配图样和零部件工作图。结构设计说明书及整套装配图样是编制焊接工艺规程的最主要资料。在设计说明书和装配图上可以了解到产品的技术特性和要求、结构的特点和焊缝的位置、产品的材料牌号和壁厚、探伤的要求和方法、焊接节点和坡口的形式等。产品零件图则是确定零件特征的最基本而详尽的资料。在零件图上可以了解到零件本身的焊接方式、材料、坡口等,它是编制焊接工艺卡的主要依据。

(2)与产品有关的焊接技术标准。产品的种类、材料的牌号、坡口的形式都有相应的一系列的国家标准和部颁标准。编制焊接工艺规程时必须依据并符合这些标准。当同一内容同时有两种以上的标准时,原则上应该按高标准执行。

(3)产品验收的质量标准。制定焊接工艺规程时,一定要考虑到产品验收的质量标准,并在工艺规程中明确地表示出来。

(4)产品的生产类型。焊接结构的生产量分为单件生产、成批生产和大量生产三种类型,见表 2-1。应根据生产类型制定相应的工艺。成批生产和大量生产的产品,应该考虑比较先进的设备、专用的工卡量具和专门的厂房;而单件生产则应利用工厂现有的生产条件,充分挖掘潜力,不然将使产品成本过高,在经济上是不合算的。

表 2-1　生产量类型规划

生产类型		产品类型及同种零件的年产量(件)		
		重型	中型	轻型
单件生产		5 以下	10 以下	100 以下
成批生产	小批	5～100	10～200	100～500
	中批	100～300	200～500	500～5000
	大批	300～1000	500～5000	5000～50000
大量生产		1000 以上	5000 以上	50000 以上

(5)工厂现有的生产条件。为了使所编制的焊接工艺规程切实可行,达到指导生产的目的,一定要从工厂实际情况出发,即要掌握车间的工作面积和动力、起重、加工设备等的能力,车间生产工人的数量、工种和技术等级等资料。

技能要点 6:焊接工艺规程的编制程序

对于一般的焊接结构和非法规产品,焊接工艺规程可直接按产品技术条件、产品图样、工厂有关焊接标准、焊接材料和焊接工艺试验报告以及已积累的生产经验数据进行编制,经过一定的审批程序即可投入使用,无需事先经过焊接工艺评定。

对于受监督的重要焊接结构和法规产品,每一份焊接工艺规程都必须有相应的焊接工艺评定报告作为支持,即应根据已评定合格的工艺评定报告来编制焊接工艺规程。如果所拟定的焊接工艺规程的重要焊接工艺参数已超出本企业现有焊接工艺评定报告中规定的参数范围,则该焊接工艺规程必须按所规定的程序进行焊接工艺评定试验,只有经评定合格的焊接工艺规程才能用于指导生产。

焊接工艺规程原则上是以产品接头形式为单位进行编制的。如压力容器壳体纵缝、环缝,筒体接管焊缝,封头人孔加强板焊缝都应分别编制一份焊接工艺规程。如容器壳体纵缝、环缝采用相同的焊接方法、相同的重要工艺参数,则可以用一份焊接工艺评定报告作为支持纵缝、环缝两份焊接工艺规程。如果某一焊接接头需要采用两种或两种以上的焊接方法焊成,则这种焊接接头的焊接工艺规程应以相对应的两份或两份以上的焊接工艺评定报告为依据。

焊接工艺规程大多数选用表格的形式。每个企业也可根据自己的经验设计符合本企业实际需要的格式。但任何格式都必须便于焊工使用和保管。格式确定后,在一段较长的时期内不会改动,可将其铅印成空白表格。

在编写焊接工艺规程时应当注意如下事项:

(1)名词术语标准化和通用化。焊接工艺规程中所用的名词术语应统一采用国家标准《焊接术语》(GB/T 3375—1994)中规定的名词术语,不应采用本企业的习惯用语。

(2)用词简洁、明了、易懂,切忌用词模糊不清,含义不确切。

(3)书写字迹应工整,简体字应符合规范,数字不连写,不准涂改。

（4）插图描绘要符合制图标准，尺寸及公差应标注清晰、正确。焊接顺序和焊道层次可用数字标注，焊接方向可用箭头表示。

（5）物理量名称及符号应符合国家相关标准，计量单位应采用法定计量单位。

第二节　焊接质量管理

本节导读：

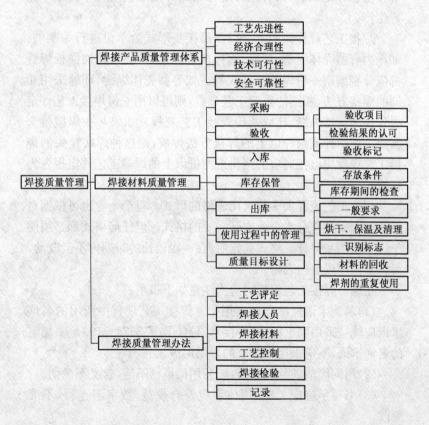

技能要点 1:焊接产品质量管理体系

焊接产品质量管理体系包括 3 个方面的主要内容,即企业资质及业绩水平、人力资源及技术装备资源水平、质量体系文件及其运行状况。

(1)企业资质及业绩水平。生产焊接产品的企业,其生产的产品是否在其企业资质及经营业务范围之内,要进行检查审核。该企业过去是否有生产该类焊接产品的业绩等,都要进行核对审查,只有符合国家有关法规的规定并有该类产品的生产许可证才能进行生产。

(2)人力及技术装备资源水平。从事焊接产品生产的组织(如企业),不仅企业资质、经营范围要合法,而且质量检验人员、焊工、无损检测人员等都要有专业资格证书,并满足生产需要才可进行这类焊接产品的生产,如压力容器和压力管道的生产。

在技术装备上,根据焊接产品生产的需要,技术装备必须满足相应的要求,如电焊机、起重设备、热处理设备、无损检测设备、试压设备、理化试验检验设备、计量检定设备、施工生产车间或场地等,其数量和技术水平均能满足需要,并且完好能正常使用,才可以生产这类焊接产品。

(3)质量体系文件及其运行状况。质量体系文件包括质量管理手册、程序文件、管理制度、作业文件、通用工艺等。这些文件建立的是否符合企业实际并且符合国家行业的标准、规范或规程、规定的要求,质量控制机构、质量控制环节和质量控制点是否得到有效控制,整个质量体系是否运行正常等,都要在焊接产品生产之前进行认真核查和评审,如果所核查和评审的内容不符合有关焊接产品生产的要求,则不能保证焊接结构质量。

技能要点 2:焊接材料质量管理

1. 采购

(1)焊接材料的采购人员应具备足够的焊接材料基本知识,了解焊接材料在焊接生产中的用途及重要性。

(2)焊接材料的采购应依据订货技术条件按择优定点的原则进行。在可能的条件下,尽量配套采购。

(3)必要时,特殊焊接材料应按焊接主管人员指定的供货单位采购。

2. 验收

(1)验收项目。

1)包装检验:检验焊接材料的包装是否符合有关标准要求,是否完好,有无破损、受潮现象。

2)质量证明书检验:对于附有质量证明书的焊接材料,核对其质量证明书所提供的数据是否齐全并符合规定要求。

3)外观检验:检验焊接材料的外表面是否污染,在储运过程中是否有可能影响焊接质量的缺陷产生,识别标志是否清晰、牢固,与产品实物是否相符。

4)成分及性能试验:根据有关标准或供货协议的要求,进行相应的试验。

(2)检验结果的认可。焊接材料的检验方法及检验规则一般应根据有关标准(参见引用标准)确定。必要时亦可由供需双方协商确定。

焊接材料经验收检验后应出具检验报告,并经有关职能部门认可。

(3)验收标记。验收合格的焊接材料应在每个包装上做专门的标记。

3. 入库

存放焊接材料的库内可根据需要划分为"待检"、"合格"及"不合格"等区域,各区域要有明显的标记。

验收合格的焊接材料应进行入库登记。其内容包括:焊接材料的名称、型号(或牌号)及可能使用的内部移植代号,规格,批号或炉号,数量(或重量),生产日期,入库日期,有效期(自验收合格之日起至规定的期限),生产厂。

焊接材料入库后即应建立相应的库存档案,诸如入库登记、质量证明书、验收检验报告、检查及发放记录等。

4. 库存保管

(1)存放条件。

1)焊接材料的储存库应保持适宜的温度及湿度。室内温度应在 5℃以上,相对湿度不超过 60%。室内应保持干燥、清洁,不得存放有害介质。

2)焊接材料应按有关的技术要求和安全规程妥善保管。因吸潮而可能导致失效的焊接材料在存放时应采取必要的防潮措施。品种、型号及牌号、批号、规格、入库时间不同的焊接材料应分类存放,并有明确的区别标志,以免混杂。

(2)库存期间的检查。库存管理人员应具备有关焊接材料保存的基本知识,熟悉本岗位的各项管理程序和制度。定期对库存的焊接材料进行检查,并将检查结果作书面记录。发现由于保存不当而出现可能影响焊接质量的缺陷时,应会同有关职能部门及时处理。

5. 出库

(1)为了保证焊接材料在其有效期内得到使用,避免库存超期所引起的不良后果,焊接材料的发放应按先入先出的原则进行。

(2)焊接材料的出库量应严格按产品消耗定额控制,并以领料单为出库凭据,经库存管理人员核准之后方可发放。

(3)库存期超过规定期限的焊条、焊剂及药芯焊丝,须经有关职能部门复验合格后方可发放使用。复验原则上以考核焊接材料是否影响焊接质量为主,一般仅限于外观及工艺性能试验,对焊接材料的使用性能有怀疑时,可增加必要的检验项目。

规定期限自生产日期始可按以下方法确定:焊接材料质量证明书或说明书推荐的期限,酸性焊接材料及防潮包装密封良好的低氢型焊接材料为两年,石墨型焊接材料及其他焊接材料为一年。

(4)对于严重受潮、变质的焊接材料,应由有关职能部门进行必要的检验,并做出降级使用或报废的处理决定之后,方可准许出库。

6. 使用过程中的管理

(1)一般要求。

1)车间应设置专门的焊接材料管理员,负责焊接材料的烘干、保管、发放及回收。

2)车间的生产主管人员对焊接材料的管理及使用全面负责,焊接技术人员及车间检查员应对焊接材料的管理及使用进行必要的检查监督,确保焊接材料的正确使用,防止由于焊接材料管理不善而发生质量事故。

(2)烘干、保温及清理。

1)烘干及清理焊接材料的场所应具备合适的烘干、保温设施及清理手段。烘干、保温设施应有可靠的温度控制、时间控制及显示装置。

2)焊接材料在烘干及保温时应严格按有关技术要求执行。焊接材料在烘干时应排放合理、有利于均匀受热及潮气排除。烘干焊条时应注意防止焊条因骤冷骤热而导致药皮开裂或脱落。

3)不同类型的焊接材料原则上应分别烘干,但在烘干规范相同,或不同类型焊接材料之间有明显的标记,不至于混杂时,允许同炉烘干。

4)焊接材料制造厂对有烘干要求的焊接材料应提供明确的烘干条件。焊接材料的烘干规范可参照焊接材料说明书的要求确定。

焊前要求必须烘干的焊接材料(碱性低氢型焊条及陶质焊剂)如烘干后在常温下搁置 4h 以上,在使用时应再次烘干。但对烘干温度超过 350℃的焊条,累计的烘干次数一般不宜超过 3 次。

5)烘干后的焊接材料应在规定的温度范围内保存,以备使用。为了控制烘干后的焊条置于规定温度范围以外的时间,焊工在领用焊条时应使用事先已加热至规定温度的保温筒。

6)焊接材料管理员对焊接材料的烘干、保温、发放及回收应作详细记录。

7)焊丝、焊带表面必须光滑、整洁,对非镀铜或防锈处理的焊丝及焊带,使用前应进行除油、除锈及清洗处理。

(3)识别标志。在使用过程中,应注意保持焊接材料的识别标志,以免造成质量事故。

(4)焊接材料的回收。焊接工作结束后,剩余的焊接材料应回收。回收的焊接材料应标记清楚、整洁、无污染。

(5)焊剂的重复使用。焊剂(特别是含铬的烧结焊剂)一般不宜重复使用,但在下述条件都满足时允许重复使用。

1)用过的旧焊剂与同批号的新焊剂混合使用,且旧焊剂的混合比在 50%以下(一般宜控制在 30%左右)。

2)在混合前,用适当的方法清除了旧焊剂中的熔渣、杂质及粉尘。

3)混合焊剂的颗粒度符合规定的要求。

技能要点 3:焊接质量管理办法

1. 焊接工艺评定

(1)公司工程技术部向相关专业公司下达《焊接工艺评定任务

书》。

（2）相关专业公司根据工艺评定任务书的要求，编制相应的"焊接工艺评定方案"并具体组织、实施评定工作，在评定合格后，填写"焊接工艺评定报告"报公司工程技术部。公司工程技术部发布焊接工艺评定报告目录供使用。

2. 焊接人员

（1）焊接人员包括焊接技术人员、焊工、焊接检查人员以及金属试验室焊接检验人员和焊接热处理人员。

（2）各类焊接人员应具备相应的专业技术知识和现场实践经验，并经专业培训考试合格。

（3）专业公司和金属试验室应建立焊接人员技术档案，根据工作业绩确定以后培训和聘用方向。

3. 焊接材料

（1）焊接材料管理应满足"焊接材料管理办法"的要求。

（2）专业公司在施工现场设立焊材二级库，并设专人管理。

（3）进入二级库的焊接材料应是经验证合格的材料。

（4）焊接材料的保管、焊条烘焙应按说明书或焊接规范执行，保证焊接材料符合要求规定。

（5）焊接材料发放应有记录台账，使材料使用具有可追溯性。

（6）自二级库领出的焊条，应放入专用焊条保温桶内，到达现场接通电源，随用随取，预防受潮。

4. 焊接工艺控制

（1）焊接技术人员负责焊接工艺的制订和控制。

（2）焊接技术人员应按照项目部施工技术措施目录的要求，依据图纸、资料和规程、规范等编制焊接技术措施。

（3）焊接工程开工前，焊接技术人员应依据焊接工艺评定编制各项目的焊接作业指导书及工艺卡，并经专责工程师审核、批准后指导施工。

　　(4)焊工到二级库领取焊材应持有焊接技术人员开具的"焊材领用卡"。

　　(5)焊接应严格执行焊接作业指导书及工艺卡,若实际工作条件与指导书不符时,需报技术员核实、处理。

　　(6)焊工施焊完后,应及时清理、自检、做好标识,上交自检记录。

　　(7)焊接质检员必须掌握整个现场各个项目的焊接质量情况,会同技术员共同做好工艺监督,及时对完工项目检查、验评和报验。

　　(8)焊接技术员或质检员应按规范要求及时委托热处理、光谱检验和探伤检验,并对出现的质量问题分析研究、找出对策,以便质量的持续改进。

　　(9)焊接技术记录应做到及时、准确、规范。

5. 焊接检验

　　(1)项目部质量部门应根据工程进度、施工方案在检验工作开始前编制检验计划。

　　(2)金属试验室检验人员依据有关规程、规范对焊接接头进行检验。

　　(3)无损检验必须及时进行,以免造成焊口大范围返工(修)。

　　(4)严格执行委托单和结果通知单制度。试验室试验、检验人员及时将试验、检验结果以通知单的形式反馈给委托专业公司,发现焊缝超标应填写焊缝返修通知单,返修后及时复检并按规定加倍抽检。

　　(5)检验、试验报告签发应及时、准确、规范。

6. 记录

　　焊接过程中,应按照实际情况填写《焊接工艺评定记录》、《焊接材料领用记录》、《焊接材料烘焙记录》、《焊接工程施工技术记录》及《焊接工程试验、检验记录》等。

第三节　焊接安全管理

本节导读：

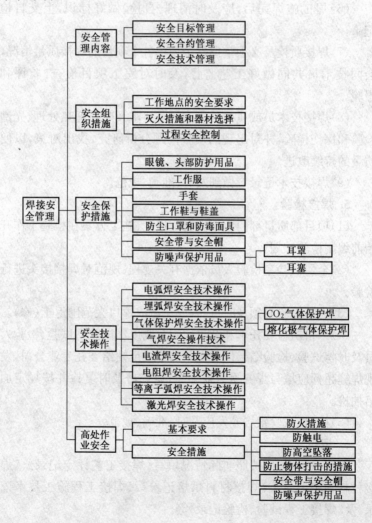

技能要点 1:焊接安全管理内容

1. 安全目标管理

安全目标管理是施工项目重要的安全管理举措之一,它通过确定安全目标,明确责任,落实措施,实行严格的考核与奖惩,激励企业员工积极参与全员、全方位、全过程的安全生产管理,严格按照安全生产的奋斗目标和安全生产责任制要求,落实安全措施,消除人的不安全行为和物的不安全状态,实现施工生产安全。施工项目推行安全生产目标管理能进一步优化企业安全生产责任制,强化安全生产管理,体现"安全生产,人人有责"的原则,使安全生产工作实现全员管理,有利于提高企业全体员工的安全意识。

安全目标管理的基本内容包括目标体系的确立、目标的实施及目标成果的检查与考核。

2. 安全合约管理

(1)进行安全合约化的管理形式。

1)与甲方(建设方)签订的工程建设合同。工程项目总承包单位在与建设单位签订工程建设合同中,包含有安全、文明的创优目标。

2)施工总承包单位在与分承包单位签订分包合同时,必须有安全生产的具体指标和要求。

3)施工项目分承包方较多时,总分包单位在签订分包合同的同时要签订安全生产合同或协议书。

(2)安全合约管理的内容。安全合约管理的内容包括管理目标、用工制度、安全生产需求、消防保卫工作需求、文明施工及争议处理等。

3. 安全技术管理

工程项目施工组织设计或施工方案中必须有针对性的安全技术措施,特殊和危险性大的工程必须单独编制安全施工方案或安全技术措施。

安全技术管理的内容包括安全技术交底、安全验收制度、安全技术资料管理等。

技能要点 2:焊接安全组织措施

1. 焊割工作地点的安全要求

(1)焊割工作面积不小于 $4m^2$,地面应基本干燥。工作地点应有良好的天然采光或局部照明。

(2)焊割工作地点的设备、工具和材料等应排列整齐,不得乱堆乱放。并要保持必要的通道,一旦发生事故时便于消防撤离和医务人员抢救。安全规定车辆通道的宽度不小于 3m,人行通道不小于 1.5m。作业场所的所有气焊胶管、焊接电缆线等,不得互相缠绕。用完的气瓶应及时移出工作场所,不得随意堆放。

(3)焊割操作点周围 10m 的范围内,应清除诸如木材、油脂、棉纱、保温材料和化工原料等易燃易爆物品或采取可靠的安全措施。

(4)室内作业时,应通风良好,不使易燃易爆气体滞留(如乙炔发生器排气、电石粉末的分解等)。多点焊割作业或有其他工种混合作业时,各工位间应设防护屏。

(5)室外作业时,应与登高作业、吊运作业密切配合,秩序井然。局限性空间(如地沟、坑道、井、管道和半封闭地段)作业时,应先判明其中有无易燃、易爆、有毒物质。应用仪器(如测爆仪、测氧仪、有毒气体分析仪)进行检验分析,禁止用火柴、燃着的纸张及其他不安全方法进行检查。对附近敞开孔洞的地沟,应用石棉板等盖严,防止火花溅入其内。

2. 灭火措施和灭火器材的选择

(1)电石桶、电石库房等着火时,只能用干砂、干粉灭火器和 CO_2 灭火器扑救,不能用水或含有水分的灭火器(如泡沫灭火器)救火。

(2)乙炔发生器着火时,要先关闭出气管阀门停止供气,使电石与水脱离接触,可用 CO_2 灭火器或干粉灭火器扑救。不能用水、泡沫灭火器或四氯化碳灭火器救火。

(3)电焊机着火时首先要拉闸断电,然后再抢救。在未断电之前不能用水或泡沫灭火器救火,只能用干粉、CO_2 灭火器扑救。

(4)氧气瓶着火时,应迅速关闭氧气阀门,停止供氧使火自行熄灭。若邻近建筑物或可燃物失火,应尽快将氧气瓶撤离现场。

3. 过程安全控制

大中项目上施工方案,小项目上规程(特种作业安全技术规程)。不管哪类项目都要由专门负责工程师进行现场工艺技术交底,进行过程安全分析,讲明各项安全技术与组织措施,并指定现场安全负责人。特殊焊割作业,必须按照中华人民共和国国家标准《厂区设备内作业安全规程》(HG/T 23012—1999)实行安全票证管理制度,将企业各级领导部门、职能部门和有关工程技术人员以及所在单位负责人、当班班长、岗位操作工、监护人等的安全责任都集中到焊割作业场所,重新分析过程工艺安全和环境不安全因素,查验各种安全措施落实与否,并在票证上签字认可。项目安全负责人应经常检查焊接作业安全措施和焊接作业安全规程的落实情况。

技能要点 3:焊接安全防护措施

1. 眼睛、头部防护用品

(1)为防止焊接弧光和火花的危害,焊工在施焊时应根据现行《职业眼面部防护 焊接防护》(GB/T 3609.2—2009)的要求,按表 2-2~表 2-4 选用合乎作业条件的护目镜。

表 2-2　气焊和铜焊宜选择的遮光号 N

工作	$q \leqslant 70$	$70 < q \leqslant 200$	$200 < q \leqslant 800$	$q > 800$
气焊和铜焊	4	5	6	8

注:1. q 表示乙炔流量,单位为升每小时(L/h)。

2. 遮光号 N 宜按照操作条件选择相邻的大 1 号或小 1 号的遮光号。

表 2-3　氧气切割宜选择的遮光号 N

工作	900<q≤2000	2000<q≤4000	4000<q≤8000
氧气切割	5	6	7

注：1. q 表示氧气切割流量，单位为升每小时（L/h）。

　　2. 遮光号 N 宜按照操作条件选择相邻的大 1 号或小 1 号的遮光号。

表 2-4　电弧焊接、等离子切割宜选择的不同遮光号 N

电流/A

操作过程	1.5	6	10	15	30	40	60	70	100	125	150	175	200	225	250	300	350	400	450	500	600
MMA				8				9		10		11		12			13		14		
MAG					8			9			11				12			13			14
TIG			8		9			10			11			12		13					
MIG 重金属									9		10		11			12		13	14		
MIG 轻合金										10			11		12		13		14		
气体切割										10		11		12		13		14		15	
等离子切割									9		10		11			13					
微束等离子焊	4	5		6			7	8	9		10		11			12					
电流	1.5	6	10	15	30	40	60	70	100	125	150	175	200	225	250	300	350	400	450	500	600

注：1. 名词“重金属”为钢、合金钢、铜及铜合金等。

　　2. MMA 表示手工电弧焊接。MAG 表示非惰性气体保弧焊接。TIG 表示钨极惰性气体保护焊接。MIG 表示惰性气体保护焊接。气体切割对用于使用碳极和压缩空气喷射吹开熔化的金属。

（2）焊工用的面罩有手持式和头戴式两种。其面罩的壳体应该由难燃或不燃的、不刺激皮肤的绝缘材料制成，罩体应能够遮住脸面和耳部，结构牢靠并且无漏光。

（3）辅助焊工应选戴遮光性能和工作条件相适应的面罩和防护眼镜。

（4）气焊时，应根据焊接工件板的厚度，选用相应型号的防护眼镜片。

(5)焊接准备和清理工作时,应该使用不容易破碎的防渣眼镜。

2. 工作服

(1)焊工的工作服应该根据焊接工作特点来选用。

(2)一般的焊接工作应选用棉帆布的工作服,颜色为白色。

(3)气体保护焊过程中,能产生臭氧等气体,应该选用粗毛呢或皮革等面料制成的工作服。

(4)进行全位置焊接工作时,应选用皮革制成的工作服。

(5)在仰焊、气割时,为防止火星、焊渣从高处溅落到焊工的头部和肩上,焊工应在颈部围毛巾,穿戴用防燃材料制成的护肩、长袖套、围裙和鞋盖等。

(6)焊工穿用的工作服不应潮湿,工作服的口袋应有袋盖,上身应遮住腰部,裤长应罩住鞋面,工作服不应有破损、孔洞和缝隙,不允许沾有油、脂。

(7)焊接用的工作服,不能用一般合成纤维织物制作。

3. 手套

(1)焊工的手套应选用耐磨、耐辐射的皮革或棉帆布和皮革合制材料制成,其长度不应小于300mm,要缝制结实。焊工不应戴有破损和潮湿的手套。

(2)焊工在可能导电的焊接场所工作时,所用的手套应由具有绝缘性能的材料(或附加绝缘层)制成,并经耐电压5000V试验合格后方能试验使用。

(3)焊工手套不应沾有油、脂。焊工不能赤手更换焊条。

4. 工作鞋与鞋盖

(1)工作鞋。

1)焊工的防护鞋应具有绝缘、抗热、不易燃、耐磨损和防滑的性能。

2)焊工穿用的防护鞋橡胶鞋底,应经过耐电压5000V的试验合格,如果在易燃易爆场合焊接时,鞋底不应有鞋钉,以免产生摩擦火星。

3)在有积水的地面焊接与切割时,焊工应穿用经过耐电压6000V,试验合格的防水橡胶鞋。

(2)鞋盖。焊接过程中,为了保护脚不被高温飞溅物烫伤,焊工除了要穿工作鞋外,还要系好鞋盖。鞋盖只起隔离高温焊接飞溅物的作用,通常用帆布或皮革制作。

5. 防尘口罩和防毒面具

焊工在焊接过程中,当采用整体或局部通风尚不足以使烟尘浓度或有毒气体降低到卫生标准以下时,必须佩戴合格的防尘口罩或防毒面具。

(1)防尘口罩有隔离式和过滤式两大类。

1)隔离式防尘口罩将人的呼吸道与作业环境相隔离,通过导管或压缩空气将干净的空气送到焊工的口和鼻孔处供呼吸。

2)过滤式防尘口罩通过过滤介质将粉尘过滤干净,使焊工呼吸到干净的空气。

(2)防毒面具通常可以采用送风焊工头盔来代替。焊接作业中,焊工可以采用软管式呼吸器,也可以采用过滤式防毒面具。

6. 安全带与安全帽

(1)安全带。焊工在高处作业时,为了防止意外坠落事故,必须在现场系好安全带后再开始焊接操作。安全带要耐高温、不容易燃烧,要高挂低用,严禁低挂高用。

(2)安全帽。在高层交叉作业或立体上下垂直作业现场,焊工应佩戴安全帽。

安全帽应符合国家安全标准的出厂合格证,每次使用前都要仔细检查各部分是否完好,是否有裂纹,调整好帽箍的松紧程度,调整好帽衬与帽顶内的垂直距离,应保持在 20~50mm 之间。

7. 防噪声保护用品

个人防噪声防护用品主要有耳塞、耳罩及防噪声棉等。最常用的是耳塞、耳罩,最简单的是在耳内塞棉花。

(1)耳塞。耳塞是插入外耳道最简便的护耳器,它有大、中、小三种规格。耳塞的平均隔噪声值为 15～25dB,耳塞的优点是防声作用大,体积小,携带方便,容易保持,价格也便宜。

佩戴耳塞时,推入外耳道时要用力适中,不要塞得太深,以感觉适度为止。

(2)耳罩。耳罩对高频噪声有良好的隔离作用,平均可以隔离噪声值为 15～30dB。它是一种椭圆形或腰圆形罩壳,能把耳朵全部罩起来。

技能要点 4:焊接安全技术操作

1. 焊条电弧焊安全技术操作

(1)焊机的安全操作要求。

1)焊机必须符合现行有关焊机标准规定的安全要求。

2)焊机的工作环境应与焊机技术说明书上的规定相符。

3)焊机必须有独立的专用电源开关,并装在焊机附近人手便于操作的地方,周围留有安全通道,启动焊机时,必须先闭合电源开关,然后再启动焊机。

4)焊机的一次电源线长度一般不宜超过 2～3m,当有临时任务需要较长的电源线时,应沿墙或设立柱用瓷瓶隔离布设,其高度必须距地面 2.5m 以上,不允许将一次电源线拖在地面上。

5)禁止在焊机上放任何物品和工具,启动焊机前,焊钳和焊件不能短路。

6)焊机接地装置必须经常保持接触良好,定期检测接地系统的电气性能。

7)焊机必须经常保持清洁,清扫焊机必须停电进行,焊接现场如有腐蚀性、导电性气体或飞扬的浮尘,必须对焊机进行隔离防护。

8)每半年对焊机进行一次维修保养,发生故障时,应该立即切断焊机的电源及时进行检修。

9)经常检查和保持焊机电缆与焊机接线柱接触良好,保持螺母紧固。

(2)焊接电缆的安全操作要求。

1)焊接电缆的外皮必须完整、绝缘良好、柔软,绝缘电阻不小于 1MΩ。

2)连接焊机与焊钳必须使用柔软的电缆线,长度一般不超过 20～30m。

3)焊机的电缆线必须使用整根的导线,中间不应有连接接头,当工作需要接长导线时,应使用接头连接器牢固连接,并保持绝缘良好。

4)禁止焊接电缆与油、脂等易燃易爆物品接触。

(3)焊钳的安全操作要求。

1)焊钳必须有良好的绝缘性与隔热能力,手柄要有良好的绝缘层。

2)焊钳质量应不超过 600g,以保证操作灵便。

3)禁止将过热的焊钳浸在水中冷却后使用。

2. 埋弧焊安全技术操作

(1)埋弧焊机的小车轮子及连接导线应绝缘良好,焊接过程中应将导线理顺,防止导线被热的熔渣烧坏。

(2)焊工在进行送丝机构及焊机的调整工作时,手不得触及送丝机构的滚轮。

(3)焊机发生电气故障时,必须首先切断电源,再由电工及时修理。

(4)焊接过程中,注意防止由于突然停止焊剂的供给而出现强烈弧光伤害眼睛。

(5)埋弧焊机外壳和控制箱应可靠地接地(接零),防止漏电伤人。

3. 气体保护焊安全技术操作

(1)CO_2 气体保护焊安全技术操作。

1) CO_2 气体保护焊时,电弧的温度为 $6000\sim10000\,℃$,电弧的光辐射比焊条电弧焊强,而且容易产生飞溅,因此要加强防护。

2) CO_2 气体预热器,使用的电压不得大于 36V,外壳要可靠接地,焊接工作结束后,立即切断电源。

3) 装有液态 CO_2 的气瓶,满瓶的压力为 $0.5\sim0.7MPa$ 。但受到热源加热时,液体二氧化碳就会迅速蒸发为气体,使瓶内气体压力升高,这样就有爆炸的危险。所以 CO_2 气瓶不能靠近热源,同时还要采取防高温的措施。

4) 大电流粗丝 CO_2 气体保护焊时,应防止焊枪的水冷系统漏水而破坏绝缘,发生触电事故。

(2) 熔化极气体保护焊安全技术操作。

1) 焊机内的接触器、断电器的工作元器件,焊枪夹头的夹紧力以及喷嘴的绝缘性能等,应该定期进行检查。

2) 由于熔化极气体保护焊时,臭氧和紫外线的作用较强烈,对焊工的工作服破坏较大,所以焊工在进行熔化极气体保护焊时,应穿戴非棉布的工作服。

3) 熔化极气体保护焊时,电弧的温度为 $6000\sim10000\,℃$,电弧的光辐射比焊条电弧焊强,因此要加强防护。

4) 熔化极气体保护焊时,工作现场要有良好的通风装置,以利于排出有害气体及烟尘。

5) 焊机在使用前,应检查供气系统、供水系统,不得在漏气漏水的情况下运行,以免发生触电事故。

6) 盛装保护气体的高压气瓶,应小心轻放,直立固定,防止倾倒。气瓶与热源之间的距离应大于 3m,且不得曝晒。焊接时,气瓶内应留有余气。用气开瓶阀时,应缓慢开启。

7) 移动焊机时,应取出机内的易损电子元器件,以便单独搬运。

(3) 钨极气体保护焊安全操作技术。

1) 钨极气体保护焊应采用高频引弧的焊机或装有高频引弧装

置的焊机,所用的焊接电缆都应有铜网编织的屏蔽套并且可靠接地。

2)焊机在使用前应该检查供气系统、供水系统,不得在漏水、漏气的情况下使用。

3)钨极氩弧焊时,如果采用高频起弧,所产生高频电磁场的强度应控制在 $60\sim110V/m$ 之间,超过卫生标准($20V/m$)数倍,如果频繁起弧或把高频振荡器作为稳弧装置在焊接过程中持续使用时,会引起焊工头昏、疲乏无力、心悸等症状。

4)盛装保护气体的高压气瓶,应小心轻放,直立固定,防止倾倒。气瓶与热源之间的距离应大于 3m,不得进行曝晒。瓶内气体不可全部用尽,要留有余气。用气开瓶阀时,应缓慢开启。

5)焊机内的接触器、断电器等工作元件,焊枪夹头的夹紧力以及喷嘴的绝缘性能等要定期进行检验,为了防止焊机内的电子元器件损坏,在移动焊机时,应取出电子元器件,以便单独搬运。

6)在氩弧焊过程中,会产生对人体有害的臭氧(O_3)和氮氧化物,尤其是臭氧的浓度远远超出卫生标准,所以,焊接现场要采取有效的通风措施。而且臭氧和紫外线的作用较强烈,对焊工的工作服破坏较大,所以,氩弧焊焊工适宜穿戴非棉布的工作服(如耐酸呢、柞丝绸等)。

7)气体保护焊机焊接作业结束后,禁止立即用手触摸焊枪的导电嘴。

4. 气焊安全操作技术

(1)乙炔的最高工作压力禁止超过 $147kPa(1.5kf/cm^2)$表压。

(2)禁止使用银或铜的质量分数(含铜量)在 70%以上的铜合金制造的仪表、管件等与乙炔气体接触。

(3)对于回火防止器、氧气瓶、乙炔气瓶、液化石油气瓶及减压器等,都应采取防冻措施。

(4)氧气瓶、乙炔气瓶、液化石油气瓶等应该直立使用,或者装在专用的胶轮车上使用。不应放在阳光下直晒、热源直接辐射或容易受电击的地方。

(5)氧气瓶、溶解乙炔气瓶等气体不要用完,气瓶内必须留有不小于98~198kPa(1~2kgf/cm²)表压的余气。

(6)禁止使用电磁吸盘、钢绳及链条等设备。

(7)气瓶漆色的标志应符合国家颁发的《气瓶安全监察规程》的规定,禁止改动,严禁充装与气瓶漆色不符的气体。

(8)气瓶应配备手轮或专用扳手关闭瓶阀。

(9)工作完毕、工作间隙、工作地点转移之前都应关闭瓶阀、盖上瓶帽。

(10)焊接过程中严禁使用气瓶作为登高支架和支撑重物的衬垫。

(11)留有余气需要重新灌装的气瓶,应关闭瓶阀、旋紧瓶帽,标明空瓶字样和记号。

(12)输送氧气、乙炔的管道,应涂上相应气瓶漆色规定的颜色和标明名称,便于识别。

(13)同时使用两种不同气体进行焊接时,在不同气瓶减压器的出口端,都应装有各自的单向阀,防止相互倒灌。

(14)液化石油气瓶、溶解乙炔气瓶和液体二氧化碳气瓶等用的减压器,应该位于瓶体的最高部位,防止瓶内的液体流出。

(15)减压器卸压的顺序是:先关闭高压气瓶的瓶阀,然后放出减压器内的全部余气,放松压力调节杆使表针降到0位。

(16)焊接与切割用的氧气胶管为蓝色,乙炔胶管为红色。但目前工厂普遍采用的氧气胶管为黑色,乙炔胶管为红色。

(17)禁止将使用中的焊炬、割炬的嘴头与平面摩擦用来清除嘴头的堵塞物。

5. 电渣焊安全操作技术

(1)焊前应检查电气、水源、水套是否通畅,机械运转是否正常及板极是否拧紧等。

(2)接通电源时,应注意不能触碰高压电路上的接头及夹线处,不能拆除送进机构及行进机构电动机上的接线板盖子,不能随便打开控制箱及变压器附近的门,并在开动时进行调节,不能打开控制盘及接线板盖。

(3)焊工工作时,应戴深色或蓝色保护眼镜,穿工作服。

(4)焊接模块放置要牢固,不得倾斜。水套与模块要贴紧,预防漏渣。地线与模块必须焊牢。

(5)起弧造渣后,试探渣池深度,探棍须沿水套向下试探,探棍与水套、电极不要接触,防止击穿水套引起爆炸。

(6)禁止操作者和其他辅助人员站在滑块附近,以免熔化金属和熔渣流出灼伤身体和烧坏工作服。发生流渣时要及时堵好。

(7)电渣焊时作业点较高时,应有防护措施,同时应保护下面的工作人员不受金属滴及渣滴的伤害。

6. 电阻焊安全操作技术

(1)焊接前应仔细、全面检查接触焊设备,使冷却水系统、气路系统及电气系统处于正常的状态,并调整焊接参数使之符合工艺要求。

(2)焊机的脚踏开关应有牢固的防护罩,防止意外开动。

(3)焊机放置的场所应保持干燥,地面应铺防滑板。外水冷式焊机的焊工作业时应穿绝缘靴。

(4)穿戴好个人防护用品,并调整绝缘胶垫或木站台装置。

(5)开动焊机时,应该先开冷却阀门,以防焊机烧坏。

(6)施焊时,焊机控制装置的柜门必须关闭。

(7)控制箱装置的检修与调整应由专业人员完成。

(8)电阻焊机作业点应设有防止工件火花、飞溅的防护挡板或防护屏,操作者的眼睛应避开火花飞溅方向。

(9)缝焊作业焊工必须注意电极的转动方向,防止滚轮切伤手指。

(10)焊接工作结束后,应关闭电源、气源。冷却水应延长10min再关闭。在气温低时还应排除水路内的积水,防止冻结。

7. 等离子弧焊安全操作技术

(1)等离子弧焊枪与割枪，应保持电极与喷嘴的同心，供气、供水系统应严密，不漏气、不漏水。

(2)等离子弧焊作业现场，应配备工作台，并设有局部排烟和净化空气装置。

(3)等离子弧焊的空载电压较高，尤其是在手工操作时有触电的危险。因此，在使用焊接电源时，要可靠接地。

(4)防弧光辐射。等离子弧焊的弧光辐射，较其他电弧的光辐射强度大，特别是紫外线对人体皮肤的损伤更为严重，因此，操作者在焊接时必须穿戴有吸收紫外线镜片的面罩、工作服、手套等保护用品。机械化操作时，可以在操作者和操作区之间设置防护屏。

(5)在等离子弧焊过程中，有大量汽化的金属蒸气、臭氧、氮化物等产生。这些烟气与灰尘对操作者的呼吸道、肺等器官产生严重的影响。

(6)等离子弧焊时，会产生高强度、高频率的噪声，因此，要求操作者必须戴耳塞。

(7)等离子弧焊是用高频振荡器引弧，高频对人体有一定的危害。引弧频率在 $20\sim60Hz$ 较为合适，操作前焊件要可靠接地，引弧完成后要立即切断高频振荡器的电源。

8. 激光焊安全操作技术

(1)因激光器都带有高压、大电容储能装置，故要接地可靠。在进行电源内部维修时，要首先使电容量组放电，以防止电击。

(2)焊工在施焊过程中要佩戴适用于特定激光系统的有选择性的滤光镜，对 CO_2 激光可用带有侧面防护的透明安全眼镜，采用高功率 CO_2 激光时，需要太阳镜。

(3)必须将激光封闭起来，不得外露，以避免激光灼伤皮肤。

(4)激光焊时会产生含有剧毒的气体和烟雾，它们可能是致癌物质，还会产生臭氧等，因此，应做好工作区的通风排气工作。

技能要点 5：高处焊接作业安全

1. 高处焊接作业的基本要求

(1)高处作业人员必须经过安全教育,熟悉现场环境和施工安全要求。对患有高血压、心脏病、癫痫病、精神病等职业禁忌症和年老体弱、疲劳过度、视力不佳及酒后人员等,不准进行高处作业。

(2)在 6 级以上大风、雨天、雪天、大雾以及有冰冻时,禁止室外登高作业。

2. 高处焊接作业的安全要求

(1)从事高处作业的单位必须办理"高处安全作业证",落实安全防护措施后方可施工。"高处安全作业证"格式见《厂区高处作业安全规程》(HG/T 23014—1999)。

(2)"高处安全作业证"审批人员应赴高处焊接作业现场进行项目技术交底,组织作业人员进行过程安全分析,明确安全组织和安全技术措施,并督促落实后,方可批准高处作业。

(3)作业前,焊工和其他作业人员应查验"高处安全作业证",检查确认安全措施后方可施工。

(4)高处作业人员应按照规定穿戴好劳保用品,作业前要检查,作业中应正确使用防坠落用品与登高器具、设备。

(5)高处作业应设监护人对高处作业人员进行监护,监护人应坚守岗位。

3. 高处焊接作业安全措施

(1)防火措施。

1)高处作业点下方,火星所及的范围内,应彻底清除易燃、易爆物品。

2)焊接作业中,应设专人看火,工作结束应检查是否留下火种。

3)作业现场必须有相应的消防器材。

(2)防触电。

1)在接近高压线或距离低压线小于 2.5m 时,必须停电并检查确无触电危险后,方准操作。

2)电源开关应设在监护人近旁,遇有危险征象立即拉闸,并进行抢救。

3)不得使用带有高频振荡器的焊机,以免万一触电,失足坠落。

4)禁止将电缆缠绕在身上操作。

(3)防高空坠落。

1)安全网要张挺,不得留有缺口,而且层层翻高。

2)脚手架不得使用有腐蚀或机械损伤的竹木板或铁跳板,脚手架单行道宽度不小于0.6m,双行道宽度不小于1.2m,板面要钉防滑条并安装扶手。

3)安全带必须使用标准的防火安全带。

4)穿胶底鞋。

5)安全梯的梯脚需包装橡皮防滑,与地面夹角不应大于60°,且放置牢靠。人字梯应将单梯用限跨铁钩挂住,其作用夹角为40°±50°,不得两人同时作业,不得在顶端作业。

6)登石棉瓦、瓦棱板等轻型材料作业时,必须铺设牢固的脚手板,并加以固定,脚手板上要有防滑措施。

7)高处作业与其他作业交叉进行时,必须按指定路线上下,禁止上下垂直作业,若必须垂直作业时,应采取可靠的隔离措施。

(4)防止物体打击的措施。

1)凡登高进行焊割作业和进入登高作业区域,必须戴好安全帽。

2)登高作业的焊条、工具和小零件等必须装在牢固无孔洞的工具袋内。

3)工作过程中和工作结束,应随时将作业点周围的一切物体清理干净。

4)不得在空中投掷材料和物体、焊条头,可采取绳子吊运各种工具及材料,但大型零件和材料,应用起重工具设备吊运。

第三章　常用焊接方法

第一节　手工电弧焊

本节导读：

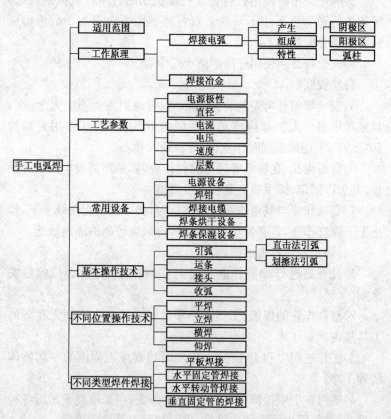

技能要点 1：手工电弧焊的适用范围

手工电弧焊是利用电弧放电所产生的热量，将焊条和工件局部加热熔化、冷凝而完成焊接的，手工电弧焊在国民经济各行业中得到了广泛应用，可用来焊接低碳钢、低合金钢、不锈钢、耐热钢、铸铁及有色金属材料等，见表 3-1。

表 3-1　手工电弧焊的应用范围

焊件材料	适用厚度(mm)	主要接头形式
低碳钢、低合金钢	≥2～50	对接、T 形接、搭接、端接、堆焊
铝、铝合金	≥3	对接
不锈钢、耐热钢	≥2	对接、搭接、端接
纯铜、青铜	≥2	对接、堆焊、端接
铸铁	—	对接、堆焊、焊补
硬质合金	—	对接、堆焊

技能要点 2：手工电弧焊的工作原理

手工电弧焊是利用焊条和焊件之间产生的焊接电弧来加热并熔化待焊处的母材金属或焊条以形成焊缝的，如图 3-1 所示。

1. 焊接电弧

(1)焊接电弧的产生。焊接电弧是在一定条件下，电荷通过两电极间气体空间的一种导电过程，或

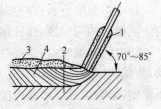

图 3-1　电弧焊示意图
1. 焊条　2. 焊件
3. 熔渣　4. 焊缝金属

者说是一种气体放电现象。焊接电弧的产生必须同时具备空载电压、导电粒子、短路三个条件。

(2)焊接电弧的组成。焊接电弧由阴极区、阳极区和弧柱三个部分组成。

1)阴极区:电弧紧靠负电极的区域称为阴极区,阴极区的区域很窄(为 $10^{-5}\sim10^{-6}$ cm)。在阴极区的阴极表面有一个明显的光亮斑点,它是电弧放电时,负电极表面上集中发射电子的微小区域,称为阴极辉点。阴极区的温度为 $2400\sim3500℃$,放出热量约占整个焊接电弧放出热量的 33%,该热量用于加热焊件或焊条。

2)阳极区:电弧紧靠正电极的区域称为阳极区,阳极区的区域较阴极区宽(为 $10^{-3}\sim10^{-4}$ cm)。在阳极区的阳极表面也有光亮的斑点,它是电弧放电时,正电极表面上集中接收电子的微小区域,称为阳极辉点。阳极区的温度为 $2600\sim4200℃$,放出的热量约占整个焊接电弧放出热量的 43%,该热量用于加热焊件或焊条。

3)弧柱:电弧阳极区和阴极区之间的部分称为弧柱。由于阴极区和阳极区都很窄,因此弧柱的长度基本上等于电弧的长度。弧柱区中心的温度为 $6000\sim8000℃$,放出的热量约占整个焊接电弧放出热量的 21%,该热量大部分散失,仅有少部分用于加热焊件或焊条。

(3)焊接电弧的特性。

1)电弧温度分布:焊接时熔化母材和填充金属的热量主要来自于阴极区和阳极区,弧柱辐射的热量居次要地位。

2)电弧的偏吹:在焊接时,会发生电弧不能保持在焊条轴线方向,而偏向一边,这种现象称为电弧的偏吹。电弧偏吹使电弧燃烧不稳定,影响焊缝成形和焊接质量。

手工电弧焊时,为了抵消电弧磁偏吹的影响,操作时可将焊条向磁偏吹的方向倾斜,同时压低电弧进行焊接就可减小磁偏吹。此外,采用分段焊、短弧焊都能减小电弧磁偏吹。

3)电弧的静特性:在电极材料、气体介质和弧长一定的情况下,电弧稳定燃烧时,焊接电流与电弧电压变化的关系称为电弧静特性,一般也称伏-安特性,表示它们关系的曲线叫做电弧的静特性曲线,如图 3-2 所示。

2. 焊接冶金

焊接冶金反应实质是焊接填充金属和母材金属的再冶炼过程，在金属熔化过程中,将在金属-熔渣-气体之间发生复杂的化学反应和物理反应。焊接冶金过程是分区域连续进行的。焊条电弧焊过

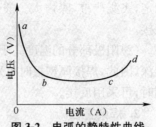

图 3-2　电弧的静特性曲线

程中有三个反应区,即熔滴反应区、药皮反应区和熔池反应区。

(1)熔滴反应区。在熔滴反应区内,熔滴从形成、长大直至过渡到熔池中,具有温度高、温度变化大、反应时间短,熔滴金属与气体、熔渣的反应接触面积大等特点。

在熔滴反应区内主要进行的物理化学反应包括金属的蒸发、气体的分解和熔解、金属的氧化还原以及合金化等。

(2)药皮反应区。在药皮反应区内,焊条药皮被加热,固态下焊条药皮的各种组成物会发生水分的蒸发、某些物质的分解和铁合金的氧化等物理化学反应,对整个焊接化学冶金过程有一定的影响。

(3)熔池反应区。在熔池反应区内,熔池的平均温度比较低(约为 $1600\sim1900℃$);熔池的体积小,质量一般在 5g 以下,冷却速度大(平均冷却速度为 $4\sim1000℃/s$)。因此,熔池的冶金反应时间非常短,冶金反应不充分。

由于散热和导热的作用,金属熔池的温度分布极不均匀,同一熔池的前后部分往往发生相应的反应。在熔池前部的高温区发生金属的熔化和气体的吸收以及硅、锰的还原反应;在熔池的后半部则发生金属的凝固和气体的析出,以及硅、锰的氧化反应。

技能要点 3:手工电弧焊的工艺参数

1. 焊接电源极性

(1)碱性焊条常采用反接,因为碱性焊条正接时,电弧燃烧不

稳定,飞溅严重,噪声大。酸性焊条如使用直流电源时通常采用正接。

(2)阳极部分的温度高于阴极部分,采用正接可以得到较大的熔深,因此,焊接厚钢板时可采用正接,而焊接薄板、铸铁及有色金属时,可采用反接。

2. 焊条直径

焊条直径可根据焊件厚度进行选择,厚度越大,选用的焊条直径应越粗。但厚板对接接头坡口打底焊时要选用较细焊条。另外,接头形式不同,焊缝空间位置不同,焊条直径也有所不同。如T形接头应比对接接头使用的焊条粗些,立焊、横焊等空间位置比平焊时所选用的应细一些。立焊最大直径不超过 5mm,横焊仰焊直径不超过 4mm。

3. 焊接电流

焊接电流是手工电弧焊最重要的工艺参数,也是焊工在操作过程中唯一需要调节的参数。选择焊接电流时,要考虑的因素很多,如焊条直径、药皮类型、工件厚度、接头类型、焊接位置及焊道层次等。但主要由焊条直径、焊接位置和焊道层次来决定。

(1)焊条直径。焊条直径越粗,焊接电流越大,每种直径的焊条都有一个最合适的电流范围,见表 3-2,还可以根据下面的经验公式计算焊接电流。

$$I = (35 \sim 55) \cdot d \qquad (3-1)$$

式中　I——焊接电流(A);

　　　d——焊条直径(mm)。

表 3-2　各种直径焊条使用电流的参考值

焊条直径(mm)	1.6	2.0	2.5	3.2	4.0	5.0	6
焊接电流(A)	25～40	40～65	50～80	100～130	160～210	260～270	260～300

(2)焊接位置。在平焊位置焊接时,可选择偏大些的焊接电流。横、立、仰焊位置焊接时,焊接电流应比平焊位置小 10％～

20%。角焊电流比平焊电流稍大些。

(3)焊道层次。通常焊接打底焊道时,特别是焊接单面焊双面成形的焊道时,使用的焊接电流要小,这样才便于操作和保证背面焊道的质量;焊填充焊道时,为提高效率,通常使用较大的焊接电流;焊盖面焊道时,为防止咬边和获得较美观的焊缝,使用的电流应稍小些。

另外,碱性焊条选用的焊接电流比酸性焊条小 10%左右。不锈钢焊条比碳钢焊条选用电流小 20%左右等。总之,电流过大过小都易产生焊接缺陷。

4. 电弧电压

(1)手工电弧焊时,电弧电压是由焊工根据具体情况灵活掌握的,一是保证焊缝具有合乎要求的尺寸和外形,二是保证焊透。

(2)电弧电压主要决定于弧长。电弧长,电弧电压高;反之,则低。在焊接过程中,一般希望弧长始终保持一致,而且尽可能用短弧焊接。所谓短弧是指弧长为焊条直径的 0.5~1.0 倍,超过这个限度即为长弧。

5. 焊接速度

在保证焊缝所要求的尺寸和质量的前提下,由焊工根据情况灵活掌握。速度过慢,热影响区加宽,晶粒粗大,变形也大;速度过快,易造成未焊透,未熔合,焊缝成形不良等缺陷。

6. 焊接层数

在厚板焊接时,必须采用多层焊或多层多道焊。多层焊的前一条焊道对后一条焊道起预热作用;而后一条焊道对前一条焊道起热处理作用(退火或缓冷),有利于提高焊缝金属的塑性和韧性。每层焊道厚度不大于 4~5mm。

技能要点 4:手工电弧焊常用设备

1. 电源设备

(1)手工电弧焊电源的种类。根据电流产生的种类,可将手工电弧焊电源分为交流电源和直流电源两类,见表3-3。

表 3-3　手工电弧焊电源的种类

电源类别		内　容　介　绍
交流电源	弧焊变压器	弧焊变压器是一种具有下降外特性的特殊降压变压器,在焊接行业里又称为交流弧焊电源,获得下降外特性的方法是在焊接回路里增加电抗(在回路里串联电感和增加变压器的自身漏磁)
直流电源	弧焊整流器	弧焊整流器是一种用硅二极管作为整流装置,把交流电经过电压、整流后,供给电弧负载的直流电源
	直流弧焊发电机	直流弧焊发电机是一种电动机和特种直流发电机的组合体,因焊接过程噪声大,耗能大,焊机重量大,现在很少使用
	弧焊逆变器	弧焊逆变器是一种新型、高效、节能直流焊接电源,该焊机具有极高的综合指标,它作为直流焊接电源的更新换代产品,已经普遍受到各个国家的重视

(2)手工电弧焊电源设备的选择。

1)根据焊条药皮分类及电流种类选择焊机:例如若用酸性焊条焊接应选用 BX3-300、BX3-500 等交流弧焊机;若用碱性焊条焊接应选用 ZX2 250、ZX3-400 等直流弧焊机。

2)根据母材材质及焊接结构选择焊机:如果焊接材料类型较多,可选用通用性较强的交、直流两用焊机或多用途的焊接设备。

3)根据焊接现场有无外接电源选择焊机:当焊接现场用电方便时,可以根据焊件的材质及其重要程度选择交流弧焊变压器或各类弧焊整流器;当焊接现场用电不方便时,应选用柴油机驱动直流弧焊发电机,或越野汽车焊接工程车。

4)根据焊机的主要功能选择焊机:若长期用酸性焊条焊接,应首选弧焊变压器;如使用低氢钠型焊条焊接时,应准备弧焊发电机或弧焊整流器。

(3)手工电弧焊电源设备的使用。

1)弧焊变压器:弧焊变压器包括动铁心式弧焊变压器、同体式弧焊变压器和动圈式弧焊变压器等。

动铁心式弧焊变压器的结构简单,容易制造和修理,而且机动性强,价格便宜,适宜中小企业及个体户使用,这类弧焊变压器的代表产品为 BX1-330,其结构如图 3-3 所示。

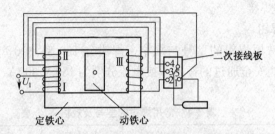

图 3-3 动铁心式 BX1-330 型交流弧焊变压器结构图

Ⅰ. 一次线圈(固定) Ⅱ、Ⅲ. 二次线圈(可调)

BX1-330 型交流弧焊变压器电流的调节分为粗调节和细调节两部分。

①电流粗调节。通过改变弧焊变压器二次接线板上的接线来改变焊接电流大小。进行电流粗调节时,为防止触电,应在切断电源的情况下进行。调节前,应将各连接螺栓拧紧,防止接触电阻过大而引起连接螺栓和连接板发热、烧损。

②电流细调节。通过弧焊变压器侧面的旋转手柄来改变活动铁心的位置进行电流调节。当手柄逆时针旋转时,活动铁心向外移动,漏磁减少,焊接电流增加;当手柄顺时针旋转时,活动铁心向内移动,漏磁加大,焊接电流减小。

2)弧焊整流器:弧焊整流器包括硅弧焊整流器及晶闸管式弧焊整流器等。

硅弧焊整流器是弧焊整流器的基本形式之一,一般由降压变压器、硅整流器、输出电抗器和外特性调节机构等部分组成。

输出电抗器是串联在直流回路中的一个带铁心并有气隙的电磁线圈,起改善焊机动特性的作用。

硅弧焊整流器具有电弧稳定、耗电少、噪声小、制造简单、维护方便、防潮、抗振、耐候力强等优点。但由于没有采用电子电路进行控制和调节,硅弧焊整流器在焊接过程中可调的焊接参数少,不够精确,受电网电压波动的影响较大,主要用于要求一般质量的焊接产品的焊接。

2. 焊钳

(1)常用焊钳的型号与规格。焊钳分 160 型、300 型、500 型等,它们能安全通过的额定焊接电流分别为 160A、300A、500A,见表 3-4。

表 3-4　常用焊钳的型号及规格

型　号	160A 型		300A 型		500A 型	
额定焊接电流(A)	160		300		500	
负载持续率(%)	60	35	60	35	60	30
焊接电流(A)	160	220	300	400	500	560
适用焊条直径(mm)	1.6～4		2～5		3.2～8	
连接电缆截面积(mm²)①	25～35		35～50		70～95	
手柄温度(℃)②	≤40		≤40		≤40	
外形尺寸 $A×B×C$(mm)	220×70×30		235×80×36		258×86×38	
质量(kg)	0.24		0.34		0.40	
参考价格(元)	6.10		7.40		8.40	

注:①小于最小截面积时,必须用导电良好的材料填充到最小截面积内。

②按 IEC26、29 号文规定的标准要求做实验。

(2)焊钳的选择。

1)焊钳必须有良好的绝缘性,焊接过程中不易发热烫手。

2)焊钳钳口材料要有高的导电性和一定的力学性能,故用纯铜制造;焊钳能夹住焊条,焊条在焊钳夹持端能根据焊接的需要变换多种角度;焊钳的质量要轻,便于操作。

3)焊钳与焊接电缆的连接应简便可靠,接触电阻小。

3. 焊接电缆

(1)焊接电缆的型号与规格。焊接电缆的作用是传导焊接电流,常用焊接电缆的型号与规格见表3-5。

表3-5 常用焊接电缆的型号与规格

电缆型号	截面 (mm²)	线芯直径 (mm)	电缆外径 (mm)	电缆质量 (kg/km)	额定电流 (A)
YHH 型焊接用橡胶电缆	16	6.23	11.5	282	120
	25	7.50	12.6	397	150
	35	9.23	15.5	557	200
	50	10.50	17.0	737	300
	70	12.95	20.6	990	450
	95	14.70	22.8	1339	600
	120	17.15	25.6	—	—
	150	18.90	27.3	—	—
YHHR 型焊接用橡胶软电缆	6	3.96	8.5		35
	10	34.89	9.0		60
	16	6.15	10.8	282	100
	25	8.00	13.0	397	150
	35	9.00	14.5	557	200
	50	10.60	16.5	737	300
	70	12.95	20	990	450
	95	14.70	22	1339	600

(2)焊接电缆的选择。

1)焊接电缆外皮必须完好、柔软、绝缘性好。

2)焊接电缆的截面积应根据焊接电流和导线长度选择。

3)焊接电缆线长度一般不宜超过 20～30m,确实需要加长时,可将焊接电缆线分为两节,连接焊钳的一节用细电缆,另一节按长度及使用的焊接电流选择粗一点的电缆,两节电缆用快速接头连接。

4. 焊条烘干设备

焊条烘干设备主要用于焊条在焊接前的烘干与保温,常用的焊条烘干设备有以下三种。

(1)自动远红外电焊条烘干箱。采用远红外辐射加热,自动控温,不锈钢材料的炉膛,分层抽屉结构,最高烘干温度可达500℃。100kg 容量以下的烘干箱设有保温储藏箱。

(2)记录式数控远红外电焊条烘干箱。采用三数控带 P. I. D 超高精度仪表,配置自动平衡记录仪,使焊条烘焙温度、温升时间曲线有实质记录,供焊接参考。最高温度达500℃。

(3)节能型自控远红外电焊条烘干箱。具有自动控温、自动保温、烘干定时及报警技术,最高温度达500℃。

5. 焊条保温设备

焊接施工过程中,焊条从烘箱中取出后应放在焊条保温筒内送到施工现场,施工时,焊条随用随逐根从焊条保温筒内取出。常用焊条保温筒的型号及技术数据见表 3-6。

表 3-6　常用焊条保温筒的型号及技术数据

功　能	型　号			
	PR-1	PR-2	PR-3	PR-4
电压范围(V)	25~90	25~90	25~90	25~90
加热功率(W)	400	100	100	100
工作温度(℃)	300	200	200	200
绝缘性能(mΩ)	>3	>3	>3	>3
可容纳的焊条质量(kg)	5	2.5	5	5
可容纳的焊条长度(mm)	410/450	410/450	410/450	410/450
质量(kg)	3.5	2.8	3	3.5
外形尺寸直径×高(mm)	$\phi145×550$	$\phi110×570$	$\phi155×690$	$\phi195×700$

技能要点 5：手工电弧焊基本操作技术

1. 引弧

常用的引弧方法有直击法和划擦法。

(1)直击法引弧。使焊条与焊件表面垂直接触，当焊条末端与焊件表面轻轻一碰，便迅速提起焊条，并保持一定距离，电弧便立即引燃，如图 3-4 所示。直击法引弧容易使焊条粘住焊件，如用力过猛还会造成药皮脱落，应熟练掌握操作技术。

(2)划擦法引弧。先将焊条末端对准焊接位置，然后将焊条在其表面划擦一下，电弧引燃后，立即使焊条末端与焊接位置表面保持 3～4mm 的距离，电弧就能稳定燃烧，如图 3-5 所示。采用划擦法引弧时，若操作不当易损伤焊件表面。

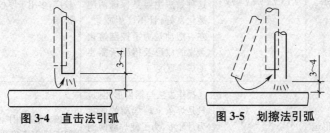

图 3-4　直击法引弧　　　　　图 3-5　划擦法引弧

2. 运条

运条包括沿焊条轴线的送进、沿焊缝轴线方向纵向移动和横向摆动三个动作。常用的运条方法及适用范围参见表 3-7。

表 3-7　常用运条方法及适用范围

运条方法	示意图	操作方法	适用范围
直线形运条法	→	要求在焊接时保持一定的弧长，沿着焊接方向不作横向摆动的前移，由于焊条不作横向摆动，所以电弧较稳定，能获得较大的熔深，焊速也较快，对于怕过热的焊件及薄板的焊接有利，但焊缝比较窄	该方法适用于板厚为 3～5mm 的不开坡口对接平焊、多层焊的第一层和多层多道焊

续表 3-7

运条方法		示意图	操作方法	适用范围
直线往返形运条法			焊条末端沿焊缝方向作来回的直线摆动,在实际操作中,电弧的长度是变化的。焊接时应保持较短的电弧,焊接一小段后,电弧较长,向前挑动,待熔池稍凝,又回到熔池继续焊接	该方法速度快、焊缝窄、散热快,适用于薄板的焊接和对接间隙较大的底层焊接
锯齿形运条法			在焊条末端向前移动的同时作锯齿形的连续摆动,并在两旁稍加停顿,停顿时间与工件厚度、电流大小、焊缝宽度及焊接位置有关,这种做法主要是保证两侧熔化良好,且不产生咬边。左右摆动是为了控制熔化金属的成形及得到所需要的焊缝宽度	该方法操作容易,在实际操作中运用较广,多用于厚板的焊接
月牙形运条法			操作方法与锯齿形相似,只是焊条末端摆动的形状为月牙形,为了使焊缝两侧熔合良好,且避免咬边,要注意月牙两尖端的停留时间	该方法应用广泛,但不适用于宽度较小的立焊缝
三角形运条法	正三角形运条法		焊条末端在前移的同时作连续的三角形运动,根据适用场合的不同,可分为斜三角形与正三角形两种	该方法适合于开坡口的对接接头和T字接头的立焊,尤其是内层受坡口两侧斜面的限制,宽度较小的时候,在三角形折角处也要稍加停顿,使焊缝两侧熔化充分,避免产生夹渣,同时也能得到焊缝断面较大的焊缝

续表 3-7

运条方法		示意图	操作方法	适用范围
三角形运条法	斜三角形运条法		焊条末端在前移的同时作连续的三角形运动,根据适用场合的不同,可分为斜三角形与正三角形两种	该方法适用于除了立焊外的角接焊缝和有坡口的对接横焊缝。它的优点是能够借焊条的不对称摆动来控制熔化金属,借以得到良好的焊缝成形
圆圈形运条法	正圆圈形运条法		焊条末端在前移的同时作圆圈形运动,根据焊缝位置的不同,有正圆圈形和斜圆圈形两种	该方法适合于较厚工件的平焊缝。它的优点是熔池高温时间停留长,使熔池中的气体和熔渣都易于排出
	斜圆圈形运条法			该方法适用于除了立焊外的角接焊缝,与斜三角形运条法相似,有利于控制熔化金属的形成

3. 接头

(1)接头操作方法。焊缝接头方法有冷接头和热接头两种操作方法。

1)冷接头操作方法:在施焊前,应使用砂轮机或机械方法将焊缝被连接处打磨出斜坡形过滤带,在接头前方 10mm 处引弧,电弧引燃后稍微拉长一些,然后移到接头处,并稍作停留,待形成熔池后再继续向前焊接。

冷接头操作方法可以使接头得到必要的预热,保证熔池中气体的逸出,防止在接头处产生气孔。

2)热接头操作方法:热接头是指熔池处在高温红热状态下的接头连接,其操作方法可分为正常接头法和快速接头法两种。

①正常接头法。正常接头法是指在熔池前方 5mm 左右处引弧后,将电弧迅速拉回熔池,按照熔池的形状摆动焊条,然后正常焊接的接头方法。

②快速接头法。快速接头法是指在熔池熔渣尚未完全凝固的状态下,将焊条端头与熔渣接触,在高温热电离的作用下重新引燃电弧后的接头方法。这种方法适用于厚板的大电流焊接,要求焊工更换焊条的动作迅速而且准确。

(2)接头操作要求。

1)接头要快:接头是否平整,除与焊工操作技术水平有关外,还与接头处的温度有关。温度越高,接头处熔合越好,填充金属合适,接头平整。因此,中间接头时,要求熄弧时间越短越好,换焊条越快越好。

2)接头要相互错开:进行多层多道焊时,每层焊道和不同层的焊道的接头必须错开一段距离,不允许出现接头相互重叠或在一条线上等现象,否则影响接头的强度和其他性能。

3)要处理好接头处的先焊焊缝:为了保证接头质量,接头处的先焊焊道必须处理好,接头区呈斜坡状。如果发现先焊焊缝太高,或有缺陷,应先将缺陷清除,并打磨成斜面。

4. 收弧

收弧指焊缝结束时的收尾,是焊接过程中的关键动作。在进行焊缝的收弧操作时,应保持正常的熔池温度,做无直线移动的横摆点焊动作,逐渐填满熔池后再将电弧拉向一侧熄弧。每条焊缝结束时必须填满弧坑。过深的弧坑不仅会影响美观,还会使焊缝收尾处缩孔和应力集中而产生裂纹。手工电弧焊常用的收弧方法如下:

(1)反复断弧收弧法。焊条移到焊缝终点时,在弧坑处反复熄弧、引弧数次,直至填满弧坑,此法适用于薄板和大电流焊接时的收尾,不适于碱性焊条。

(2)画圈收弧法。焊条移到焊缝终点时,在弧坑处作圆圈运动,直至填满弧坑再拉断电弧。此法适用于厚板。

(3)回焊收弧法。焊条移至焊缝终点时即停住,改变焊条角度回焊一小段。此法适用于碱性焊条。

(4)转移收弧法。焊条移到焊缝终点时,在弧坑处稍作停留,将电弧慢慢抬高,引到焊缝边缘的焊件坡口内。此法适用于换焊条或临时停弧时的收尾。

技能要点 6:不同位置的手工电弧焊操作技术

1. 平焊

(1)平焊特点。

1)熔池形状和熔池金属容易保持。

2)焊接参数和操作不正确时,可能产生未焊透、咬边和焊瘤等缺陷。

3)平板对接焊接时,若焊接参数或焊接顺序选择不当,容易产生焊接变形。

4)熔滴主要依靠重力向熔池过渡。

5)焊接同样板厚的金属,平焊位置焊接电流比其他焊接位置大,生产效率高。

6)液态金属和熔渣容易混在一起,特别是焊接角焊缝时,熔渣容易往熔池前部流动造成夹渣。

(2)对接平焊。I形坡口对接平焊时,当板厚不超过 6mm 时,一般采用I形坡口。正面焊缝宜采用直径为 3.2~4mm 的焊条短弧焊接,熔深应达到焊件厚度的 2/3。焊接背面焊缝时,除重要构件外,不必清焊根,但要将熔渣清理干净,焊接电流可大一些。运条方法为直线形,正面焊缝运条稍慢,反面稍快,焊条角度如图 3-6 所示。

若有熔渣和熔池金属混合不清的现象时,可将电弧拉长,焊条前倾,并作向熔池后方推送熔渣的动作,以防止夹渣。

V 形坡口对接平焊时,当板厚大于 6mm 时,必须开单 V 形坡口或双 V 形坡口,采用多层焊或多层多道焊,如图 3-7 所示。

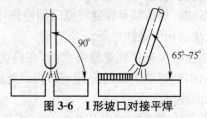

图 3-6　Ⅰ形坡口对接平焊

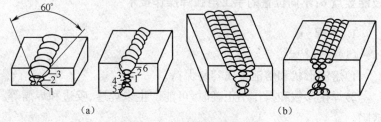

(a)　　　　　　　　　　　　　　　　　　(b)

图 3-7　V 形坡口对接平焊

(a)多层焊　(b)多层多道焊

　　多层焊时,第一层选用较小直径焊条,常用直径为 3.2mm,采用直线形运条或锯齿形运条;以后各层焊接时,先将前一层熔渣清除干净,选用直径较大的焊条和较大的焊接电流施焊,采用短弧焊接,锯齿形运条,在坡口两侧须作停留;相邻层焊接方向应相反,焊缝接头须错开。多层多道焊的焊接方法与多层焊相似,一般采用直线形运条,操作容易。

　　(3)T 形接头平角焊。T 形接头平角焊时,易产生焊脚下偏、未焊透、咬边及夹渣等缺陷。操作时应根据板厚调整焊条角度,两板厚度不同时,电弧应偏向厚板一边,使两板的温度均匀。常用焊条角度如图 3-8 所示。

　　焊脚尺寸小于 6mm 时,可用单层焊,焊条直径为 3.2~5mm,采用直线形或斜圆圈形运条,保持短弧焊接。焊脚尺寸为 6~10mm 时,用两层两道焊,第一层选用直径为 3.2~4mm 的焊条,直线形运条,保证根部焊透;第二层采用直径为 4~5mm 的焊条,斜圆圈形运条,防止焊脚下偏或咬边。焊脚大于 10mm 时,采用多层多道焊,选用直径为 5mm 的焊条,第一道采用大电流以得到较大的熔深,以后可采用较小的电流和较快的焊速。

在实际生产中,尽量把焊件放在船形位置进行焊接,这样既能避免咬边等缺陷,操作方便,焊缝成形美观,又能采用大直径焊条和大电流,提高生产率。

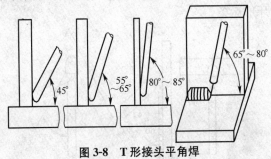

图 3-8　T 形接头平角焊

2. 立焊

(1)立焊特点。

1)易掌握焊透情况,但表面易咬边,不易焊得平整。

2)铁水和熔渣因重力作用下坠,容易分离。当熔池温度过高时,铁水易下流形成焊瘤。

3)对于 T 形接头的立焊,焊缝根部容易产生焊不透的缺陷。

(2)立焊操作要点。

1)立焊有向上立焊和向下立焊两种,生产中常用的是向上立焊,向下立焊要使用专用焊条才能保证焊缝质量。向上立焊时,焊条角度如图 3-9 所示。

2)用较小直径的焊条和较小的焊接电流,大约比一般平焊小10%～15%,以减小熔滴体积,使之受自重的影响减小,有利于熔滴过渡。

3)采用短弧焊,缩短熔滴过渡到熔池的距离,以形成短路过渡。

4)根据接头形式、坡口形状及熔池温度等情况,选择合适的运条方法。

①对于不开坡口的对接立焊,由下向上焊,可采用直线形、锯齿形、月牙形及跳弧法。

②开坡口的对接立焊常采用多层焊或多层多道焊,第一层常采用跳弧法或摆幅较小的三角形、月牙形运条,其余各层可选用锯齿形或月牙形运条。

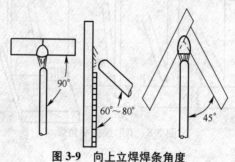

图 3-9　向上立焊焊条角度

3. 横焊

(1)横焊特点。

1)铁水因受重力作用易下坠至坡口上,形成未熔合和层间夹渣。宜采用较小直径的焊条,短弧焊接。

2)铁水与熔渣易分清,略似立焊。

3)采用多层多道焊能较容易地防止铁水下坠,但外观不整齐。

(2)横焊操作要点。

1)板厚为 3~5mm 的对接接头可采用 I 形坡口双面焊。正面焊选用直径为 3.2~4mm 的焊条,焊条角度如图 3-10 所示。

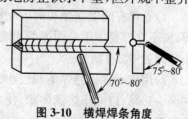

图 3-10　横焊焊条角度

2)焊件较薄时,采用直线往返形运条;焊件较厚时,短弧施焊,直线形或小斜圆圈形运条;打底焊时采用直线形运条。焊接速度应稍快且要均匀。

3)对接横焊开坡口一般为 V 形或 K 形,其特点是下板不开坡口或下板坡口角度小于上板,如图 3-11 所示。

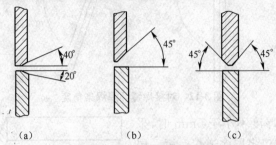

（a）　　　　　　　（b）　　　　　　　（c）

图 3-11　对接横焊坡口角度

(a)V 形坡口　(b)单边 V 形坡口　(c)K 形坡口

4)采用正确的运条方法:

①开 I 形坡口对接横焊时,正面焊缝采用往复直线形运条方法较好,稍厚件宜选用直线形或小斜环形运条方法,背面焊缝选用直线形运条方法。

②开其他形坡口对接多层横焊、间隙较小时,可采用直线形运条方法;间隙较大时,打底层可采用往复直线形运条方法,其后各层多层焊时,可采用斜环形运条方法,多层多道焊时,宜采用直线形运条方法。

4. 仰焊

(1)仰焊特点。

1)熔池尺寸较大,温度较高,清渣困难,有时易产生层间夹渣。

2)运条困难,焊缝成形不美观。

3)铁水因自重易下坠滴落,不易控制熔池形状和大小,易出现未焊透、凹陷等缺陷。

(2)对接焊缝仰焊。当焊件厚度不超过 4mm 时,采用 I 形坡口,选用直径为 3.2mm 的焊条,焊条角度如图 3-12 所示。

弧长尽量短些,间隙小时可用直线形运条,间隙较大则用直线往返形运条。焊接电流要适中。

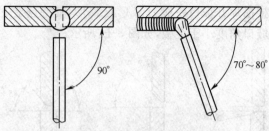

图3-12　对接焊缝仰焊焊条角度

　　焊件厚度不小于 5mm 时,采用 V 形坡口多层多道焊。第一层焊缝焊接时,可采用直线形、直线往返形、锯齿形运条法,焊缝表面要平直,不下凸。焊第二层及以后层数的焊缝,采用锯齿形或月牙形运条,如图 3-13 所示。同时注意随时调整焊条角度,每一焊道均不宜过厚。

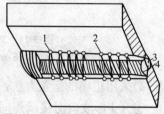

图3-13　对接焊缝仰焊运条示意
1. 牙形坡口　2. 齿形运条
3. 第一层焊道　4. 第二层焊道

　　(3)T 形接头焊缝仰焊。焊脚小于 8mm 时,采用单层焊;焊脚大于 8mm 时采用多层多道焊。焊条角度和运条方法如图 3-14 所示。

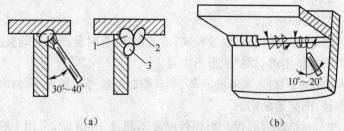

(a)　　　　　　　　　　(b)

图3-14　T 形接头焊缝仰焊焊条角度和运条方法
(a)用直线形运条　(b)斜三角形或斜圆圈形运条

技能要点 7：不同类型焊件的焊接

1. 平板的焊接

平板的焊接可参照手工电弧焊的各种位置的操作技术。

2. 水平固定管的焊接

(1)焊接特点。

1)环形焊缝不能两面施焊，必须从工艺上保证第一层焊透，且背面成形良好。

2)管件的空间焊接位置沿环形连续变化，要求施焊者站立的高度和运条角度必须随之相应变化。

3)熔池温度和形状不易控制，焊缝成形不均匀。

4)焊接根部时，处在仰焊和平焊位置的根部焊缝常出现焊不透、焊瘤及塌腰等缺陷。

(2)装配定位要求。

1)必须使管子轴线对正，以免中心线偏斜；管子上部间隙应放大 0.5～2.0mm 作为反变形量(管径小时取下限，管径大时取上限)，补偿先焊管子下部造成的收缩。

2)为保证根部焊缝的反面成形，不开坡口薄壁管的对口间隙取壁厚的一半；开坡口管子的对口间隙，采用酸性焊条时以等于焊条直径为宜，采用碱性焊条时，以等于焊条直径一半为宜。

3)管径不超过 42mm 时，在一处进行定位焊；管径为 42～76mm，在两处进行定位焊；管径为 76～133mm 时，可在三处进行定位焊，如图 3-15 所示。

4)对直径较大的管子，尽量采用将肋板焊到管子外壁定位的方法临时固定管子对口，以避免定位焊处可能的缺陷。

5)带垫圈的管子应在坡口根部定位焊，定位焊缝交错分布，如图 3-16 所示。

(3)焊接方法。水平固定管的焊接通常按照管子垂直中心线将环形焊口分成对称的两个半圆形焊口，按仰-立-平的顺序焊接。

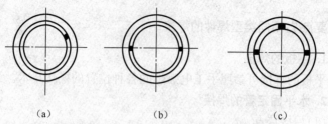

图 3-15   水平固定管的定位焊缝数目及位置

(a)$\phi\leqslant42mm$ (b)$\phi=42\sim76mm$ (c)$\phi=76\sim133mm$

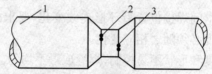

图 3-16   定位焊缝的分位置

1. 水平固定管   2. 垫圈   3. 定位焊缝

1) V 形坡口的第一层焊接：

①前半部的焊接。前半部的起焊点应从仰焊部位中心线提前 5～15m,从仰位坡口面上引弧至始焊处,长弧预热至坡口内有似汗珠状的钢水时,迅速压短电弧,用力将焊条往坡口根部顶,当电弧击穿钝边后,再进行断弧焊或连弧焊操作,按仰焊、仰立焊、立焊、上坡焊、平焊顺序焊接,熄弧处应超过垂直中心线 5～15mm。运条角度如图 3-17 所示。

②后半部的焊接。后半部焊缝焊接的操作方法与前半部相似,但在起焊和收尾处应多加注意。起焊时,应先用电弧将先焊的焊缝端头割去一部分(>10mm)再正常施焊。具体方法是起弧后,长弧预热先焊的焊缝端头,待其熔化后,迅速将焊条转成水平位置,用焊条

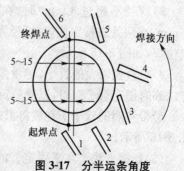

图 3-17   分半运条角度

端头将熔融钢水推掉,形成缓坡形割槽,随后焊条转成与垂直中心线约 30°,从割槽后端开始焊接。熄弧时,当运条到斜平焊位置时,将焊条前倾,稍作前后摆动,焊至接头封闭时,将焊条稍压一下,可听到电弧击穿根部的"噗"声,在接头处来回摆动,以延长停留时间,保证充分熔合,填满弧坑后熄弧。

2)带垫圈的 V 形坡口对接焊:壁厚小于 10mm 管子的第一条焊道采用单道焊。开始采用长弧,从坡口一侧引弧,直线移至管子;中线后作横向摆动,以两边慢、中间快的运条方式焊接,如图 3-18 所示,要注意坡口两侧的充分熔合和避免烧穿垫圈。

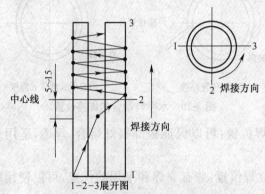

图 3-18 单道焊法仰焊起焊方式

壁厚大于 10mm 的管子采用双道焊,其要点是先将垫圈焊于坡口侧,如图 3-19 所示,第一道焊缝愈薄愈窄愈好,以便于装配。对口时,将渣壳和飞溅物清理干净,再将另一管套在垫圈上进行第二焊道的焊接,焊接时应注意与第一条焊道的熔合。

图 3-19 双道焊对口焊接方式

3. 水平转动管的焊接

(1)水平转动管焊接的特点。

1)需附加转动装置。

2)可以连续施焊,工作效率高。

3)与固定管相比,操作容易,焊缝质量易保证。

(2)水平转动管的焊接位置。单面焊双面成形推荐以下两个焊接位置,如图 3-20 所示。

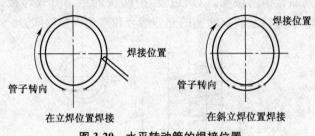

图 3-20   水平转动管的焊接位置

1)立焊位置:可以保证根部很好熔合,焊透,适用于间隙较小时。

2)斜立焊位置:兼有立焊和平焊的优点,可以使用较大电流焊接。

(3)注意事项。

1)运条与固定管焊接相同,但焊条不做向前运条的动作,而是管子向后移动。

2)各层焊道的接头处应搭焊好,且相互错开,特别是根部焊缝的起头和收尾。

3)运条横向摆动应该两侧慢中间快,以保证两侧坡口面充分地熔合。

4)运条速度。不宜过快,保证焊道层间熔合良好。

4. 垂直固定管的焊接

(1)垂直固定管焊接的特点。

1)焊条角度变化小,运条易掌握。

2)钢水因自重下淌易造成坡口边缘咬边。

3)多道焊时易引起层间夹渣和未焊透,表面层焊接易出现凸凹不平的缺陷,不易焊得美观。

(2)垂直固定管的装配定位要求。参见水平固定管的装配定位要求。

(3)垂直固定管的根部焊接。

1)无衬垫 V 形坡口第一层的焊接:运条应保持如图 3-21 所示的角度。

图 3-21　垂直固定管根部无衬垫 V 形坡口焊接的运条角度

同时要尽量控制熔池形状为斜椭圆形。间隙小时,使用增大电流或将焊条端头紧靠坡口钝边,以短弧击穿法进行断弧焊或连弧焊;间隙大时,先在下坡口直线堆焊 1～2 条焊道,然后进行断弧焊或连弧焊。

2)带垫圈的 V 形坡口焊接:先将垫圈用单道焊缝焊于坡口的一侧,焊后仔细清理,然后再把另一侧管子套在垫圈上,焊第二道焊缝。对口间隙小于 6mm 时,亦可用单道焊法焊根部第一层,采用斜折线运条,如图 3-22 所示,运条在坡口下缘停留时间应比上缘长些。

(4)垂直固定管的表面多道焊。表面多道焊时应注意以下几点:焊接电流应大些,运条不宜过快,熔池形状应控制为斜椭圆形;运条到凸处可稍快,凹处稍慢,焊道要紧密排列;焊条垂直倾角要随焊,随着位置不同而变化,下部焊道倾角大,上焊道倾角小。通常采用直线及斜折线运条方法来完成盖面及多层焊,如图 3-23 所示。

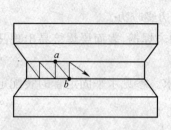

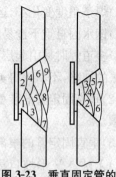

图 3-22　垂直固定管根部带垫
圈的 V 形坡口的单道焊接法

图 3-23　垂直固定管的
多道焊顺序

第二节　埋弧焊

本节导读：

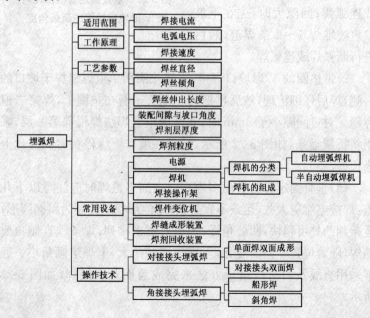

技能要点 1：埋弧焊的适用范围

埋弧焊在造船、锅炉、化工容器、桥梁、起重机械及冶金机械制造业中应用最为广泛。此外，埋弧焊的应用已经从单纯的碳素结构钢焊接发展到低合金结构钢、不锈钢、耐热钢以及镍基合金、钛合金和铜合金等某些有色金属的焊接。

埋弧焊是目前仅次于手弧焊的应用最广泛的一种焊接方法，主要用于焊接各种钢板结构。目前可焊接的钢种包括碳素结构钢、不锈钢、耐热钢及其复合钢材等。

技能要点 2：埋弧焊的工作原理

埋弧焊时电弧热将焊丝端部及电弧附近的母材和熔剂熔化，融入的金属形成熔池，凝固后成为焊缝，熔融的焊剂形成熔渣，凝固成为渣壳覆盖于焊缝表面，如图 3-24 所示。

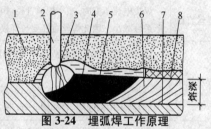

图 3-24 埋弧焊工作原理
1. 焊剂 2. 焊丝 3. 电弧 4. 熔池金属
5. 熔渣 6. 焊缝 7. 焊件 8. 渣壳

技能要点 3：埋弧焊的工艺参数

埋弧焊焊接工艺参数具体内容见表 3-8。

表 3-8 埋弧焊焊接工艺参数

工艺参数	说 明
焊接电流	（1）当其他条件不变时，增加焊接电流，则焊缝厚度和余高都增加，而焊缝宽度几乎保持不变 （2）电流是决定熔深的主要因素，增大电流能提高生产率，但在一定焊速下，焊接电流过大会使热影响区过大，易产生焊瘤及焊件被烧穿等缺陷，若电流过小，则熔深不足，产生熔合不好、未焊透夹渣等缺陷，并使焊缝成形变坏

续表 3-8

工艺参数	说　明
电弧电压	电弧电压是决定熔宽的主要因素。电弧电压增加时,弧长增加,熔深减小,焊缝变宽,余高减小。电弧电压过大时,熔剂熔化量增加,电弧不稳,严重时会产生咬边和气孔等缺陷
焊接速度	其他参数不变时,焊接速度增加时,焊缝厚度和焊缝宽度都大为下降。这是因为焊接速度增加时,焊缝中单位时间内输入的热量减少了。焊接速度过快时,会产生咬边、未焊透、电弧偏吹和气孔等缺陷,以及焊缝余高大而窄,成形不好,焊接速度太慢,则焊缝余高过高,形成宽而浅的大熔池,焊缝表面粗糙,容易产生满溢、焊瘤或烧穿等缺陷;焊接速度太慢而且焊接电压又太高时,焊缝截面呈"蘑菇形",容易产生裂纹
焊丝直径	焊接电流不变时,减小焊丝直径,因电流密度增加,熔深增大,焊缝成形系数减小。因此焊丝直径要与焊接电流相匹配
焊丝倾角	(1)焊丝后倾时,焊缝成形不良,如图 3-25a 所示,一般只用于多丝焊的前导焊丝 (2)单丝焊时焊件放在水平位置,焊丝与工件垂直,如图 3-25b 所示 (3)当采用前倾焊时,如图 3-25c 所示,适用于焊薄板
焊丝伸出长度	焊丝伸出长度增加,焊丝上产生的电阻热增加,电弧电压变大,熔深减小,熔宽增加,余高减小。如果焊丝伸出长度过长,电弧不稳定,甚至造成停弧
装配间隙与坡口角度	当其他条件不变时,增加坡口深度和宽度时,焊缝厚度略有增加,焊缝宽度略有减小,而余高显著增加。埋弧焊焊接坡口形式与尺寸参照《埋弧焊的推荐坡口》(GB/T 985.2—2008)
焊剂层厚度	焊剂层厚度增大时,熔宽减小,熔深略有增加,焊剂层太薄时,电弧保护不好,容易产生气孔或裂纹;焊剂层太厚时,焊缝变窄,成形系数减小
焊剂粒度	焊剂粒度增大,熔深有所减小,熔宽略有增加,余高也略有减小。焊剂粒度一定时,如电流过大,会造成电弧不稳,焊道边缘凹凸不平。当焊接电流小于 600A 时,焊剂粒度为 0.25～1.6mm;当焊接电流为 600～1200A 时,焊剂粒度为 0.4～2.5mm;当焊接电流大于 1200A 时,焊剂粒度为 1.6～3.0mm

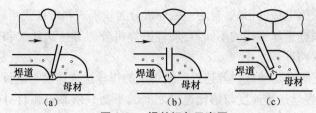

图 3-25　焊丝倾角示意图

（a）焊丝后倾　（b）焊丝垂直　（c）焊丝前倾

技能要点 4：埋弧焊常用设备

1. 埋弧焊电源

埋弧焊电源可以用交流、直流或交直流并用，具体选用见表 3-9。

表 3-9　埋弧焊电源的选用

焊接电流（A）	焊接速度（cm/min）	电源类型
300～500	＞100	直流
600～1000	3.8～75	交流、直流
≥1200	12.5～38	交流

进行埋弧焊时，对于单丝、小电流（300～500A），可用直流电源，也可采用矩形波交流电源；对于单丝、中大电流（600～1000A），可用直流或交流电源；对于单丝、大电流（1000～1500A），宜采用交流电源。

2. 埋弧焊机

（1）埋弧焊机的分类。埋弧焊机分为自动埋弧焊机和半自动埋弧焊机两种。

1）自动埋弧焊机：自动埋弧焊机主要由机头、控制箱、导轨（或支架）及焊接电源组成，适用于长直焊缝的焊接，并要求具有较大的施焊空间。

根据焊丝的数目，自动埋弧焊机分为单丝式、双丝式和多丝式三种，目前应用最广泛的为单丝式。

根据电极的形状,自动埋弧焊机分为丝极式和带极式两种。

根据送丝形式的不同,自动埋弧焊机分为等速送丝式和变速送丝式两种。

①等速送丝式。等速送丝式焊机的焊丝送进速度与电弧电压无关,焊丝送进速度与熔化速度之间的平衡只依靠电弧自身的调节作用就能保证弧长及电弧燃烧的稳定性。

②变速送丝式。变速送丝式焊机又称为等压送进式焊机,其焊丝送进速度由电弧电压反馈控制,依靠电弧电压对送丝速度的反馈调节和电弧自身调节的综合作用,保证弧长及电弧燃烧的稳定性。

2)半自动埋弧焊机:半自动埋弧焊机主要由送丝机构、控制箱、带软管的焊接把手及焊接电源组成,适用于短段曲线焊缝的狭小空间的焊接。半自动埋弧焊机的主要功能包括:将焊丝通过软管连续不断地送入电弧区,传输焊接电流,控制焊接启动和停止,向焊接区铺施焊剂。

（2）埋弧焊机的组成。

1)焊接电源:埋弧焊用焊接电源须根据电流类型、送丝方式和焊接电流的大小进行选用。

①单丝埋弧焊。一般直流电源用于小电流范围、快速引弧高速焊接、所用焊剂的稳弧性较差以及对焊接工艺参数稳定性有较高要求的场合。采用交流电源焊接,焊丝的熔敷效率和熔深介于直流正接和直流反接之间,而电弧的偏吹小。因此交流电源多用于大电流和用直流电源焊接时磁偏吹严重的场合。

②多丝埋弧焊。多丝焊的电源可用直流或交流,也可交直流联用。

③电源外特性。对于变速送丝式的埋弧焊机需配用具有陡降外特性的焊接电源;对于等速丝式的埋弧焊机需配用具有缓降式平的外特性的焊接电源。

2)控制系统:通常小车式自动埋弧焊机的控制系统包括电源

外特性控制、送丝控制、小车行走控制、引弧和熄弧控制,悬臂式和龙门式焊车还包括横臂收缩、主机旋转以及焊剂回收控制系统等。

一般自动埋弧焊机都安装用于控制操作的控制箱,但是实际上控制系统还有一部分元件安装在电源箱和小车控制盒内,通过调整控制小车控制盒上的开关或旋钮来调整焊接电流、电弧电压和焊接速度等。

3)埋弧焊机小车:埋弧焊机小车包括传动机构、行走轮、离合器、机头调节系统、导电嘴以及焊剂漏斗等。

3. 焊接操作架

焊接操作架又称焊接操作机,其作用是将焊接机头准确地送到待焊部位,焊接是按照一定的焊接速度沿规定的轨迹移动焊接机头进行的。

焊接操作架的基本形式有平台式、悬壁式、龙门式和伸缩式等。

4. 焊件变位机

焊件变位机的作用是灵活地进行旋转、倾斜、翻转工作,使焊缝处于最佳焊接位置,以达到改善焊接质量的目的。焊件变位机主要用于容器、梁、柱、框架等焊件的焊接。常用的焊件变位机有滚轮架和翻转机。

5. 焊缝成形装置

进行自动化埋弧焊时,为防止熔渣和烧穿的熔池金属流失,并促使焊缝背面成形,应在焊缝背面加衬垫。常用的衬垫有热固化焊剂垫和焊剂铜衬垫两种。

(1)热固化焊剂垫。热固化焊剂垫长约600mm,利用磁铁夹具固定于焊件的底部。这种衬垫的预柔性大,贴合性好,安全方便,便于保管,其各组成部分的作用如下:

1)双面粘接带:使衬垫紧紧地与焊件贴合。

2)热收缩薄膜:保持衬垫的形态,防止衬垫内部组成物移动和受潮。

3）玻璃纤维布：使衬垫表面柔软，以保证衬垫与钢板的贴合。

4）热固化焊剂：热固化后起衬垫作用，一般不熔化，它能控制在焊缝背面的高度。

5）石棉布：作为耐火材料，保护衬垫材料和防止熔化金属及熔渣滴落。

6）弹性垫：在固定衬垫时，使压力均匀。

（2）焊剂铜衬垫。焊剂铜衬垫主要用于大量工件的直焊缝焊接，铜衬垫的两侧通常各配有一块同样长度的冷铜块，用于冷却铜衬垫。铜衬垫的尺寸见表 3-10。

表 3-10　铜衬垫的尺寸

焊件厚度（mm）	槽宽 b（mm）	槽深 h（mm）	槽的曲率半径 r（mm）
4～6	10	2.5	7.0
6～8	12	3.0	7.5
8～10	14	3.5	9.5
12～14	18	4.0	12

6. 焊剂回收装置

焊剂回收装置用来在焊接过程中自动回收焊剂。常用的焊剂回收装置为 XF-50 焊剂回收机，该机利用真空负压原理自动回收焊剂，在回收过程中微粒粉尘能自动与焊剂分离。

技能要点 5：埋弧焊操作技术

1. 对接接头埋弧焊

（1）单面焊双面成形。此法适用厚度 20mm 以下的中、薄板焊接。它采用结构可靠的衬垫装置，有效托住液态金属，以防从熔池底部流失，常用衬垫如下：

1）焊剂垫：用焊件自重或充气橡皮软管衬托焊剂垫应用较广泛。它的结构简单，使用灵活方便。但是因一般焊剂颗粒不均匀，而使托力不均匀，故反面焊缝熔宽和余高不理想。同时，为防止焊件变形以及焊缝悬空,造成衬垫不紧而焊穿,须用压力架和电磁平台等压紧。

2)铜垫:在一定宽度和厚度的紫铜板上,加工成形槽,用机械的方法使之贴紧在焊缝坡口下面。用铜垫时,对接缝的装配精度要求高,反面焊缝成形比焊剂垫好,但焊缝背面严重氧化无光泽。再则,由于焊接变形,对较长的焊缝,要保证铜垫和铜板贴紧则较难。

3)焊剂铜垫:它集焊剂垫、铜垫的优点弥补其缺点。在铜垫铺一层宽约100mm、厚约5mm颗粒均匀的焊剂,这样焊缝成形就较稳定,但对焊接规范不敏感。

4)热固化焊剂衬垫:它是在一般焊剂中加入一定比例的热固化物质,制成板条状贴紧在焊缝的底面。焊接时对熔池起承托作用,帮助焊缝成形。这种衬垫可用于曲面焊缝的焊接,背面焊缝成形均匀美观。

(2)对接接头双面焊。焊件厚度≥12mm时,采用双面焊。

1)用焊剂垫的双面埋弧焊:焊件厚度≤14mm时,可以不开坡口,第一面焊缝在焊剂垫上。焊接中,保持工艺参数稳定和焊丝对中,第一面焊缝的熔深应保证超过焊件厚度的60%~70%,反面焊缝使用的规范可与正面相同或适当减小,但须保证完全焊透。焊第二面焊缝前,可用碳弧气刨挑焊根做焊缝根部清理(是否清根,还要看第一层焊缝质量而定),这样还可能减小余高。

2)悬空焊:对坡口和装配要求较高,焊件边缘应平直,装配间隙≤1mm。正面焊缝熔深约为厚度的40%~50%,反面焊缝溶深必须达焊件厚度的60%~70%,以保证焊件完全焊透。

对于6~14mm厚的工件,熔池反面热场应显红到大红色,长度应大于80mm以上,方可达到需要的熔深;若热场颜色由淡红色到淡黄色就接近焊穿;若热场颜色呈紫红色或不出现暗红色,则反映工艺参数过小,热输量不足,达不到规定的熔深。

2. 角接接头埋弧焊

(1)船形焊焊接要点。

1)焊丝处于垂直位置,熔池处于水平位置。

2)熔深对称,焊缝成形好。

3)对装配要求较高,间隙不宜大于1～1.5mm。

4)间隙过大时,可用焊剂垫。

(2)斜角焊焊接要点。

1)对装配要求较低。

2)单道焊的焊角度不宜超过 8mm,超过时只能用多道焊。

3)焊丝的倾斜位置对焊接的质量有很大的影响。焊丝的倾斜一般为 25°～40°。

第三节　二氧化碳气体保护焊

本节导读:

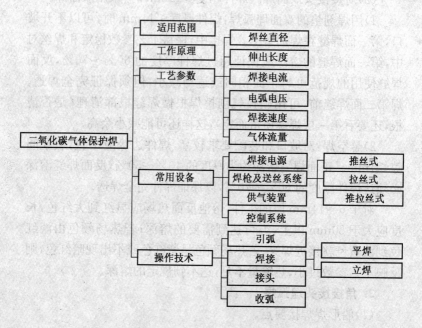

技能要点 1：二氧化碳气体保护焊适用范围

二氧化碳气体保护焊是一种高效率、低成本的先进焊接方法，工业化国家二氧化碳焊占据了整个焊接生产的主导地位，近年来，气体保护焊尤其是二氧化碳气体保护焊正逐步取代手工电弧焊，被广泛应用于造船、桥梁制造、机车制造、工程机械、石油化工、农业机械等部门。

二氧化碳气体保护焊适用于焊接低碳钢及低合金钢等黑色金属和要求不高的不锈钢及铸铁焊补。薄板可焊到 1mm 左右，厚板采用开坡口多层焊，其厚度不受限制。

技能要点 2：二氧化碳气体保护焊工作原理

二氧化碳气体保护焊是活性气体保护焊，从喷嘴中喷出的 CO_2 气体，在高温下分解为 CO 并放出氧气，其反应式如下：

$$CO_2 \Longleftrightarrow CO + \frac{1}{2}O_2 (-283.24kJ) \tag{3-2}$$

温度越高，CO_2 气体的分解率越高，放出的氧气越多。在 3000K 时，三种气体的体积分数分别为：CO_2 43%；CO 38%；O_2 19%。在焊接条件下，CO_2 和 O_2 会使铁及其他合金元素氧化。因此，在进行 CO_2 气体保护焊时，必须采取措施，防止母材和焊丝中的合金元素的烧损。

细丝、粗丝和药芯焊丝的二氧化碳气体保护焊性能见表 3-11。

表 3-11　细丝、粗丝和药芯焊丝的二氧化碳气体保护焊性能比较

类　　别	保护方式	焊接电源	熔滴过渡形式	喷嘴	焊接过程	焊缝成形
粗丝（焊丝直径≥1.6mm）	气保护	直流陡降或平特性	颗粒过渡	水冷为主	稳定、飞溅大	较好
细丝（焊丝直径＜1.6mm）		直流反接平或缓降外特性	短路过渡或颗粒过渡	气冷或水冷	稳定、有飞溅	较好

续表 3-11

类　别	保护方式	焊接电源	熔滴过渡形式	喷嘴	焊接过程	焊缝成形
药芯焊丝	气-渣联合保护	交、直流平或陡降外特性	细颗粒过渡	气冷	稳定、飞溅很少	光滑、平坦

技能要点 3：二氧化碳气体保护焊焊接工艺参数

1. 焊丝直径

一般情况下，可根据表 3-12 选用焊丝。

表 3-12　焊丝直径范围

母材厚度(mm)	≤4	>4
焊丝直径(mm)	0.5～1.2	1.0～1.6

2. 焊丝伸出长度

(1)焊丝伸出长度与焊丝直径、焊接电流及焊接电压有关。

(2)焊接过程中，导电嘴到母材间的距离一般为焊丝直径的 10～15 倍。

3. 焊接电流

(1)在保证母材焊透又不致烧穿的原则下，应根据母材厚度、接头形式以及焊丝直径正确选用焊接电流。

(2)各种直径的焊丝常用的焊接电流范围见表 3-13。

表 3-13　焊接电流范围

焊丝直径(mm)	0.5	0.6	0.8	1.0	1.2	1.6
焊接电流(A)	30～70	49～90	5～120	70～180	90～350	150～500

(3)立焊、仰焊以及对接接头横焊焊缝表面焊道的施焊，当所用焊丝直径大于或等于 1.0mm 时，应选用较小的焊接电流，见表 3-14。

表 3-14 立、仰焊时焊接电流的范围

焊丝直径(mm)	1.0	1.2
焊接电流(A)	70～120	90～150

4. 电弧电压

电弧电压必须与焊接电流合理的匹配。提高电弧电压,可以显著增大焊缝宽度。

5. 焊接速度

(1)半自动焊时,焊接速度一般不超过 30m/h;自动焊时,焊接速度不超过 90m/h。

(2)焊接速度应能满足不同种类钢材对焊接线能量的要求。

6. 气体流量

(1)焊丝直径小于或等于 1.2mm 时,气体流量一般为 6～15L/min;焊丝直径大于 1.2mm 时,气体流量应取 15～25L/min。

(2)在室外焊接以及仰焊时,应采用较大的气体流量。

技能要点 4:二氧化碳气体保护焊常用设备

1. 焊接电源

二氧化碳气体保护焊均使用平硬式缓降外特性的直流电源。并要求具有良好的动特性。

2. 焊枪及送丝系统

焊枪按送丝方式可分为推丝式焊枪、拉丝式焊枪和推拉丝焊枪,按焊枪结构形状可分为手枪式和鹅颈式。送丝共有推丝式、拉丝式和推拉丝式三种方式。

(1)推丝式。焊枪与送丝机构分开,焊丝由送丝机构推送,通过软管进入焊枪。该结构简单、轻便。但送丝阻力大,软管长度受限制,一般长为 2～5m。

(2)拉丝式。送丝机构和焊丝盘装在焊枪上。拉丝式的送丝速度均匀稳定,但是焊枪质量大,仅适宜于 $\phi 0.5～\phi 0.8mm$ 的细焊丝。

(3)推拉丝式。焊丝盘与焊枪分开,送丝时以推为主,拉为辅。此种方式送丝速度稳定,软管可延长致 15m 左右,但结构复杂。

3. 供气装置

由气瓶、预热器、干燥器、流量计及气阀组成。CO_2 气瓶为黑色,预热器的作用是对 CO_2 气体进行加热,干燥器的作用是减少 CO_2 气体中的水分,减压器、流量计及气阀与氧气瓶、乙炔瓶中使用的设备作用相同。

4. 控制系统

二氧化碳气体保护焊控制系统的控制程序如图 3-26 所示。提前送气和滞后停气都是为了保护电弧空间。

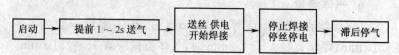

图3-26　二氧化碳气体保护焊控制系统的控制程序

技能要点 5:二氧化碳气体保护焊操作技术

1. 引弧

二氧化碳气体保护焊引弧的方法主要是碰撞引弧,具体操作步骤如下:

(1)引弧前先按遥控盒上的点动开关或按焊枪上的控制开关,点动送出一段焊丝,送出焊丝伸出长度小于喷嘴与焊件间应保持的距离,超长部分应剪去。若焊丝的端部出现球状时,必须预先剪去,否则引弧困难。

(2)将焊枪按合适的倾角或喷嘴高度放在引弧处。注意此时焊丝端部与焊件未接触。喷嘴高度由焊接电流决定。

(3)按焊枪上的控制开关,焊机自动提前送气,延时接通电源,保持高电压,慢送丝,当焊丝碰撞焊件短路后,自动引燃电弧。

2. 焊接

(1)平焊。

1)当坡口间隙较小,为 0.2～1.4mm 时,采用直线焊接或小幅度摆动。

2)当坡口间隙稍大,为 1.2～2.0mm 时,采用锯齿形小幅度摆动,在焊道中心稍快些移动,而在坡口两侧大约停留 0.5～1s。

3)当坡口间隙更大时,焊枪摆动方式在横向摆动的同时还要前后摆动,这时不应使电弧直接作用到间隙上。

(2)立焊。

1)向下立焊时,焊枪可以做直线式或小摆动法移动,依靠电弧的吹力把熔池推向前方。

2)向上立焊时,对于单道焊小焊脚焊接时,焊枪可以做锯齿形小幅度摆动;对于单道焊大焊脚焊接时,焊枪可以做月牙形摆动;多层焊时,第一层采用小摆动,而第二层采用月牙形摆动方式,如果要求很大焊脚尺寸时,第一层也可以采用三角形摆动,两侧及根部三点都要停留 0.5～1s,并均匀向上移动。以后各层可以采用月牙形摆动。

3. 接头

(1)焊接接头前,将待焊接头处用磨光机打磨成斜面。

(2)在焊缝接头斜面顶部引弧,引燃电弧后,将电弧移至斜面底部,转一圈返回引弧处后再继续向左焊接,如图 3-27 所示。

图 3-27 接头处的引弧操作

(3)引燃电弧后向斜面底部移动时,应特别注意观察熔孔,若未形成熔孔则接头处背面焊不透;若熔孔太小,则接头处背面产生缩颈;若熔孔太大,则背面焊缝太宽或焊漏。

4. 收弧

(1)焊机有弧坑控制电路时,焊枪应在收弧处停止前进,同时将此电路接头,焊接电流与电弧电压自动变小,待熔池填满时断电。

(2)焊机无弧坑控制电路时,焊枪应在收弧处停止前进,并在熔池未固定时,反复进行几次断弧、引弧操作,直至弧坑填满为止。

第四节　熔化极惰性气体保护焊

本节导读:

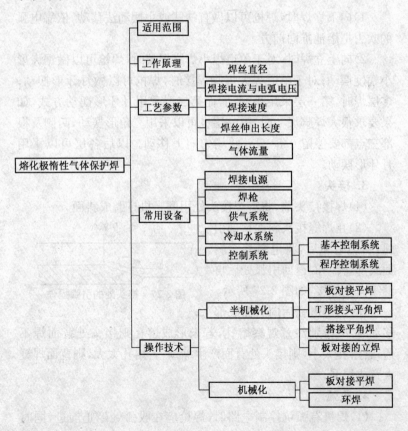

技能要点 1:熔化极惰性气体保护焊适用范围

熔化极惰性气体保护焊是目前应用十分广泛的焊接方法,可用于碳钢、低合金钢、不锈钢、耐热合金、镁及镁合金、铜及铜合金、钛及钛合金等的焊接;也可用于平焊、横焊、立焊及全位置焊接。

技能要点 2:熔化极惰性气体保护焊原理

熔化极惰性气体保护焊,是以填充焊丝作电极,保护气体从喷嘴中以一定速度流出,将电弧熔化的焊丝、熔池及附近的焊件金属与空气隔开,使电弧、熔化的焊丝、熔池及附近的母材金属得到保护,以获得性能良好的焊缝。

技能要点 3:熔化极惰性气体保护焊焊接工艺参数

1. 焊丝直径

焊丝直径根据工件的厚度、施焊位置来选择,薄板焊接及空间位置的焊接通常采用细丝(直径≤1.6mm),平焊位置的中等厚度板及大厚度板焊接通常采用粗丝。直径为 0.8～2.0mm 的焊丝的适用范围见表 3-15。

表 3-15　焊丝直径的选择

焊丝直径(mm)	工件厚度(mm)	施焊位置	熔滴过渡形式
0.8	1～3	全位置	短路过渡
1.0	1～6	全位置、单面焊双面成形	短路过渡
1.2	2～12		
	中等厚度、大厚度	打底	
1.6	6～25	平焊、横焊或立焊	射流过渡
	中等厚度、大厚度		
2.0	中等厚度、大厚度		

2. 焊接电流与电弧电压

焊接电流是熔化极惰性气体保护焊的最重要的焊接工艺参

数。实际焊接过程中,应根据工件厚度、焊接方法、焊丝直径、焊接位置来选择焊接电流。利用等速送丝式焊机焊接时,焊接电流是通过送丝速度来调节的。

熔化极惰性气体保护焊通常采用直流反接,焊接电流一定时,电弧电压与焊接电流相匹配。

3. 焊接速度

焊接速度与焊接电流适当配合才能得到良好的焊缝。自动熔化极氩弧焊的焊接速度一般为 25～150m/h,半自动熔化极氩弧焊的焊接速度一般为 5～60m/h。

4. 焊丝伸出长度

焊丝伸出长度增加可增强其电阻热作用,使焊丝熔化速度加快,可获得稳定的射流过渡,并降低临界电流。一般焊丝伸出长度为 13～25mm,根据焊丝直径等条件而定。

5. 气体流量

熔化极惰性气体保护焊对熔池保护要求较高。保护气体的流量一般根据电流大小、喷嘴直径及接头形式来选择。

通常喷嘴直径为 20mm 左右,气体流量为 10～60L/min,喷嘴至焊件距离为 8～15mm。

技能要点 4:熔化极惰性气体保护焊常用设备

1. 焊接电源

熔化极惰性气体保护电弧焊的电源通常采用直流焊接电源,有变压器-整流器式、电动机-发电机式和逆变电源式。焊接电源的额定功率取决于各种用途焊接所需要的电流范围。

2. 焊枪

熔化极惰性气体保护焊焊枪分为半自动焊枪和自动焊枪两种。

(1)半自动焊枪。常用的半自动焊枪有鹅颈式和手枪式两种。鹅颈式焊枪适合于小直径焊丝,使用灵活方便,对于空间较窄区域的焊接通常采用该焊枪进行焊接;手枪式焊枪适合于较大直径的焊丝,它要求冷却效果要好,通常采用内部循环水冷却。

(2)自动焊枪。自动焊枪的基本结构与半自动焊枪相同,一般采用内部循环水冷却,其载流量较大,可达1500A,焊枪直接装在焊接机头的下部,焊丝通过丝轮和导丝管送进焊枪。

3. 供气系统

供气系统通常与钨极氩弧焊的供气系统相似,对于二氧化碳气体,还需要安装预热器、高压干燥器和低压干燥器,用来吸收气体中的水分,防止焊缝中产生气孔。

4. 冷却水系统

水冷式焊枪的冷却水系统由水箱、水泵、冷却水管和水压开关组成。水箱里的冷却水经水泵流经冷却水管,经过水压开关后流入焊枪,然后经冷却水管再回流至水箱,形成冷却水循环。水压开关的作用是保证只有冷却水流经焊枪,才能正常启动焊接,用来保护焊枪。

5. 控制系统

控制系统由基本控制系统和程序控制系统组成。

(1)基本控制系统。基本控制系统主要包括焊接电源输出调节系统、送丝速度调节系统、小车行走速度调节系统(自动焊)和气体流量调节系统。它们的主要作用是在焊前和焊接过程中调节焊接电流或电压、送丝速度、焊接速度和气体流量的大小。

(2)程序控制系统。程序控制系统主要实现下列控制。

1)控制焊接设备的启动和停止。

2)实现提前送气、滞后停气。

3)控制水压开关动作,保证焊枪受到良好的冷却。

4)控制送丝速度和焊接速度。

5)控制引弧和熄弧。

技能要点5:熔化极惰性气体保护焊操作技术

1. 半机械化熔化极惰性气体保护焊操作技术

(1)板对接平焊。

1)右焊法时电极与焊接方向成 70°～85°的夹角,与两侧表面成 90°的夹角,焊接电弧指向焊缝,对焊缝起缓冷作用。

2)左焊法时电极与焊接方向的反方向成 75°～85°夹角,与两侧表面成 90°夹角,电弧指向未焊金属,有预热作用,焊道窄而熔深小,熔融金属容易向前流动。左焊法焊接时,便于观察焊接轴线和焊缝成形。

3)焊接薄板短焊缝时,电弧直线移动,焊长焊缝时,电弧斜锯齿形横向摆动幅度不能太大,以免产生气孔。

4)焊接厚板时,电弧可作锯齿形或圆形摆动。

(2)T 形接头平角焊。

1)采用长弧焊,右焊法,电极与垂直板成 30°～50°夹角,与焊接方向成 65°～80°夹角,焊丝轴线对准水平板处距垂直立板根部为 1～2mm。

2)采用短弧焊时电弧与垂直立板成 45°,焊丝轴线直接对准垂直立板根部。焊接不等厚度时电弧偏向厚板一侧。

(3)搭接平角焊。上板为薄板的搭接接头,电极与厚板成 45°～50°夹角,与焊接方向成 60°～80°的夹角,焊丝轴线对准上板的上边缘。上板为厚板的搭接接头,电极与下板成 45°的夹角。焊丝轴线对准焊缝的根部。

(4)板对接的立焊。

1)采用自下而上的焊接方法,焊接熔深大,余高较大,用三角形摆动电弧适用于中、厚板的焊接。

2)自上而下的焊接方法,熔池金属不易下坠,焊缝成形美观,适用于薄板焊接。

2. 机械化熔化极惰性气体保护焊操作技术

(1)板对接平焊。焊缝两端加接引弧板与引出板,坡口角度为60°,钝边为 0～3mm,间隙为 0～2mm,单面焊双面成形。用垫板保证焊缝的均匀焊透,垫板分为永久性垫板和临时性铜垫板两种。

(2)环焊。环焊缝机械化 MIG 焊有两种方法:一种是焊枪固定不动而工件旋转,另一种是焊枪旋转而工件不动。

1)焊枪固定不动:焊枪固定在工件的中心垂直位置,采用细焊丝,在引弧处先不加焊丝焊接 15～30mm,并保证焊透,然后在该段焊缝上引弧进行焊接。焊枪固定在工件中心水平位置,为了减少熔池金属流动,焊丝必须对准焊接熔池。

2)焊枪旋转工件固定:在大型焊件无法使工件旋转的情况下选用。工件不动,焊枪沿导轨在环形工件上连续回转进行焊接。导轨要固定,安装正确,焊接参数应随焊枪所处的空间位置进行调整。定位焊位置处于水平中心线和垂直中心线上,对称焊四点。

第五节　钨极气体保护焊

本节导读:

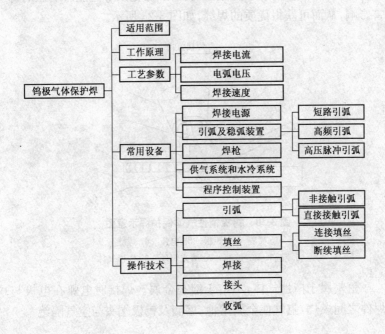

技能要点 1：钨极气体保护焊适用范围

钨极气体保护焊是目前广泛应用的一种焊接方法。可以焊接易氧化的有色金属及其合金、不锈钢、高温合金、钛及钛合金以及难熔的活性金属，钼、铌、锆等，被广泛应用于飞机制造、原子能、化工、纺织等领域的焊接生产。

钨极氩弧焊所焊接的板材厚度从生产率考虑以 3mm 以下为宜。对于某些黑色和有色金属的厚壁重要构件（如压力容器及管道），在根部熔透焊道焊接、全位置焊接和窄间隙焊接时，为了保证高焊接质量，有时也采用钨极氩弧焊。

技能要点 2：钨极气体保护焊工作原理

焊接时保护气体从焊枪的喷嘴中连续喷出，在电弧周围形成气体保护层隔绝空气，以防止其对钨极、熔池及邻近热影响区的有害影响，从而可获得优质的焊缝，如图 3-28 所示。

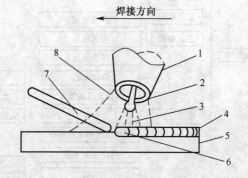

图 3-28　钨极惰性气体保护焊示意图

1. 喷嘴　2. 钨极　3. 电弧　4. 焊缝
5. 工件　6. 熔池　7. 填充焊丝　8. 惰性气体

氩气属于惰性气体，不熔于液态金属。焊接时电弧在电极与焊件之间燃烧，氩气使金属熔池、熔滴及钨极端头与空气隔绝。

技能要点 3:钨极气体保护焊焊接工艺参数

1. 焊接电流

(1)交流电流。焊接铝、镁及其合金,焊接带氧化膜的铜。

(2)直流电流。正极性直流电流可以焊接几乎所有的黑色金属。反极性直流电流采用很少。

(3)程序电流。可以控制和改善焊根和焊道成型,改善熔深和晶粒尺寸及特殊位置的焊接。

2. 电弧电压

电弧电压指钨极尖端到工件之间的电压降,其大小主要受焊接电流的种类以及所用的保护气体的影响。在相同的电弧间隙下,氢比氩能产生更大的压降,两者约差 4V。因此,采用氢气保护可获得更深的熔深。

电极端头的几何形状也影响电弧电压的大小。在钨极尖端到工件距离相同的条件下,较尖的锥形电极的电弧电压要高些。

可根据具体产品及电源类型任选电弧电压的控制力方法,但应控制电弧电压保持相对稳定。

3. 焊接速度

电弧穿透深度通常与焊接速度成反比。金属的导热性、构件的厚度和尺寸是控制焊接速度的主要因素。焊接速度一般应遵循以下原则:

(1)在焊接铝等高导热率金属时,为了减少变形,应采用比母材导热速度快的焊接速度。

(2)焊接有热裂倾向的合金,不能采用高速焊接。

(3)焊缝熔池的尺寸直接受焊速影响,当在非平焊位置时,只能是较小的熔池,应适当提高焊接速度。

(4)在低导热率的金属(如钛)和固定管子及厚壁管子的焊接时,焊接电流脉冲控制对接头熔池的控制十分有利。

(5)喷嘴直径。钨极气体保护焊中,喷嘴直径的选择应根据下式进行：

$$D = (2.5 \sim 3.5)D_w \qquad (3\text{-}3)$$

式中　D——喷嘴的直径或内径(mm)；

　　　D_w——钨极的直径(mm)。

(6)气体流量。保护气流量合适时，喷出的气流是层流，保护效果好，可按下式计算氩气的流量：

$$Q = (0.8 \sim 1.2)D \qquad (3\text{-}4)$$

式中　Q——氩气的流量(L/min)；

　　　D——喷嘴的直径(mm)。

(7)钨极的伸出长度与端部形状。

1)钨极的伸出长度：为了防止电弧热烧坏喷嘴，钨极端部应突出喷嘴以外。钨极端头到喷嘴端面的距离叫钨极的伸出长度。通常焊对接焊缝时，钨极的伸出长度为5～6mm较好；焊接角焊缝时，钨极的伸出长度为7～8mm较好。

2)钨极的端部形状：钨极端部形状对焊缝的形成具有一定的影响。通常，在焊接薄板和焊接电流较小时，可用小直径的钨极，并将其磨成尖锥角(约20°)；在大电流焊接时，要求钨极端部磨成钝锥角或带有平顶的锥形。

推荐的不锈钢焊接工艺参数见表3-16。

表3-16　不锈钢焊接工艺参数

材料厚度(mm)	1.6～3.0	＞3.0～6.0	＞6.0～12
接头设计	直边对接	V形坡口	X形坡口
电流(A)	50～90	70～120	100～150
极性	直流正极性		
电弧电压(V)	12		
焊接速度	按技术要求		
电极种类	钍、钨极		
电极尺寸(mm)	2.5		

续表 3-16

材料厚度(mm)	1.6～3.0	＞3.0～6.0	＞6.0～12
填充金属种类	18-8 型		
填充金属尺寸(mm)	1.6～2.5	2.5～3.2	
保护气体	氩气		
气体流量(dm³/min)	8～12		10～14
背面气体流量(dm³/min)	2～4		
喷嘴尺寸/mm	8～10		10～12
喷嘴至工件距离/mm	≤12		
预热温度(最低)(℃)	15		
层间温度(℃)	250		
焊后热处理	无		
焊接位置	平、横、立、仰		

技能要点 4:钨极气体保护焊常用设备

钨极气体保护焊设备由焊接电源、引弧及稳弧装置、焊枪、供气系统、水冷系统和焊接程序控制装置等部分组成。对于自动钨极氩弧焊还应包括小车行走机构及送丝装置。

1. 焊接电源

钨极气体保护焊要求采用具有陡降或恒流外特性的电源,以减小或排除因弧长变化而引起的电流波动。钨极气体保护焊使用的电流分为直流正接、直流反接及交流三种,它们的特点见表 3-17。

表 3-17　钨极气体保护焊使用的电流种类与特点

电流种类	直流正接(工件接正)	直流反接(工件接负)	交流(对称的)
两极热量比例(近似)	工件 70% 钨极 30%	工件 30% 钨极 70%	工件 50% 钨极 50%
熔深特点	深、窄	浅、宽	中等

续表 3-17

电流种类	直流正接 （工件接正）	直流反接 （工件接负）	交流 （对称的）
钨极许用电流	最大	小	较大
阴极清理作用	无	有	有（工件为负的半周时）
适用材料	氩弧焊：除铝、镁合金、 铝青铜外，其余金属 氮弧焊：几乎所有金属	一般不采用	铝、镁合金、铝青铜等

2. 引弧及稳弧装置

（1）短路引弧。依靠钨极和引弧板或碳块接触引弧，其缺点是引弧时钨极损耗较大，端部形状容易被破坏，应尽量少用。

（2）高频引弧。利用高频振荡器产生的高频高压击穿钨极与工件之间的间隙（3mm 左右）而引燃电弧。高频振荡器主要由电容与电感组成振荡回路，振荡是衰减的，每次仅能维持 2～6ms。电源为正弦波时，每半周振荡一次。高频振荡器一般用于焊接开始时的引弧。交流钨极氩弧焊时，引弧后继续接通也可在焊接过程中起稳弧作用。

（3）高压脉冲引弧。在钨极与工件之间加一高压脉冲，使两极间气体介质电离而引弧。利用高压脉冲引弧是一种较好的引弧方法。在交流钨极氩弧焊时，往往是既用高压脉冲引弧，又用高压脉冲稳弧。引弧和稳弧脉冲由共用的主电路产生，但有各自的触发电路。该电路的设计能保证空载时，只有引弧脉冲，而不产生稳弧脉冲；电弧一旦引燃，即产生稳弧脉冲，引弧脉冲自动消失。

3. 焊枪

焊枪分气冷式和水冷式两种，前者用于小电流（≤100A）焊接。喷嘴的材料有陶瓷、紫铜和石英三种。高温陶瓷喷嘴既绝缘又耐热，应用广泛，但通常焊接电流不能超过 350A。紫铜喷嘴使用电流可达 500A，需用绝缘套将喷嘴和导电部分隔离。石英喷嘴较贵,但焊接时可见度好。

焊枪应满足的要求如下:

(1)保护气流具有良好的流动状态和一定的挺度,以获得可靠的保护。

(2)有良好的导电性能。

(3)充分的冷却,以保证持久工作。

(4)喷嘴与钨极间绝缘良好,以免喷嘴和焊件接触时产生短路,打弧。

(5)重量轻,结构紧凑,可达性好;装拆维修方便。

4. 供气系统和水冷系统

(1)供气系统。供气系统由高压气瓶、减压阀、浮子流量计和电磁气阀组成。减压阀将高压气瓶中的气体压力降至焊接所要求的压力,流量计用来调节和测量气体的流量,电磁阀以电信号控制气流的通断。有时将流量计和减压阀做成一体,成为组合式。

(2)水冷系统。许用电流大于 100A 的焊枪一般为水冷式,用水冷却焊枪和钨极。对于手工水冷式焊枪,通常将焊接电缆装入通水软管中做成水冷电缆,这样可大大提高电流密度,减轻电缆重量,使焊枪更轻便。有时水路中还接入水压开关,保证冷却水接通并有一定压力后才能起动焊机。

5. 焊接程序控制装置

焊接程序控制装置应满足如下要求:

(1)焊前提前 1.5~4s 输送保护气,以驱赶管内空气。

(2)焊后延迟 5~15s 停气,以保护尚未冷却的钨极和熔池。

(3)自动接通和切断引弧和稳弧电路。

(4)控制电源的通断。

(5)焊接结束前电流自动衰减,以消除火口和防止弧坑开裂,对于环缝焊接及热裂纹敏感材料尤其重要。

技能要点5:钨极气体保护焊操作技术

1. 引弧

(1)非接触引弧。非接触引弧是指利用高压脉冲发生器或高频振荡器进行的引弧,将焊枪倾斜,使喷嘴端部边缘与工件接触,使钨极稍微离开工件,并指向焊缝起焊部位,接通焊枪上的开关,气路开始输送氩气,相隔一定的时间(2~7s)后即可自动引弧,电弧引燃后提起焊枪,调整焊枪与工件间的夹角开始焊接。

(2)直接接触引弧。直接接触引弧需要引弧板(紫铜板或石墨板),在引弧板上稍微刮擦引燃电弧后再移到焊缝开始部位进行焊接,避免在始焊端头出现烧穿现象,引弧前应提前5~10s送气。

2. 填丝

(1)连续填丝。连续填丝操作技术较好,适用于保护层扰动下、填丝量较大、较强工艺参数下的焊接。连续填丝要求焊丝平直,用左手拇指、食指、中指配合动作送丝。无名指和小指夹住焊丝的控制方向,连续送丝时手臂动作不大,待焊丝快用完时才能前移。

(2)断续填丝。断续填丝也称点滴填丝,适用于全位置焊。断续送丝用左手拇指、食指、中指掐紧焊丝,焊丝末端应始终处于氩气保护区内。填丝动作要轻,不得扰动氩气保护层,以防空气侵入,更不能像气焊那样在熔池内搅拌,而是靠手臂和手腕的上下反复动作,将焊丝端部的熔滴送入溶池。

3. 焊接

钨极气体保护焊各种焊接位置的操作要点见表3-18。

表3-18　钨极气体保护焊各种焊接位置的操作要点

焊接方法		焊接特点	注意事项
平焊	Ⅰ形坡口对接接头的平焊	采用左焊法,选择合适的握炬方法,喷嘴高度为6~7mm,弧长2~3mm,焊炬前倾,焊丝端部放在熔池前沿	焊炬行走角、焊接电流不能太大,为防止焊枪晃动,最好用空冷焊枪

续表 3-18

焊接方法		焊接特点	注意事项
平焊	I形坡口角度平焊	握炬方法同对接平焊。喷嘴高度为 6~7mm,弧长 2~3mm	钨极伸出长度不能太大,电弧对中接缝中心不能偏离过多,焊丝不能填得太多
	板搭接平焊	握炬方法同对接平焊。喷嘴高度与弧长同角接平焊,不加丝时,焊缝宽度约等于钨极直径的两倍	板较薄时可不加焊丝,但要求搭接面无间隙,两板紧密贴合;弧长等于钨极直径,缝宽约为钨极直径的 2 倍,必须严格控制焊接速度;加丝时,缝宽是钨极直径的 2.5~3 倍,从熔池上部填丝可防止咬边
	T形接头平焊	握炬方法、喷嘴高度与弧长同对接平焊	电弧要对准顶角处;焊枪行走角、弧长不能太大;先预热,待起点处坡口两侧熔化,形成熔池后才开始加丝
立焊	板对接立焊	握炬方法同平焊	握炬方法与喷嘴高度同平焊。最佳填丝位置在熔池最前方,同对接立焊
	T形接头向上立焊	握炬方法与喷嘴高度同平焊。最佳填丝位置在熔池最前方,同对接立焊	—
横焊	对接横焊	最佳填丝位置在熔池前面和上面的边缘处	防止焊缝上侧出现咬边,下侧出现焊瘤;同时要做到焊炬和上下两垂直面间的工作角不相等,利用电弧向上的吹力支持液态金属
	T形接头横焊	握炬方法、弧长与喷嘴高度同 T形接头平焊	—

续表 3-18

焊接方法		焊接特点	注意事项
仰焊	对接仰焊	最佳添丝位置在熔池正前沿处	—
	T形接头仰焊	如条件许可,采用反面填丝	由于熔池容易下坠,因此焊接电流要小,速度要快

4. 接头

钨极气体保护焊焊缝接头应注意下列问题:

(1)接头处要有斜坡,不能有死角。

(2)重新引弧位置在原弧坑后面,使焊缝重叠 20~30mm,重叠处一般不加或少加焊丝。

(3)熔池要贯穿到接头的根部,以确保接头处熔透。

5. 收弧

钨极气体保护焊收弧方法见表 3-19。

表 3-19   手工钨极氩弧焊的收弧方法操作要领及适用场合

序号	收弧方法	操作要领	适用场合
1	焊缝增高法	在焊接终止时,焊枪前移速度减慢,焊枪向后倾斜度增大,送丝量增加,当熔池饱满到一定程度后熄弧	此法应用普通,一般结构都适用
2	增加焊速法	在焊接终止时,焊枪前移速度逐渐加快,送丝量逐渐减小,直至焊件不熔化,焊缝从宽到窄,逐渐终止	此法适用于管子氩弧焊,对焊工技能要求较高
3	采用引出板法	在焊件收尾处外接一块电弧引出板,焊完工件时将熔池引至引出板上熄弧,然后割除引出板	此法适用于平板及纵缝焊接
4	电流衰减法	在焊接终止时,先切断电源,让发电机的旋转速度逐渐减慢,焊接电流也随之减弱,从而达到衰减收弧	此法适用于采用弧焊发电机的场合

第六节　气焊与气割

本节导读：

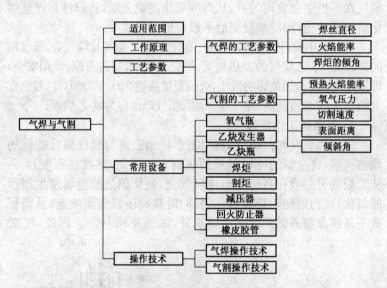

技能要点 1:气焊与气割适用范围

1. 气焊适用范围

气焊主要用于焊接薄钢板、薄壁小直径管子、有色金属件、铸铁件、钎接件以及堆焊硬质合金材料等。由于气焊火焰温度低,加热分散,焊接热影响区宽(约为电焊的三倍),过热严重,因此气焊接头性能较差,使用范围受到限制。对于合金成分含量较高的管子,使用气焊难以满足焊接接头的质量要求。

2. 气割适用范围

气割主要用于低碳钢、低合金钢钢板下料和铸铁补焊、工具钢焊接以及无电源的野外施工等。

技能要点 2:气焊与气割工作原理

1. 气焊的工作原理

气焊是利用可燃气体与助燃气体混合燃烧后,产生的高温火焰对金属材料进行熔化焊的一种方法,如图 3-29 所示。将乙炔和氧气在焊炬中混合均匀后,从焊嘴喷出燃烧火焰,将焊件和焊丝熔化后形成熔池,待冷却凝固后形成焊缝连接。

气焊所用的可燃气体有乙炔、氢气、液化石油气及煤气等,最常用的是乙炔气。乙炔气的发热量大,燃烧温度高,制造方便,使用安全,焊接时火焰对金属的影响最小,火焰温度高达 3100~3300℃。氧气作为助燃气,其纯度越高,耗气越少,因此,气焊也称为氧-乙炔焊。

2. 气割的工作原理

气割即氧气切割,它是利用割炬喷出乙炔与氧气混合燃烧的预热火焰,将金属的待切割处预热到它的燃烧点(红热程度),并从割炬的另一喷孔高速喷出纯氧气流,使切割处的金属发生剧烈的氧化,成为熔融的金属氧化物,同时被高压氧气流吹走,从而形成一条狭小整齐的割缝使金属割开,如图 3-30 所示。因此,气割

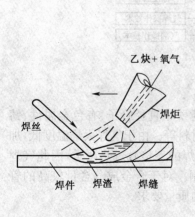

图 3-29　气焊原理图

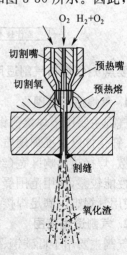

图 3-30　气割示意图

包括预热、燃烧、吹渣三个过程。气割原理与气焊原理在本质上是完全不同的,气焊是熔化金属,而气割是金属在纯氧中的燃烧(剧烈的氧化),故气割的实质是"氧化"并非"熔化"。

技能要点3:气焊与气割工艺参数

1. 气焊的工艺参数

(1)焊丝直径。焊丝直径根据焊件的厚度来选择。焊接5mm以下薄板时,焊丝直径一般选用1~3mm;焊接5~15mm钢板时,则选用3~8mm的焊丝。

(2)火焰能率。通常以可燃气体每小时的消耗量来表示火焰能率的大小。火焰能率的选用,取决于母材金属的厚度、热物理性质以及操作方法。如果母材金属的厚度大、熔点高,导热性也大,则选用大的火焰能率,一般情况如下:

左焊法:能率(L/h)=100~120L/(h·mm)×板厚(mm)

$$(3-5)$$

右焊法:能率(L/h)=120~150L/(h·mm)×板厚(mm)

$$(3-6)$$

上式适用于各种金属,碳钢选较小的数值;导热性大的(如铜)或熔点高的(如合金钢),选较大的数值。

(3)焊炬的倾角。焊炬与焊件表面的倾斜角度,主要由焊件的厚度、熔点及导热性来决定。厚度越大,焊炬的倾角越大;金属的熔点高、导热性大,倾角也越大。焊炬的倾角与板厚的关系如图3-31所示。

2. 气割的工艺参数

(1)预热火焰能率。火焰能率取决于割炬和割嘴的大小。预热火焰能率太大,会使切口上缘产生连续珠状钢粒,甚至熔化成圆角,并增加割件表面粘附的熔渣。若火焰能率太小,热量不足,则气割速度减慢,使切割过程难以进行。

(2)氧气压力。氧气压力主要根据割件厚度确定。切割氧压力太小,气割过程缓慢,割缝背面易形成粘渣,甚至无法割穿;切割氧压力太大,既浪费氧气,又会使切口变宽,切口表面粗糙,且切割速度减慢。

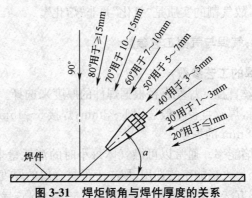

图 3-31　焊炬倾角与焊件厚度的关系

（3）切割速度。气割速度与割件厚度和使用割嘴的形状有关,割件愈厚,气割速度愈慢;割件愈薄,气割速度愈快。气割速度太慢,会使割件边缘熔化,割缝加宽;气割速度过快时,会产生很大的后拖量或割不透,造成割缝表面不平整,切割质量降低。

（4）割嘴离割件表面的距离。割嘴离割件表面的距离根据预热火焰及割件的厚度而定,一般以焰芯末端距割件 3～5mm 为宜。当割件厚度较大时,割嘴与割件表面距离可适当增大些,以避免割嘴过热和喷溅的熔渣堵塞割嘴而引起回火。

（5）割嘴与割件之间的倾斜角。一般情况下,割嘴应垂直于割件表面。对直线切割,当割件厚度小于 20mm 时,割嘴可向切割反方向后倾 20°～30°,这样,可减小后拖量,提高切割速度。对割件厚度大于 20mm 的直线切割及曲线切割,割嘴都应与割件表面垂直,以保证切口平整。

技能要点 4:气焊与气割常用设备

1. 氧气瓶

氧气瓶是一种钢质圆柱形的高压容器,一般用无缝钢管制成,

壁厚5～8mm,瓶顶有瓶阀和瓶帽,瓶体上、下各装一个防震圈,如
图3-32所示。

瓶体表面漆天蓝色,用黑漆写
有"氧"字。内装15MPa的氧气,出
厂时水压试验压力是工作压力的
1.5倍,即15MPa×1.5＝22.5MPa,
并规定每3年必须检查一次。

氧气瓶的规格有九种,容积(L)
分别为12L、12.5L、25L、30L、33L、
40L、45L、50L、55L等。常用的是容
积为40L,瓶体外径219mm,高
(1370±20)mm,重55kg。瓶内达
15MPa时有6m³的氧气。

氧气瓶上开闭氧气的阀门是氧
气瓶阀,阀体用黄铜制成,按结构分
为活瓣式和隔膜式两种。瓶阀逆时
针方向旋转为开启,顺时针方向旋
转为关闭。

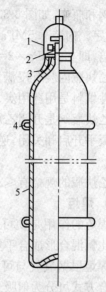

图3-32　氧气瓶结构
1. 瓶帽　2. 瓶阀　3. 瓶钳
4. 防震圈(橡胶制品)　5. 瓶体

2. 乙炔发生器

乙炔发生器是用电石与水接触来制取乙炔气的设备,分类
如下:

(1)按压力分。有低压(0.045MPa以下)和中压(0.045～
0.15MPa)两种。

(2)按每小时内发气量分。有0.5m³/h、1m³/h、3m³/h、
5m³/h、10m³/h五种。

(3)按装置结构分。有移动式和固定式两种。

(4)按电石与水接触的方式分。有排水式和联合式两种。

目前,常用的有Q3-1型排水式中压乙炔发生器、Q4-5型和
Q4-10型联合式中压乙炔发生器三种。

3. 乙炔瓶

乙炔瓶是一种钢质圆柱形的容器,一般用无缝钢管制成,瓶顶有瓶阀和瓶帽,如图3-33所示。瓶体表面漆白色,用红漆写有"乙炔"两字。内装1.5MPa的乙炔,出厂时水压试验压力是工作压力的2倍,即1.5MPa×2=3MPa。

乙炔瓶内装有浸满丙酮的多孔性填料,乙炔溶解在丙酮内。多孔性填料是用药用炭、木屑、浮石和硅藻土等合成。

乙炔瓶阀是开闭乙炔的阀门,阀体用低碳钢制成,必须用方孔套筒扳手开启和关闭,逆时针方向旋转为开启,顺时针方向旋转为关闭。

乙炔瓶的规格有≤25L、40L、50L、60L几种。

4. 焊炬

焊炬的作用是使可燃气体与氧气按一定比例混合形成合乎要求的焊接火焰。

焊炬根据氧气与可燃气体在焊炬中的混合方式可分为射吸式和等压式两种。

(1)射吸式焊炬。射吸式焊炬主要靠喷射器(喷嘴和射吸管)的射吸作用来调节氧气和可燃气体的流量,能保证氧气与可燃气体具有固定的混合比,使火焰燃烧比较稳定。在该种焊炬中,可燃气体的流动主要靠氧气的射吸作用,因此,无论使用低压还是中压的可燃气体,都能保证焊炬的正常工作。射吸式焊炬是应用最广泛的氧-乙炔焊炬。

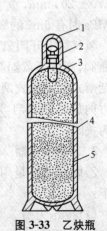

图3-33　乙炔瓶
1. 瓶帽　2. 瓶阀　3. 石棉
4. 瓶体　5. 多孔性填料

(2)等压式焊炬。等压式焊炬的氧气与可燃气体的压力基本相等,可燃气体依靠自身的压力与氧气混合,产生稳定的火焰。等压式焊炬结构简单,燃烧稳定,不容易产生回火,其结构如图3-34所示。

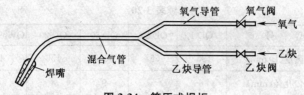

图 3-34　等压式焊炬

5. 割炬

割炬的作用是使可燃气体与氧气混合,形成一定形状的预热火焰;并能在预热火焰中心喷射切割氧气流,以便进行气割。

射吸式割炬的结构是以射吸焊炬为基础,增加了切割氧的气路和阀门。并采用专门的割嘴,割嘴中心是切割氧的通道,预热火焰均匀分布在它的周围,如图 3-35 所示。

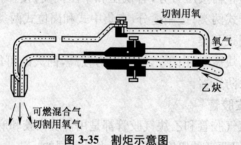

图 3-35　割炬示意图

6. 减压器

减压器的作用是把贮存在瓶内的高压气体降为工作需要的低压气体,并保持输出气体的压力和流量稳定,以便使用。常用减压器的型号和技术数据见表 3-20。

表 3-20　常用减压器的型号和技术数据

型　号	QD-1	QD-2A	QD-50	QD-20	QW5-25/0.6
名称	单级氧气减压器	单级氧气减压器	双级氧气减压器	单级乙炔减压器	单级丙烷减压器
进气最高压力(MPa)	15	15	15	1.6	2.5
工作压力调节范围(MPa)	0.1～2.5	0.1～1	0.5～2.5	0.01～0.15	0.01～0.06

续表 3-20

型　　号	QD-1	QD-2A	QD-50	QD-20	QW5-25/0.6
公称流量(L/min)	1333	667	3667	150	100
出气口孔径(mm)	6	5	9	4	5
安全阀泄气压力(MPa)	2.9～3.9	1.15～1.6	—	0.18～0.24	0.07～0.12
进口连接螺纹	G5/8	G5/8	G1	夹环连接	G5/8 左

7. 回火防止器

回火防止器的作用是防止焊炬或割炬发生回火时引起乙炔发生器爆炸的一种安全装置。

回火防止器按压力分,有低压和中压两类;按作用原理分,有水封式和干式两类;按用途分,有集中式和岗位式两类;按结构分,有开式和闭式两类。

使用乙炔瓶时,由于乙炔气压力较高,回火的可能性很少,不必装置回火防止器。

8. 橡皮胶管

国产氧气胶管和乙炔气胶管都是用优质橡胶和麻织或棉织纤维制成的,但两者的厚度和承受压力是不同的。

氧气胶管能承受 2MPa 的压力,表面为红色,一般内径为8mm,外径为 18mm。

乙炔气胶管能承受 0.5MPa 的压力,表面为绿色,一般内径为8mm,外径为 16mm。

胶管首次使用前必须把管内壁的滑石粉吹干净。

技能要点 5:气焊与气割操作技术

1. 气焊操作技术

(1)气焊方法。根据焊炬在气焊过程中的移动方向可将气焊方法分为左焊法和右焊法两种,其图示与特点见表 3-21。

表 3-21 气焊方法示意图与特点

方法	图示	特点
左焊法	焊接方向	1)火焰指向未焊的母材金属,有预热的作用 2)焊工能清楚地看到熔池,操作方便,易于掌握 3)左焊法时焊缝易于氧化,冷却较快,热量利用率低
右焊法	焊接方向	1)火焰指向焊缝,能很好地保护熔池金属 2)由于火焰对着焊缝,起到焊后回火的作用,使焊缝缓慢地冷却,改善了焊缝组织 3)火焰热量较为集中,使熔深增加,提高生产率 4)技术上不易掌握

（2）不同位置气焊的操作技术。不同位置气焊的定义、图示及操作要点见表 3-22。

表 3-22 不同位置气焊的定义、图示及操作要点

焊接方法	定义	图示	操作要点
立焊	在焊件的立面或倾斜面上进行纵向的焊接操作,称为立焊	60°～70° 75°～80°	1)焊炬沿焊接方向倾斜一定角度,一般与焊件保持在 75°～80°间。焊炬与焊丝的相对位置与平焊时相似 2)应采用比平焊时较小的火焰进行焊接 3)严格控制熔池温度,熔池面积不宜太大,熔池的深度也应小些 4)焊炬一般不作横向摆动,但可做上下移动 5)如熔池温度过高,熔化金属即将下淌时,应立即移开火焰

续表 3-22

焊接方法	定义	图　示	操作要点
横焊	在焊件的立面或倾斜面做横向焊接,这种操作称为横焊	30°~40°　60°~70°	1)焊炬与焊件之间的角度保持在 75°~80° 2)采用比平焊时小的火焰施焊,常用左焊法 3)焊炬一般不做摆动,如焊较厚的焊件时,可做弧形摆动,焊丝始终浸在熔池中,并进行斜环形运走,使熔池略带一些倾斜
平焊	焊嘴位于焊件之上,操作者俯视焊件进行焊接,这种操作称为平焊	90°~100°　30°~40°	1)应将焊件与焊丝烧熔 2)焊接某些低合金钢(如 30Cr-Mo)时,火焰应穿透熔池 3)火焰焰芯的末端与焊件表面应保持在 2~6mm 的距离内 4)如熔池温度过高,可采用间断焊以降低熔池温度
仰焊	焊嘴位于焊件下方,操作者仰视焊件进行焊接,这种操作称为仰焊	20°~30°　20°~30°	1)采用较小的火焰焊接 2)严格掌握熔池的温度和大小,使液体金属始终处于较稠的状态,防止下淌 3)采用较细的焊丝,以薄层堆敷上去,有利于控制熔池温度 4)采用右向焊时,焊缝成形较好 5)焊炬可做不间断的移动,焊丝可做月牙形运走,并始终浸在熔池内 6)注意操作姿势,防止飞溅金属和下淌的液体金属烫伤身体

2. 气割操作技术

气割一般从工件的边缘开始，如果要在工件中部切割时，应在中间处先钻一个直径大于 5mm 的孔，然后从孔处开始切割。

开始气割时，先用预热火焰加热开始点（此时高压氧气阀是关闭的），预热时间应视金属温度情况而定，一般加热到工件表面接近熔化（表面呈橘红色）。这时轻轻打开高压氧气阀门，开始气割。如果预热的地方切割不掉，说明预热温度太低，应关闭高压氧继续预热，预热火焰的焰芯前端应离工件表面 2～4mm，同时要注意割炬与工件间应有一定的角度，如图 3-36 所示。当气割工件厚度为 5～30mm 时，割炬应垂直于工件；当工件厚度小于 5mm 时，割炬可向后倾斜 5°～10°；若工件厚度超过 30mm，在气割开始时割炬可向前倾斜 5°～10°，待割透时，割炬可垂直于工件，直到气割完毕。如果预热的地方被切割掉，则继续加大高压氧气量，使切口深度加大，直至全部切透。

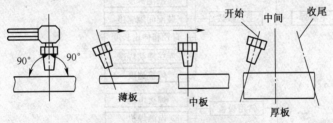

图 3-36　割炬与工件之间的角度

气割速度与工件厚度有关。一般而言，工件越薄，气割的速度越快，反之则越慢。气割速度还要根据切割中可能出现的以下问题加以调整：

（1）当看到氧化物熔渣直往下冲或听到割缝背面发出喳喳的气流声时，便可将割枪匀速地向前移动。

（2）如果在气割过程中发现熔渣往上冲，就说明未打穿，这往往是由于金属表面不纯，红热金属散热和切割速度不均匀，这种现象很容易使燃烧中断，所以必须继续供给预热的火焰，并将速度稍为减慢些,待打穿正常起来后再保持原有的速度前进。

(3)如发现割枪在前面走,后面的割缝又逐渐熔结起来,则说明切割移动速度太慢或供给的预热火焰太大,必须将速度和火焰加以调整再往下割。

第七节　电渣焊

本节导读:

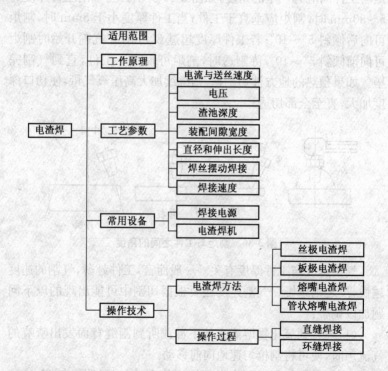

技能要点1:电渣焊适用范围

(1)适用于焊件厚度较大的焊缝及难于采用其他工艺进行焊

接的曲线或曲面焊缝。

（2）受到现场施工或起重能力的限制，必须在垂直位置进行焊接的焊缝。

（3）广泛应用于碳钢、低合金高强度钢、合金钢、珠光体型耐热钢，还可用于焊接铬镍不锈钢、铝及铝合金、钛及钛合金、铜和铸铁等。

（4）广泛应用于锅炉、重型机械和石油化工高压精炼设备及各种大型铸-焊，锻-焊、组合件焊接和厚板拼焊等。

技能要点 2：电渣焊工作原理

电渣焊是利用电流通过液态熔渣所产生的电阻热进行焊接的方法。电渣焊的简单过程如图 3-37 所示。电源的一端接在电极上，另一端接在焊件上，电流通过电极和熔渣后再到焊件。由于渣池中的液态熔渣电阻较大，产生大量的电阻热，将渣池加热到很高温度（1700～2000℃）。高温的熔池把热量传递给电极与焊件，使其熔化，熔化金属因密度比熔渣大，故下沉到底部形成金属熔池，而熔渣始终浮于金属熔池上部。随焊接过程的连续进行，温度逐渐降低的熔池金属在冷却滑块的作用下，强迫凝固形成焊缝。

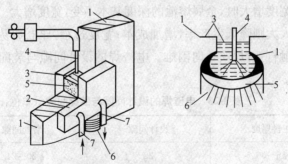

图 3-37　电渣焊过程示意图

1. 焊件　2. 冷却滑块　3. 渣池
4. 电极（焊丝）　5. 金属熔池　6. 焊缝　7. 冷却水管

技能要点 3：电渣焊工艺参数

1. 焊接电流与送丝速度

电渣焊焊接电流与送丝速度成正比，与焊丝直径、焊丝材料、焊丝伸出长度和焊接电压等因素有关。电渣焊焊接电流一般为 480～520A，送丝速度为 140～500m/h。

2. 焊接电压

电渣焊焊接电压是影响金属熔池宽度和深度的重要因素，焊接电压增大时，金属熔池的宽度、深度都会增大。但电压过高则会破坏电渣过程的稳定性，甚至造成未焊透缺陷。电压过低会导致焊丝与工件的短路，引起焊渣的飞溅。焊接电压应根据接头形式确定，一般为 43～56V。

3. 渣池深度

电渣焊过程中，渣池深度对金属熔池的宽度影响较大。随着渣池深度的增加，金属熔池的宽度减小，深度也略有减小。渣池深度一般为 40～70mm。

4. 装配间隙宽度

当宽度增大时，金属熔池的深度基本不变，宽度增大。金属熔池宽度太大则降低生产率，增加成本；宽度过小，导电嘴易与工件边缘接触打弧，焊丝导向困难。电渣焊的设计间隙与装配间隙见表 3-23。

表 3-23　电渣焊的设计间隙与装配间隙 （单位：mm）

工件厚度	设计间隙	装配间隙
16～30	20	20～21
30～80	24	26～27
80～500	26	28～32

续表 3-23

工件厚度	设计间隙	装配间隙
500～1000	30	36～40
1000～2000	30	40～42

5. 焊丝直径和伸出长度

进行丝极电渣焊焊接时,焊丝直径通常为 3mm,焊丝伸出长度通常为 50～70mm。若送丝速度不变,增加焊丝伸出长度,则焊接电流略有下降,金属熔池宽度和深度减少;而形状系数略有增大。焊丝伸出长度过长时,难以保证焊丝在间隙中的准确位置,当伸出长度达到 165mm 时,应采取相应的导向措施。伸出长度过短时,导电嘴易被渣池辐射热过度加热而破坏。

6. 焊丝摆动焊接

(1)单丝摆动焊接。焊丝不摆动时,单根焊丝置于间隙的中心处,焊缝横截面呈腰鼓形,即中间宽、两端窄;焊丝横向摆动时,应在摆动到端点处做适当的停留,则工件整个厚度方向的工件边缘熔透深度比较均匀。焊丝摆动速度通常为 40～80m/h,焊丝停留时间为 3～8s。

(2)多丝摆动焊接。当用多丝摆动焊接时,焊丝之间的距离 L 可由下式确定:

$$L=(\delta+a_2-2a)/n \tag{3-7}$$

$$a_1=l-a_2 \tag{3-8}$$

式中　a——焊丝至工件边缘(端头)的距离(mm);

a_1——焊丝摆动幅度(mm);

a_2——焊丝未摆动距离(mm);

n——焊丝根数。

7. 焊接速度

一般低碳钢的焊接速度为 0.7～1.2m/h,中碳钢和低合金钢的焊接速度为 0.3～0.7m/h。

技能要点 4:电渣焊常用设备

1. 焊接电源

电渣焊设备的交流电源可采用三相或单相变压器,直流电源可采用硅弧焊整流器或晶闸管弧焊整流器。电渣焊电源应保证避免发生电弧的放电过程或电渣电弧的混合过程,必须是空载电压低、感抗小(不带电抗器)的平特性电源。由于电渣焊的焊接时间长,中间不能停顿,所以焊接电源负载持续率应按100％考虑。常用的电渣焊电源有 BP1-3×1000 和 BP1-3×3000 电渣焊变压器。

2. 电渣焊机

电渣焊机是利用电流通过液态熔渣所产生的电阻热使电极和工件熔化进行焊接的设备,电渣焊适用于在垂直位置或接近垂直位置焊接大厚度工件,热效率高达 80％。

最长用的是 HS-100 型电渣焊机,它是一种导轨式焊机,如图3-38 所示,主要由焊接电源、机头、控制箱、导轨、焊丝盘以及包括成形滑块的水冷系统等组成。

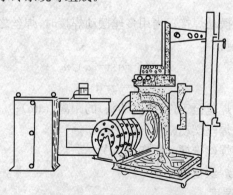

图 3-38   HS-100 型电渣焊机

技能要点 5：电渣焊操作技术

1. 电渣焊方法

（1）丝极电渣焊。丝极电渣焊可分为单丝或多丝电渣焊，焊接时，焊丝不断熔化，作为填充金属。丝极电渣焊一般适用于焊接板厚 40～450mm 的较长直焊缝或环焊缝。

（2）板极电渣焊。板极电渣焊是用一条或数条金属板条作为熔化电极，其特点是设备简单，不需要电极横向摆动和送丝机构，因此可利用边料作电极。板极电渣焊生产率比丝极电渣焊高，但需要大功率焊接电源，同时要求板极长度约是焊缝长度的 3.5 倍，由于板极太长而造成操作不方便，因而使焊缝长度受到限制。板极电渣焊多用于大断面，而长度小于 1.5m 的短焊缝。

（3）熔嘴电渣焊。熔嘴电渣焊是用焊丝与熔嘴作熔化电极的电渣焊。熔嘴由一个或数个导丝管与板料组成，它不仅起导电嘴的作用，而且熔化后可作为填充金属的一部分。根据焊件厚度，可采用一只或多只熔嘴。此方法可焊接比板极电渣焊焊接面积更大的焊件，并且适宜焊接不太规则断面的焊件。

（4）管状熔嘴电渣焊。管状熔嘴电渣焊与熔嘴电渣焊相似，不同的是此熔嘴采用的是外表面带有涂料的厚壁无缝钢管，涂料除了起绝缘作用外，还可以起到补充熔渣及向焊缝过渡合金元素的作用。此方法适合于中等厚度（20～60mm）焊件的焊接。

2. 焊接操作过程

电渣焊焊接过程分为建立渣池、正常焊接和焊缝收尾三个阶段。直缝与环缝电渣焊焊接过程分别如下：

（1）直缝焊接。

1）建立渣池：焊丝伸出长度以 40～50mm 为宜；引出电弧后，要逐步加入熔剂，使之逐步形成熔渣。引弧时可先在引弧槽内放入少量铁屑并撒上一层焊剂，引弧后靠电弧热使焊剂熔化建立渣池。引弧造渣阶段应比正常焊接的电压和电流稍高。

2)正常焊接:经常测量渣池深度,均匀地添加焊剂,严格按照工艺要求控制恒定的工艺参数,以保证稳定的造渣过程。经常调整焊丝(熔嘴),使其始终处于间隙中心位置,经常检查水冷滑块的出水温度及流量。要防止产生漏渣漏水现象,当发生漏渣使渣池变浅,应降低送丝速度并逐步加入适量焊剂以维持电渣过程的稳定进行。

3)焊缝收尾:在收尾时,可采用断续丝或逐渐减小送丝速度和焊接电压的方法来防止缩孔的形成和火口裂纹的产生。焊接结束时不要立即把渣池放掉,以免产生裂纹。焊后应及时切除引出部分和∩形定位板,以免引出部分产生的裂纹扩展到焊缝上。

(2)环缝焊接。

1)建立渣池:环缝焊时,首先装好内(外)滑块,引弧从靠近内(外)径开始。随渣池的扩大,开始摆动焊丝并进入第二根焊丝,随筒体的旋转,渣池扩大,逐个装接引弧挡铁,依次送入第三根焊丝,最后完成造渣过程。

2)正常焊接:环焊缝在工件转动时,应适时割掉间隙垫(或∩形定位板),当焊至±1/4环缝时,开始切除引弧槽及附近未焊部分。切割表面凹凸度应在±2mm范围内,并要将残渣及氧化皮清理干净。如发生焊接过程中断,也应控制筒体收缩变形,并采用适当的方式重新建立电渣过程。

3)焊缝收尾:环焊缝时,当切割线转至和水平轴线垂直时,即停止转动,此时靠焊机上升机构焊直缝,逐个在引出板外侧加条状挡铁。这一阶段电压提高 1~2V,靠近内径焊丝尽量接近切割线,控制在 6~10mm。为防止裂纹,应适当减小焊接电流,当焊出工件之后即可减少送丝速度和焊接电压。焊接结束后,待引出板冷却至 200~300℃时,即可割掉引出板。

第八节 电 阻 焊

本节导读：

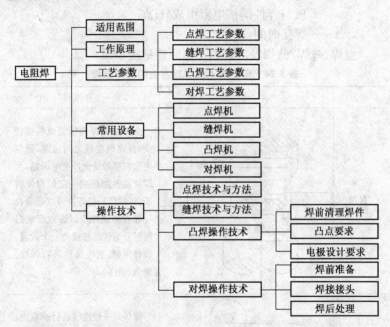

技能要点 1：电阻焊适用范围

电阻焊是压焊的一种，是重要的焊接工艺之一，在航空工业、造船工业、汽车工业、锅炉工业、地铁车辆、建筑行业及家用电器等方面被广泛应用。

技能要点 2：电阻焊工作原理

电阻焊是在焊件组合后通过电极施加压力，利用电流通过接头的接触面及邻近区域产生的电阻热进行焊接。电阻焊时产生的

热量由下式决定:

$$Q = 0.24I^2Rt \qquad (3-9)$$

式中　Q——产生的热量(J);

　　　I——焊接电流(A);

　　　R——电极间电阻(由焊件本身电阻、焊件间接触电阻、电极与焊件间接电阻组成)(Ω);

　　　t——焊接时间(s)。

点焊、缝焊、凸焊及对焊的工作原理见表 3-24。

表 3-24　电阻焊不同焊接方法的工作原理

焊接方法	示意图	工作原理
点焊		点焊是将焊件组装成搭接接头,并在两电极之间压紧,通以电流在接触处便产生电阻热,当焊件接触加热到一定的程度时断电(锻压),使焊件可以熔合在一起而形成焊点。焊点形成过程可分为彼此相接的三个阶段:焊件压紧、通电加热进行焊接、断电(锻压)
缝焊		缝焊是一种连续进行的点焊。缝焊时接触区的电阻加热过程,冶金过程和焊点的形成过程都与点焊相似
凸焊		凸焊是在一个工件的贴合面上预先加工出一个或多个凸起点,使其与另一个工件表面相接触,加压并通电加热,然后压塌,使这些接触点形成焊点

续表 3-24

焊接方法	示 意 图	工作原理
对焊	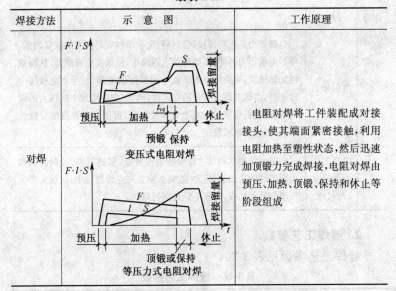	电阻对焊将工件装配成对接接头,使其端面紧密接触,利用电阻加热至塑性状态,然后迅速加顶锻力完成焊接,电阻对焊由预压、加热、顶锻、保持和休止等阶段组成

技能要点 3:电阻焊工艺参数

1. 点焊工艺参数

点焊工艺参数见表 3-25。

表 3-25 点焊工艺参数

序号	项目	说 明
1	焊接电流	焊接电流是决定热析量大小的关键因素,直接影响熔核直径与焊透率,并影响点焊的强度。焊接过程中,若电流过小,则导致无法形成熔核或熔核过小;若电流过大,容易引起飞溅。因此,应在点焊过程中选择适当大小的焊接电流,以保证焊缝质量
2	焊接通电时间	焊接通电时间对点焊析热与散热均产生一定的影响,点焊过程中,焊接通电时间内焊接区析出的热量除部分散失外,主要用于对焊接区进行加热,使熔核扩大到要求尺寸。若焊接通电时间过短,则难以形成熔核或熔核过小。因此,点焊过程中,应保持充足的焊接通电时间

续表 3-25

序号	项目	说 明
3	电极压力	电极压力是影响焊接区加热程度和塑性变形程度的重要因素。随着电极压力的增大,则接触电阻减小,使电流密度降低,从而减慢加热速度,导致焊点熔核减小而致使强度降低,但当电极压力过小时,将影响焊点质量的稳定性,因此,如在增大电极压力的同时,适当延长焊接时间或增大焊接电流,可使焊点强度的分散性降低,焊点质量较稳定
4	电极工作面的形状与尺寸	电极头的形状和尺寸对焊接电流密度、散热效果、接触面积和点焊工件的表面质量产生重要影响。在点焊过程中,电极头产生压溃变形和粘损,需要不断地进行修锉

2. 缝焊工艺参数

缝焊工艺参数见表 3-26。

表 3-26　缝焊工艺参数

序号	项目	说 明
1	焊点间距	缝焊时,焊点间距通常在 1.5～4.5mm 范围内,并随着焊件厚度的增加而适当增大
2	焊接电流	缝焊时,焊接电流的大小,决定了熔核的焊透率和重叠量,焊接电流随着板厚的增加而增加,一般在缝焊 0.4～3.2mm 钢板时,焊接电流范围为 8.5～28kA。焊接电流还要与电极压力相匹配。缝焊时,由于熔核互相重叠而引起较大的分流,因此焊接电流比点焊的电流提高 15%～30%,但过大的电流,会导致压痕过深和烧穿等缺陷
3	电极压力	电极压力对熔核尺寸和接头质量的影响与点焊相同。对各种材料进行缝焊时,电极压力至少要达到规定的最小值,否则接头的强度会明显下降。但电极压力过低,会使熔核产生缩孔,引起飞溅,并因接触电阻过大而加剧滚轮的烧损;电极压力过高,会导致压痕过深,同时会加速滚轮变形和损耗。所以进行缝焊时应根据厚度和选定的焊接电流确定合适的电极压力

续表 3-26

序号	项目	说　明
4	焊接通电时间和休止时间	进行缝焊时,焊接通电时间和休止时间是决定熔核尺寸的重要因素。焊接通电时间和休止时间应有一个适当的匹配比例。 (1)焊接速度较低时,焊接通电时间和休止时间的最佳比例为(1.25~2)∶1 (2)焊接速度较高时,焊接通电时间和休止时间的比例应在3∶1以上
5	焊接速度	焊接速度决定了滚轮与焊件的接触面积和接触时间,也直接影响接头的加热和散热。通常焊接速度根据被焊金属种类、厚度以及对接头强度的要求来选择。在焊接不锈钢、高温合金和有色金属时,为保证焊缝质量、避免飞溅,应采用较低的焊接速度;当对接头质量要求较高时,应采用步进缝焊,使熔核形成的全过程在滚轮停转的情况下完成。缝焊机的焊接速度可在 0.5~3m/min 的范围内调节

3. 凸焊工艺参数

凸焊工艺参数见表 3-27。

表 3-27　凸焊工艺参数

序号	项目	说　明
1	焊接电流	凸焊每一焊点所需的焊接电流比点焊同样的一个焊点时小,在采用合适的电极压力下不至于挤出过多金属作为最大电流。在凸点完全压溃之前电能使凸点熔化作为最小电流。凸焊时的焊接电流应根据焊件的材质及厚度进行选择。进行多点凸焊时,总的焊接电流为凸点所需电流总和
2	电极压力	凸焊时电极压力应满足凸点达到焊接温度时全部压溃,并使两焊件紧密贴合。但应注意电极压力过大会过早地压溃凸点,失去凸焊的作用,同时因电流密度减小而降低接头强度。压力过小又会造成严重的喷溅。电极压力的大小应根据焊件的材质和厚度来确定
3	焊接通电时间	凸焊的焊接通电时间比点焊长。缩短通电时间时焊接电流应相应增大,但焊接电流过大会使金属过热和引起喷溅。对于给定的工件材料和厚度,焊接通电时间应根据焊接电流和凸点的刚度来确定
4	凸点所处的焊件	焊接同种金属时,凸点应冲在较厚的焊件上;焊接异种金属时,凸点应冲在导电率较高的焊件上

4. 对焊工艺参数

(1)电阻对焊工艺参数见表3-28。

表3-28　电阻对焊工艺参数

序号	项目	说　明
1	伸出长度	伸出长度指的是焊件伸出夹具电极端面的长度。 如果伸出长度过长,则顶锻时工件会失稳旁弯。伸出长度过短,则由于向夹钳口散热增强,使工件冷却过于强烈,导致产生塑性变形困难。伸出长度应根据不同金属材质来决定。如低碳钢为$(0.5\sim1)$ D,铝为$(1\sim2)D$,铜为$(1.5\sim2.5)D$,(D为焊件直径)
2	焊接电流密度和焊接通电时间	在电阻对焊时,工件的加热主要决定于焊接电流密度和焊接时间。两者可以在一定范围内相应地调配,可以采用大焊接电流密度和短焊接时间(硬规范),也可以采用小焊接电流密度和长焊接时间(软规范)。但是规范过硬时,容易产生未焊透缺陷,过软时,会使接口端面严重氧化,接头区晶粒粗大,影响接头强度
3	焊接压力和顶锻压力	焊接压力和顶锻压力对接头处的产热和塑性变形都有影响。宜采用较小的焊接压力进行加热,而采用较大的顶锻压力进行顶锻。但焊接压力不宜太低,否则会产生飞溅,增加端面氧化

(2)闪光对焊工艺参数见表3-29。

表3-29　闪光对焊工艺参数

序号	项目	说　明
1	伸出长度	伸出长度与电阻对焊相同,主要是根据散热和稳定性确定。在一般情况下,棒材和厚壁管材为$(0.7\sim1.0)D$,(D为焊件直径或边长)
2	闪光留量	选择闪光留量时,应满足在闪光结束时整个焊件端面有一层熔化金属,同时在一定深度上达到塑性变形温度。闪光留量过小,会影响焊接质量,过大会浪费金属材料,降低生产率。另外,在选择闪光留量时,预热闪光对焊比连续闪光对焊小30%~50%
3	闪光速度	闪光对焊时,具有足够大的闪光速度才能保证闪光的强烈和稳定。但闪光速度过大,会使加热区过窄,增加塑性变形的困难。因此,闪光速度应根据被焊材料的特点,以保证端面上获得均匀金属熔化层为标准。一般情况下,导电、导热性好的材料闪光速度较大

续表 3-29

序号	项目	说　明
4	闪光电流	闪光对焊时,闪光阶段通过焊件的电流,其大小取决于被焊金属的物理性能、闪光速度、焊件端面的面积和形状,以及加热状态。随着闪光速度的增加,闪光电流随之增加
5	预热温度	预热温度应根据焊件截面的大小和材料的性质来选择,对低碳钢而言,一般不超过 700～900℃,预热温度太高,因材料过热使接头的冲击韧性和塑性下降。焊接大截面焊件时,预热温度应相应提高
6	预热时间	预热时间与焊机功率、工件断面积和金属的性能有关。预热时间取决于所需的预热温度
7	顶锻留量	顶锻留量的大小影响到液态金属的排除和塑性变形的大小。顶锻留量过大,降低接头的冲击韧性,顶锻留量过小,使液态金属残留在接口中,易形成疏松、缩孔、裂纹等缺陷。顶锻留量应根据工件截面积选取,随焊件截面的增大而增加
8	顶锻速度	一般情况下,顶锻速度应越快越好。顶锻速度取决于焊件材料的性能,如焊接奥氏体钢的最小顶锻速度约是珠光体钢的两倍。导热性好的金属需要较高的顶锻速度
9	顶锻压力	顶锻压力一般采用顶锻压强来表示。顶锻压强的大小应保证能挤出接口内的液态金属,并在接头处产生一定塑性变形。同时还受到金属的性能、温度分布特点、顶锻留量和顶锻速度、工件端面形状等因素的影响。顶锻压强过大则变形量过大,会降低接头冲击韧性;顶锻压强过低则变形不足,接头强度下降。一般情况下,高温强度大的金属及导热性好的金属需要较大的顶锻压强
10	夹具夹持力	夹具夹持力用于保证在整个焊接过程中不打滑,它与顶锻压力和焊件与夹具间的摩擦力有关

技能要点 4:电阻焊常用设备

1. 点焊机

点焊机由机架、焊接变压器、加压机构及控制箱等部件组成,常用固定式点焊机的型号及技术数据见表 3-30。

表 3-30　常用固定式点焊机的型号及技术数据

技术数据 ＼ 型号	DN-16	DN-100	DN2-200	DN3-100
额定容量(kV·A)	16	100	200	100
一次电压(V)	220/280	380	380	380
一次电压(V)	1.76～3.52	4.05～8.14	4.42～8.35	3.65～7.3
次级电压调节级数	8	16	16	8
额定负载持续率(%)	50	50	20	20
电极 最大压力(V)	1500	14000	14000	5500
电极 工作行程(mm)	20	20		
电极臂间距(mm)	150	—	—	—
电极臂有效伸长(mm)	250	500	500±50	800
上电极辅助行程(mm)	20	60	80	80
冷却水消耗量(L/h)	120	810	810	700
压缩空气	—	0.55MPa 810L/h	0.55MPa 33m²/h	0.55MPa 15m³/h
焊件厚度(mm)	3+3		6+6	2.5+2.5
生产率(点/h)	60		65	60
重量(kg)	240	1950	850	850
外形尺寸(长×宽×高)(mm)	1015×510×1090	1300×570×1950	1350×570×1950	1610×700×1500

2. 缝焊机

缝焊机由机架、焊接变压器、加压机构及控制箱等部件组成，常用缝焊机的型号及技术参数见表 3-31。

表 3-31　常用缝焊机的型号及技术数据

主要技术数据 ＼ 型号	FN-25-1	FN-25-2	FN1-50	FN1-150-1 FN1-150-8	FN1-150-2 FN1-150-9
额定容量(kV·A)	25	25	50	150	150
一次电压(V)	220/380	220/380	380	380	380

续表 3-31

主要技术数据 ＼ 型号		PN-25-1	FN-25-2	FN1-50	FN1-150-1 FN1-150-8	FN1-150-2 FN1-150-9
二次电压调节范围(V)		1.82～3.62	1.82～3.62	2.04～4.08	3.88～7.76	3.88～7.76
二次电压调节级数		8	8	8	8	8
额定负载持续率(%)		50	50	50	50	50
电极最大压力(kN)		1.96	1.96	4.9	7.84	7.84
上滚盘工作行程(mm)		20	20	30	50	50
上滚盘最大行程(磨损后)(mm)		—	—	55	130	130
焊接钢板时电极最大臂伸(mm)		400	400	500	800	800
焊接圆筒形焊件时电极有效最大伸出长度(mm)	内径最小为 130mm					520
	内径最小为 300mm	—	—		100	585
	内径最小为 400mm				400	650
可焊钢板最大厚度(mm)		1.5+1.5	1.5+1.5	2+2	2+2	2+2
焊接速度(m/min)		0.86～3.43	0.86～3.43	0.5～4.0	1.2～4.3	0.89～3.1
冷却水消耗量(L/h)		300	300	600	1000	750
压缩空气压力(MPa)		—	—	0.44	0.49	0.49
压缩空气消耗量(m³/h)		—	—	0.2～0.3	1.5～2.5	1.5～2.5
电动机功率(kW)		0.25	0.25	0.25	1	1
质量(kg)		430	430	580	2000	2000
外形尺寸(长×宽×高,mm)		1040×610 ×1340	1040×610 ×1340	1470×785 ×1620	2200×1000 ×2250	2200×1000 ×2250
配用控制箱型号		—	—	内有控制箱,如需要,可配用 KF-75	KF-100	KF-100
说　明		可连续焊接低碳钢零件,焊接接头可保证水密性、气密性		连续焊接低碳钢及合金钢零件	连续焊接低碳钢及合金钢零件	

3. 凸焊机

凸焊机的结构与点焊机相似,利用点焊机进行适当改装即可成为凸焊机,常用凸焊机的型号及技术参数见表3-32。

表 3-32　常用凸焊机的型号及技术数据

型　　号		TN1-200A	TR-6000	
额定容量(kV·A)		200	10	
一次电压(V)		380	380	
一次电流(A)		527	—	
二次空载电压调节范围(V)		4.42~8.85	—	
电容器容量(μF)		—	70000	
电容器最高充电电压(V)		—	420	
最大储存能量(J)		—	6164	
二次电压调节级数		16	11	
额定负载持续率(%)		20	—	
最大电压极力(N)		14000	16000	
上电极	工作行程(mm)	80	100	
	辅助行程(mm)	40	50	
下电极垂直调节长度(mm)		150	—	
机臂间开度(mm)		—	150~250	
上电极工作次数(次/s)		65(行程20mm)	—	
焊接持续时间(s)		0.02~1.98	6	
冷却水消耗量(L/h)		810	—	
焊件厚度(mm)		—	1.5+1.5~2+2(铝)	
压缩空气	压力(MPa)	0.55	0.6~0.8	
	消耗量(m³/h)	33	0.63	
质量(kg)		900	焊机1050	电容箱250
焊件尺寸	长×宽×高(mm)	1360×710×599	1140×627×1714	1160×400×1490
配用控制箱号		K08-100-1	—	

4. 对焊机

对焊机由机架、静夹具、动夹具、闪光和顶锻机构、阻焊变压器和级数调解组及配套的电气控制箱等组成。常用对焊机的型号及技术数据见表 3-33。

表 3-33 常用对焊机的型号及技术数据

型 号			UN1-25	UN1-75	UN1-100
额定容量(kV·A)			25	75	100
一次电压(V)			220/380	220/380	380
二次电压调节范围(V)			1.76~3.52	3.52~7.04	4.5~7.6
二次电压调节级数			8	8	8
额定负载持续率(%)			20	20	20
钳口最大夹紧力(N)			—	—	35000~40000
最大顶锻 (N)	弹簧加压		1500	—	—
	杠杆加压		10000	30000	40000
钳口最大距离(mm)			50	80	80
最大进给 (mm)	弹簧加压		15	—	—
	杠杆加压		20	30	50
最大焊接截面 (mm²)	杠杆加压	低碳钢	300	600	1000
	弹簧加压	低碳钢	120		
		铜	150		
		黄铜	200		
		铝	200		
焊接生产率(次/h)			110	75	20~30
冷却水消耗量(L/h)			120	200	200
重量(kg)			275	455	465
外形尺寸 (mm)	长		1340	1520	1580
	宽		500	550	550
	高		1300	1080	1150

技能要点 5：电阻焊操作技术

1. 点焊操作技术

(1)点焊操作要点。

1)所有焊点都应尽量在电流分流值最小的条件下进行点焊。

2)焊接时应先选择在结构最难以变形的部位(如圆弧上肋条附近等)上进行定位点焊。

3)尽量减小变形。

4)当接头的长度较长时,应从中间向两端进行点焊。

5)对于不同厚度铝合金焊件的点焊,除采用强规范外,还可以在厚件一侧采用球面半径较大的电极,以有利于改善电阻焊点核心偏向厚件的程度。

(2)点焊方法。点焊方法的分类及工艺特点见表 3-34。

表 3-34　点焊方法的分类及工艺特点

序号	点焊方法	示意图	工艺特点
1	双面单点焊	 1、2.电极　3.焊件	两个电极从焊件上、下两侧接近焊件并压紧,进行单点焊接。此种焊接方法能对焊件施加足够大压力,焊接电流集中通过焊接区,减少焊件的受热体积,有利于提高焊点质量
2	双面双点焊		由两台焊接变压器分别对焊件上、下两面的成对电极供电。两台变压器的接线方向应保证上、下对准电极,并在焊接时间内极性相反。上、下两变压器的二次电压成顺向串联,形成单一的焊接回路。在一次点焊循环中可形成两个焊点。其优点是分流小,主要用于厚度较大,质量要求较高的大型部件的点焊

续表 3-34

序号	点焊方法	示 意 图	工艺特点
3	单面双点焊	 1、2.电极 3.焊件 4.铜垫板	两个电极放在焊件同一面,一次可同时焊两个焊点。优点是生产率高,可方便地焊接尺寸大、形状复杂和难以用双面单点焊的焊件,易于保证焊件一个表面光滑、平整、无电极压痕。缺点是焊接时部分电流直接经上面的焊件形成分流,使焊接区的电流密度下降。减小分流的措施是在焊件下面加铜垫板
4	单面单点焊	 1、2.电极 3.焊件 4.铜垫板	两个电极放在焊件的同一面,其中一个电极与焊件接触的工作面很大,仅起导电快的作用,对该电极也不施加压力
5	多点焊	 1.电极 2.焊件 3.铜垫板	一次可以焊多个焊点的方法。既可采用数组单面双点焊组合起来,也可采用数组双面单点焊或双面双点焊组成进行点焊

2. 缝焊操作技术与方法

(1)焊前准备。

1)焊前清理:焊前应对接头两侧附近宽约 20mm 处进行清理。

2)焊件装配:采用定位销或夹具进行装配。

(2)进行定位焊点焊或在缝焊机上采用脉冲方式进行定位时,焊点间距为 75～150mm,定位焊点的数量应能保证焊件足能固定仕。定位焊的焊点直径应不大于焊缝的宽度,压痕深度小于焊件厚度的 10%。

(3)定位焊后的间隙处理。

1)低碳钢和低合金结构钢:当焊件厚度小于 0.8mm 时,间隙要小于 0.3mm;当焊件厚度大于 0.8mm 时,间隙要小于 0.5mm。重要结构的环型焊缝应小于 0.1mm。

2)不锈钢:当焊缝厚度小于 0.8mm 时,间隙要小于 0.3mm,重要结构的环型焊缝应小于 0.1mm。

3)铝及合金:间隙小于较薄焊件厚度的 10%。

(4)缝焊的方法。缝焊方法分类及工艺特点见表 3-35。

表 3-35　缝焊方法分类及工艺特点

序号	点焊方法	示意图	工艺特点
1	搭接缝焊		可用一对滚轮或用一个滚轮和一根芯轴电极进行缝焊。接头的最小搭接量与点焊相同
2	压平缝焊	电极　搭接量　电极　焊前　焊后	两焊件少量地搭接在一起,焊接时将接头压平,压平缝焊时的搭接量一般为焊件厚度的 1～1.5 倍。焊接时可采用圆锥形面的滚轮,其宽度应能覆盖接头的搭接部分。另外,要使用较大焊接压力和连续电流

续表 3-35

序号	点焊方法	示意图	工艺特点
3	垫箔对接缝焊		先将焊件边缘对接,在接头通过滚轮时,不断将两条箔带垫于滚轮与板件之间。由于箔带增加了焊接区的电阻,使散热困难,因而有利于熔核的形成。使用的箔带尺寸为:宽 4~6mm,厚 0.2~0.3mm。这种方法的优点是不易产生飞溅,减小电极压力,焊接后变形小,外观良好等。缺点是装配精度高,焊接时将箔带准确地垫于滚轮和焊件之间也有一定的难度
4	铜线电极缝焊		焊拉时,将圆铜线不断地送到滚轮和焊件之间后再连续地盘绕在另一个绕线盘上,使镀层仅粘附在铜线上,不会污染滚轮。如果先将铜线轧成扁平线再送入焊区,搭接接头和压平缝焊一样

3. 凸焊操作技术

(1)焊接前清理焊件。

(2)凸点要求。

1)检查凸点的形状、尺寸及凸点有无异常现象。

2)为保证各点的加热均匀性、凸点的高度差应不超过±0.1mm。

3)各凸点间及凸点到焊件边缘的距离,不应小于 2D(D 为凸点直径)。

4)不等厚件凸焊时,凸件应在厚板上。但厚度比超过1∶3时,凸点应在薄板上。

5)异种金属凸焊时,凸点应在导电性和导热性好的金属上。

(3)电极设计要求。

1)点焊用的圆形平头电极用于单点凸焊时,电极头直径应不小于凸点直径的两倍。

2)大平头棒状电极适用于局部位置的多点凸焊。

3)具有一组局部接触面的电极,将电极在接触部位加工出突起接触面,或将较硬的铜合金嵌块固定在电极的接触部位。

4. 对焊操作技术

(1)焊前准备。

1)电阻对焊的焊前准备:

①两焊件对接端面的形状和尺寸应基本相同,使表面平整并与夹钳轴线成90°直角。

②对焊件的端面以及与夹具接触面进行清理。与夹具接触的工件表面的氧化物和脏物可用砂布、砂轮、钢丝刷等机械方法清理,也可使用化学清洗方法(如酸洗)。

③由于电阻对焊接头中易产生氧化物夹杂,因此,对于质量要求高的稀有金属、某些合金钢和有色金属进行焊接时,可采用氩、氦等保护气体来解决。

2)闪光对焊的焊前准备:

①闪光对焊时,对端面清理要求不高,但对夹具和焊件接触面的清理要求应和电阻对焊相同。

②对大截面焊件进行闪光对焊时,应将一个焊件的端部倒角,增大电流密度,以利于激发闪光。

③两焊件断面形状和尺寸应基本相同,其直径之差不应大于

15％，其他形状不应大于 10％。

（2）焊接接头。

1）电阻对焊的焊接接头应设计成等截面的对接接头。

2）闪光对焊时，对于大截面的焊件，应将其中一个焊件的端部倒角，倒角尺寸如图 3-39 所示。

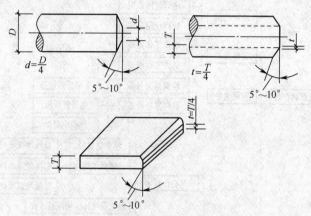

图 3-39　闪光对焊焊件端部倒角尺寸

（3）焊后处理。

1）切除毛刺及多余的金属：通常在焊后趁热切除。焊大截面合金钢焊件时多在热处理后切除。

2）零件的校形：对于焊后需要校形的零件（如强轮箍、刀具等），通常在压力机、压胀机及其他专用机械上进行校形。

3）焊后热处理：焊后热处理根据材料性能和焊件要求而定。焊接大型零件和刀具，一般焊后要求退火处理，调质钢焊件要求回火处理，镍铬奥氏体钢，有时要进行奥氏体化处理。焊后热处理可以在炉中做整体处理，也可以用高频感应加热进行局部热处理，或焊后在焊机上通电加热进行局部热处理，热处理规范根据接头硬度或显微组织来选择。

第九节　堆焊与钎焊

本节导读:

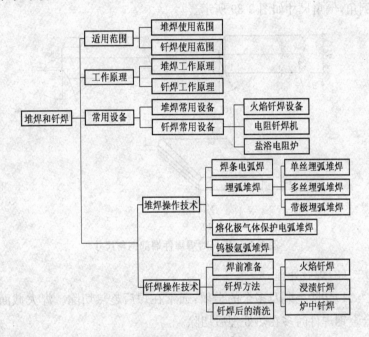

技能要点 1:堆焊和钎焊适用范围

1. 堆焊使用范围

目前堆焊已广泛应用于农机、冶金、电站、矿山、建筑、铁路、车辆、石油、化工设备及工具、模具等制造与修理中。

2. 钎焊使用范围

钎焊适用范围极广,可以钎焊的材料有同种金属、异种金属、金属与非金属、非金属与非金属。

在国防和尖端技术部门中,如喷气发动机、火箭发动机、原子能设备制造中都大量采用钎焊技术。在机电制造业中,钎焊技术已用于制造硬质合金刀具、钻探钻头、换热器、散热器、自行车架、导管、各类容器、电机、变压器、触头、电缆及汽轮机叶片等。在电子工业和仪表制造业中,许多情况下钎焊甚至是唯一可能的连接方法,如制造微波管、电子管、电子真空器件和无线电接线等。

钎焊最适于薄件、小件、精密件或形状复杂而多钎缝的焊件的焊接,接头最适合采用搭接的形式,因为钎缝强度较母材低,往往是通过扩大搭接面积来提高接头的承载能力。

技能要点 2:堆焊和钎焊工作原理

1. 堆焊工作原理

堆焊是利用高频电火花放电原理,对工件进行焊接,来修补金属表面缺陷与磨损,保证工件的完好性,实现工件的耐磨、耐热、耐腐蚀等特性。

2. 钎焊工作原理

钎焊接头的形成包括两个过程:一是钎料填满全部接头间隙,简称填隙过程;二是钎料与母材之间的相互作用,即结合过程。前者为钎焊创造条件,后者是能否获得牢固钎缝的关键。

技能要点 3:堆焊和钎焊常用设备

1. 堆焊常用设备

堆焊常用的等离子弧堆焊机型号及用途见表 3-36。

表 3-36 等离子弧堆焊机型号及用途

类 型	型号	主 要 用 途
粉末等离子弧堆焊机	Lu-150	用于对直径小于 320mm 的圆形工件(如阀门的端面、斜面和轴的外圆)的焊接
空气等离子弧堆焊机	Lu-500	堆焊圆形平面、矩形平面,配靠模还可以堆焊椭圆形平面
双热丝等离子弧堆焊机	Lup-300 Lup-500	堆焊各种形状的几何表面,但需要与辅助机械配合使用
空气等离子弧堆焊机	KIz-400	在运煤机零件上堆焊自熔性耐磨合金取得良好的效果
双热丝等离子弧堆焊机	LS-500-2	用于丝机材料的等离子弧堆焊

2. 钎焊常用设备

(1)火焰钎焊设备。火焰钎焊中,氧-乙炔火焰钎焊是最常用的方法。氧-乙炔火焰钎焊所用设备为乙炔发生器或乙炔气瓶、氧气瓶焊炬等。为使钎焊工件均匀加热,可采用专用的多焰喷嘴或固定式多头焊嘴。

(2)电阻钎焊机。电阻钎焊机的型号及技术数据见表 3-37。

表 3-37   电阻钎焊机的型号及技术数据

型号	容量(kVA)	电源电压(V)	二次电压(V)	最大钎焊面积(mm²)
Q-10	10	380	1.31~2.62	900
Q-16	16	220 或 380	1.31~2.62	1600
Q-63	63	380	—	—

(3)盐浴电阻炉。盐浴电阻炉的型号与技术数据见表 3-38。

表 3-38   盐浴电阻炉的型号与技术数据

名称	型号	功率(kW)	电压(V)	相数	最高工作温度(℃)	盐浴槽尺寸(mm)	最大技术生产率(kg/h)	质量(kg)
插入式电极盐浴炉	RDM2-20-13	20	380	1	1300	180×180×430	90	740
	RDM2-25-8	25	380	1	850	300×300×490	90	812
	RDM2-35-13	35	380	3	1300	200×200×430	100	893
	RDM2-45-13	45	380	3	1300	260×240×600	200	1395
	RDM2-50-6	50	380	3	600	500×920×540	100	2690
	RDM2-75-13	75	380	3	1300	310×350×600	250	1769
	RDM2-100-8	100	380	3	850	600×920×540	160	2690
	RYD-20-13	20	380	1	1300	245×180×430	—	1000
	RYD-25-8	25	380	1	850	380×300×490	—	1020
插入式电极盐浴炉	RYD-35-13	35	380	1	1300	305×200×430	—	1043
	RYD-45-13	45	380	1	1300	340×260×600	—	1458
	RYD-50-6	50	380	3	600	920×600×540	—	3052
	RYD-75-13	75	380	3	1300	525×350×600	—	1652
	RYD-100-8	100	380	3	850	920×600×540	—	3052
坩埚式	RYG-10-8	10	220	1	850	φ200×350	—	1200
	RYG-20-8	20	380	3	850	φ300×555	—	1350
	RYG-30-8	30	380	3	850	φ400×575	—	1600

技能要点4:堆焊操作技术

1. 焊条电弧焊

焊条电弧焊堆焊焊条所需电源及其极性取决于焊条涂层的类型。钛钙型、钛铁矿型和低氢性涂层的焊条采用直流反接(焊条接正极)。高锰钢和铬锰奥氏体钢堆焊焊条多为低氢型,采取直流反接熔敷效率较高,堆焊层质量较好,稀释率也较低。对于石墨型涂层的焊条在堆焊时以直流正接为宜。堆焊时,交流电源也可以使用,但电弧稳定性较低。

一般堆焊前需要将焊条重新烘干。烘焙的温度应按焊条说明规定选取。一般酸性焊条在150℃烘焙0.1~0.5h,碱性焊条需在250~350℃烘焙1~2h。

改变电弧电压、调节焊接电流、焊接速度和焊条与工件距离以及改变运条方式均可影响稀释率,搭边量对稀释率的影响也很大。若焊接电流太大、电弧太长都会增加合金元素的烧损。正确的堆焊程序对控制焊件变形有一定作用。

焊条电弧焊堆焊时,通常采用后向焊(焊条前倾,电弧向后吹),若向前焊易导致气孔和不熔合。焊条电弧焊堆焊时常用电流值详见表3-39。

表3-39 焊条电弧焊堆焊时常用电流值

名　　称	牌　号	焊条直径(mm)			
		2.5	3.2	4	5
		堆焊电流(A)			
高锰钢堆焊焊条	D256(EDMn-A-16)	—	70~90	100~140	150~180
	GRIDUR42	—	95~105	130~140	170~180
铬锰奥氏体钢堆焊焊条	D276(EDCrMn-B-16)	60~80	90~130	130~170	170~220

2. 埋弧堆焊

为了降低稀释率和提高熔敷速度,埋弧堆焊方法已发展出多种类型。除了电极有单丝、多丝、带极的区别外,电极的连接方式上还有串列、并列和串联电弧等差别。

(1)单丝埋弧堆焊。单丝埋弧堆焊适用于堆焊面积小,或者需要对工件限制线能量的场合。一般使用的焊丝直径为1.6～4.8mm,焊接电流为160～500A。交、直流电源均可。

(2)多丝埋弧堆焊。多丝埋弧堆焊包括串列双丝双弧埋弧堆焊、并列多丝埋弧堆焊和串联电弧堆焊等多种形式。

1)采用串列双丝双弧埋弧堆焊时,第一个电弧电流较小,而后一电弧采用大电流。这样可使堆焊层及其附近冷却较慢,从而可减少悴硬和开裂倾向。

2)采用并列多丝埋弧堆焊时,可加大焊接电流,提高生产效率,而熔深可较浅。

3)串联电弧堆焊详如图3-40所示,电弧发生在焊丝之间,因而熔深更浅,稀释率低,熔敷系数高[熔敷系数为熔焊过程中单位电流、单位时间内,焊芯(或焊丝)熔敷在焊件上的金属量[$g/(A \cdot h)$],此时为了使两焊丝均匀熔化,宜采用交流电源。

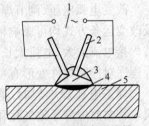

图3-40　串联电弧堆焊
1. 交流电源　2. 填充材料　3. 电弧
4. 堆焊层　5. 母材金属

(3)带极埋弧堆焊。带极埋弧堆焊可进一步提高熔焊速度。焊道宽而平整,熔深浅而均匀,稀释率低,最低可达10%。一般带极厚0.4～0.8mm,宽约60mm。如果借助外加磁场来控制电弧,则可用180mm宽的带极进行堆焊。带极堆焊设备可用一般自动埋弧焊机改进,也可用专用设备。

3. 熔化极气体保护电弧堆焊

熔化极气体保护电弧堆焊时焊接电弧、熔池和工件和表面主要用氩气或二氧化碳气体或加入少量的氧气的混合气体保护。当用氩气保护时,堆焊过程中合金元素不会烧损。常用于钴基、镍基合金的堆焊,堆焊低合金钢的质量也很好,它还是机械化堆焊铝青铜最合适的方法。二氧化碳气体保护电弧堆焊成本较低,但堆焊层质量较差,只适合于堆焊性能不高的工件,如堆焊机车和车辆轮毂孔内、球铁轴瓦以及泥浆泵的修复。混合气体保护电弧堆焊可改善熔滴的过渡特性、电弧的稳定性、焊缝质量和接头质量等。

熔化极气体保护电弧堆焊过去多采用较细的实心焊丝($\phi6mm$ 以下)。熔滴过渡的形式有喷射过渡和短路过渡两种,喷射过渡时电流大、生产率高,但稀释率也高;短路过渡多用于半自动焊,所用的焊丝更细($\phi0.8\sim1.2mm$),熔深浅,稀释率可小到5%,可全位置焊接,虽然生产率较低,但仍比焊条电弧焊高,而且工件变形较小。实心焊丝只限于低碳合金钢、不锈钢、铝青铜、锡青铜等材料的堆焊。

由于许多高合金成分的堆焊材料要制成细焊丝很困难,甚至不可能,近年来熔化极气体保护电弧堆焊中管状焊丝的应用越来越多。用于熔化极堆焊的管状焊丝有两种:一类管中只装有合金粉末,堆焊时仍需要气体保护;另一类管中还装有造气剂等焊剂,堆焊时不需要外加气体保护,这种焊丝的堆焊称为自保护电弧堆焊,是熔化极气体保护堆焊的一个变型。自保护电弧堆焊的管状焊丝内装有造气剂、造渣剂和脱氧剂,工艺性能好,一般情况下不用预热即可堆焊,合金过渡系数也较高,主要用来堆焊铁基合金和碳化钨,也可堆焊钴基合金。但由于自保护电弧堆焊使用电流较大,主要限于水平位置堆焊。

自保护电弧堆焊多用小直径的焊丝($\phi2.4mm$),一般用直流反接,若用直流正接则飞溅加大,堆焊层质量下降。熔敷速度受到电流、电压和焊丝伸出长度影响,电流增大时,熔敷速度加大,但熔深和稀释率也加大。堆焊时,电压和送丝速度的调节应保证能得到飞溅小的稳定电弧。若电压太大,碳和合金元素就会烧损严重。焊接速度的调节既要保证堆焊层厚度,又不能使熔池存在时间过长,以免影响保护效果。

4. 钨极氩弧堆焊

为了减少钨极对堆焊层的沾污,应采用直流正接。钨极氩弧堆焊填充材料有丝状、管状和铸棒状的,而更多的堆焊填充材料为连续焊丝,从而实现钨极氩弧堆焊的自动化。

采用钨极氩弧堆焊时,首先根据工件大小选择焊丝直径和焊接电流,然后选定所需钨极直径及相应的焊炬。不同钨极直径的焊接电流范围详见表3-40。

表3-40　不同钨极直径的焊接电流范围(直流正接)

钨极直径(mm)	1.0	1.6	2.4	3.2	4.0
电流(A)	15~80	70~150	150~250	250~400	400~500

堆焊时依靠严格地控制焊接电流、送丝速度和焊枪的摆动,就能够得到重复性很好的、高质量的堆焊层。用衰减电流的方法控制堆焊层收尾处的凝固速度,可以减少缩孔和弧坑裂纹。通过摆动焊枪,采用脉冲电流,尽量减小电流或者将电弧主要对着熔敷层等方法都能降低稀释率。

目前,还有一种钨极氩弧堆焊的方法是将堆焊填充材料以颗粒状输送到电弧区。如随着工件的表面被电弧熔化,将碳化钨颗粒导入到熔化的表面上,碳化钨颗料基本不熔化,当熔化金属凝固后,就得到了碳化钨均匀地分布在工件表面的堆焊层,在堆焊钻管接头时就采用了这种方法。

技能要点5:钎焊操作技术

1. 焊前准备

(1)焊件表面去油。焊件表面黏附的矿物油可用有机溶剂清除,动植物油可用碱溶液清除。

(2)氧化膜的化学清理。

(3)焊件装配。钎焊前需要将零件装配与定位,以确保零件之间的相互位置,对于结构复杂的零件,一般采用专用夹具来定位。

钎焊夹具的材料应具有良好的耐高温及抗氧化性,应与钎焊焊件材质具有相近的热膨胀系数。

2. 钎焊方法

(1)火焰钎焊。火焰钎焊是使用可燃气体与氧气(或压缩空气)混合燃烧的火焰进行加热的钎焊。

火焰钎焊的设备简单、操作方便、燃气来源广、焊件结构及尺寸不受限制,但是这种方法的生产率低、操作技术要求高。主要适于碳素钢、硬质合金、铸铁,以及铜、铝及其合金等材料的钎焊。

(2)浸渍钎焊。浸渍钎焊是将工件局部或整体浸入熔态的高温介质中加热,进行钎焊,浸渍钎焊包括盐浴钎焊、金属浴钎焊和峰波钎焊三种形式。

浸渍钎焊的加热迅速、生产率高、液态介质保护零件不受氧化,有时还能同时完成液淬火等热处理工艺。主要适用于大量生产。

(3)炉中钎焊。炉中钎焊是将装配好钎料的焊件放在炉中加热并进行钎焊的方法。炉中钎焊包括空气炉中钎焊、保护气氛炉中钎焊和真空炉中钎焊三种形式。

炉中钎焊的焊件整体加热、焊件变形小、加热速度慢,但是一炉可同时钎焊多个焊件。主要适用于批量生产。

3. 钎焊后的清洗

大多数钎剂残渣对钎焊接头都具有腐蚀作用,钎焊后应进行清除。

(1)软钎剂松香无腐蚀作用,不必清除。

(2)含松香的活性钎剂残渣不溶于水,可用异丙醇、酒精、汽油等有机溶剂清除。

(3)由有机酸及盐组成的钎剂,一般都溶于水,可以用热水清洗,如果是由甘油调制的膏状钎剂,则可用有机溶剂清除。

(4)含无机酸的软钎剂可以用热水清洗。

(5)含碱金属及碱金属氯化物的钎剂,可用体积分数为2%的盐酸溶液清洗,然后用含少量 NaOH 的热水洗涤,以中和盐酸。

第四章　金属材料焊接技术

第一节　钢及钢板焊接

本节导读：

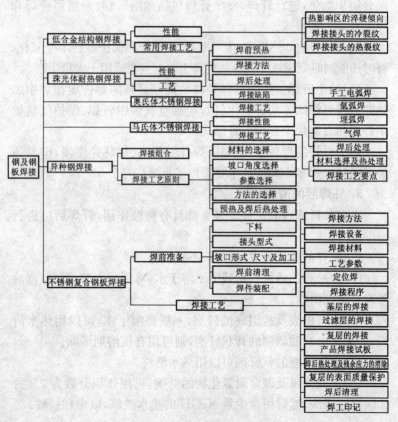

技能要点 1:低合金结构钢焊接

1. 低合金结构钢焊接性能

由于各种普通低合金结构钢的化学成分不同,焊接性的差异也很大,焊接时出现的主要问题有如下几种。

(1)热影响区的淬硬倾向。

1)化学成分的影响:含碳量和所含合金元素量越高,其淬硬倾向也就越大。所以普通低合金结构钢强度等级高时,含碳量或合金元素多,淬硬倾向就大。

2)冷却速度的影响:焊后冷却速度越大,淬硬倾向也会越大。焊件冷却速度决定于焊件的厚度、尺寸大小、接头形式、焊接方法、焊接工艺参数的大小和预热温度等。

(2)焊接接头的冷裂纹。在焊接强度级别高、厚板时,经常在焊缝金属和热影响区产生冷裂纹。

(3)焊接接头的热裂纹。普低钢产生热裂纹的可能性比冷裂纹小很多,只有在原材料化学成分不符合规格(如含 S、C 量偏高)时才有可能产生。

2. 常用普通低合金钢的焊接工艺

(1)根据低合金结构钢的强度合理选择焊条、焊丝和焊剂。

(2)为防止冷裂纹、热裂纹和热影响区出现淬硬组织,应当进行有效预热。

(3)常用普通低合金钢的焊接性能及焊接方法见表 4-1。

(4)焊后热处理。大多数情况下,普低钢焊后不用进行热处理,只有在钢材强度等级较高、厚壁容器、电渣焊接头等才采用焊后热处理。

低合金钢焊后热处理有消除应力退火、正火加回火或正火、淬火加回火(一般用于调质钢的焊接结构)三种方法。另外,焊后热处理应当注意以下问题:

1)不要超过母材的回火温度,以免影响母材的性能。

表 4-1　常用普通低合金钢的焊接性能及焊接方法

名称	材料特性	焊接性能	焊接方法
16Mn 钢的焊接	16Mn 钢是应用最广的普低钢,它只是比 Q235 钢多加入约 1%的锰。而屈服强度却提高 35%左右,而且冶炼、加工和焊接性都较好。16Mn 属于 350MPa 级的普通低合金结构钢	16Mn 钢具有良好的焊接性,淬硬倾向比 Q235 钢稍大些。在大厚度、大刚性结构上进行小工艺参数、小焊道的焊接时可能出现裂纹,特别是在低温条件下进行焊接。因此,在低温条件下焊接时应进行适当的预热	常见的焊接方法都可用于 16Mn 钢的焊接 　由于 16Mn 钢在冶炼过程中是采用铝、钛等元素脱氧的细晶粒钢,可选用较大的焊接线能量,有助于避免淬硬组织的出现
15MnV 和 15MnT 钢的焊接	属于 400MPa 级的普低钢,它们分别是在 16Mn 钢的基础上加入 0.04%～0.12% V 和 0.12%～0.20%Ti 炼制而成。钒和钛的加入,能使钢材强度增高,同时又能细化晶粒,减少钢材的过热倾向	15MnV 和 15MnTi 钢含碳量的上限比 16Mn 钢低 0.02%,所以具有良好的焊接性。当板厚小于 32mm,在 0℃以上焊接时,原则上可不预热。当板厚大于 32mm 或在 0℃以下施焊时,应预热到 100～150℃,焊后采用 550～560℃的回火处理	常用的焊接方法都可用于 15MnV 和 15MnTi 的焊接 　15MnTi 是正火状态下使用的钢种。Ti 起弥散强化作用,因而对热的敏感性较大,适用较小的焊接规范
18MnMoNb 钢的焊接	18MnMoNb 钢属于 500MPa 级的普低钢,是采用铌和钼来强化的中温压力容器用钢。具有高的强度,综合力学性能好	18MnMoNb 钢的碳当量为 0.57%,所以焊接性较差,焊接时具有一定的淬硬倾向,故焊前一般需要预热,预热温度为 200～250℃。为防止焊后产生延迟裂纹,焊后立即进行 650℃的回火处理	18MnMoNb 钢焊接装配点固前应局部预热到 170℃以上,否则会在焊接热影响区产生微裂纹 　手弧焊时,可采用 E6016-D$_1$、E7015-D$_2$ 等抗拉强度大于 650MPa 的焊条。使用时应严格遵守碱性焊条的使用规则,并重视坡口的清理工作,以免由氢引起冷裂 　埋弧自动焊时,层间温度应控制在 300℃以下

2)对于有回火脆性的材料,应避开出现脆性的温度区间,以免脆化。

3)对于含一定量铜、钼、钒、钛的低合金钢消除应力退火时,应注意防止产生再热裂纹。

技能要点 2:珠光体耐热钢焊接

1. 珠光体耐热钢焊接性能

(1)淬硬倾向较大,易产生冷裂纹,大多出现在焊缝和热影响区中。

(2)焊后热处理过程中易产生再热裂纹。

2. 珠光体耐热钢的焊接工艺

(1)焊前预热。焊接珠光体耐热钢通常都需预热,对于刚性大、接头质量要求高的构件,还需整体预热,焊接过程中焊件不得低于预热温度。应尽可能一次焊完,以免由间断焊接而产生接头开裂现象。若必须间断焊接过程,应使焊件经保温后再缓慢均匀冷却。

(2)焊接方法。一般的焊接方法均可焊接珠光体耐热钢,其中手工电弧焊和埋弧自动焊的应用较多,CO_2 气体保护焊也日益增多,电渣焊在大断面焊接中得到应用。在焊接重要的高压管道时,一般用钨极氩弧焊封底,然后用熔化极气体保护焊或手弧焊盖面。

1)手弧焊:常用手弧焊焊条(铬钼耐热钢焊条)选用见表 4-2。另外,还可选用奥氏体不锈钢焊条焊接,焊后一般可不做热处理。

表 4-2　常用铬钼耐热钢焊条的选用及预热温度

材料牌号	焊接工艺	
	预热温度(℃)	电焊条
16Mo	200～250	E5015-A1
12CrMo	200～250	E5515-B1
15CrMo	200～250	E5515B2

续表 4-2

材料牌号	焊接工艺	
	预热温度(℃)	电焊条
12Cr1MoV	200～250	E5515-B2-V
12Cr2MoWVB	250～300	E5515-B3-VWB
ZG20CrMoV	350～400	E5515-B2-V

2)钨极氩弧焊:钨极氩弧焊不但焊接质量高,而且效率也很高。坡口可不留间隙,焊接时可以填充焊丝也可以不填充焊丝。氩弧打底焊接的工艺参数见表 4-3。常用钨极氩弧焊的焊丝牌号见表 4-4。

表 4-3   氩弧打底焊接的工艺参数

管子规格	钨极直径(mm)	钨极伸出长度(mm)	焊接电流(A)	喷嘴直径(mm)	填充焊丝直径(mm)	氩气流量(L/min)
小直径薄壁管	2.5	5～6	90～110	8	2.4	8～12
大直径厚壁管	2.5	6～8	110～130	8	2.4	10～15

表 4-4   常用钨极氩弧焊的焊丝牌号

钢号	12CrMo	15CrMo	12G1MoV	12Cr2MoWVB
焊丝牌号	H12CrMo H05CrMoTiRe	H12CrMo H05CrMoTiRe	H08CrMoV H05CrMoVTiRe	H08Cr2MoVTiB

3)其他方法:采用埋弧焊、电渣焊、CO_2 气体保护焊和钨极氩弧焊时的焊丝和焊剂牌号见表 4-5。

(3)焊后处理。

1)珠光体耐热钢焊接完成后,一般要采取保温措施,重要结构焊后需要进行后热处理(后热是在预热温度上限保温数小时后,再开始缓冷）。

表 4-5　采用埋弧焊、电渣焊、CO_2 气体
保护焊和钨极氩弧焊时的焊丝和焊剂牌号

钢号	埋弧自动焊		电渣焊		CO_2 气体保护焊	钨极氩弧焊
	焊丝	焊剂	焊丝	焊剂	焊丝	焊丝
12CrMo	—	—	—	—	—	H12CrMo、H05CrMoTiRe
15CrMo	H13CrMoA	350	H18CrMoA H08CrMoV	431 431	H08CrMnSiMo	H12CrMo、H05CrMoTiRe
12Cr1MoV	H08CrMoVA	350	H08CrMoA H12CrMo	431	H08CrMnSiMo	H08CrMoV、H05CrMoVTiRe
15Cr1Mo1V	H18CrMoA	250 260	H18CrMoA	431	H08Cr1Mo1Mn SiV	—

2）为了消除焊接应力，改善焊接接头的力学性能，提高高温性能和防止变形，焊后通常采用高温回火处理。

技能要点 3：奥氏体不锈钢焊接

1. 奥氏体不锈钢的焊接缺陷

奥氏体不锈钢具有良好的焊接性，如果焊接材料或焊接工艺不正确时，就会出现晶间腐蚀或热裂纹等缺陷。

晶间腐蚀发生于晶粒边界，它是奥氏体金属最危险的破坏形式之一。不锈钢具有抗腐蚀能力的必要条件是含铬量大于 12%。当含铬量小于 12% 时，就会失去抗腐蚀的能力。奥氏体不锈钢就是由晶界处形成贫铬区（含铬量小于 12%）而造成的。其原因是当奥氏体不锈钢处在 450～850℃ 温度下，碳在奥氏体中的扩散速度大于铬在奥氏体中的扩散速度。室温下碳在奥氏体中的溶解度很小，为 0.02%～0.03%，当奥氏体钢中的含碳量超过 0.02%～0.03% 时，碳就不断地向奥氏体晶界扩散，并和铬化合形成铬化物

（$Cr_{23}C_6$）。但因为铬比碳原子半径大，扩散速度小，来不及向晶界扩散，晶界附近大量的铬和碳化合成碳化铬。所以奥氏体边界的贫铬区，当其含铬少于12％时，就会失去抗腐蚀的能力，在腐蚀介质中使用，便会引起晶间腐蚀。

晶闸腐蚀可以发生在热影响区、焊缝或熔合线上。在熔合线发生的腐蚀又称刀状腐蚀。

2. 奥氏体不锈钢的焊接工艺

（1）手工电弧焊。

1）焊前准备：当板厚≥3mm 时要开坡口，坡口两侧 20～30mm 内用丙酮擦净清理，并且涂上石灰粉，防止飞溅损伤金属表面。

2）点固焊点、固焊焊条与焊接焊条型号相同，直径稍小。点固高度不超过工件厚度的 2/3，长度不超过 30mm。

3）焊接工艺：

①采用小规范可防止晶间腐蚀、热裂纹及变形的产生。焊接电流比低碳钢低 20％。

②为保证电弧稳定燃烧，可以采用直流反接法。

③短弧焊，收弧要慢，填满弧坑。

④与腐蚀介质接触的面最后焊接。

⑤多层焊时要控制层间温度。

⑥焊后可采取强制冷却。

⑦不要在坡口以外的地方起弧，地线要接好。

⑧焊后变形只能用冷加工矫正。

（2）氩弧焊。奥氏体不锈钢氩弧焊包括钨极氩弧焊和熔化极混合气体脉冲氩弧焊两种，它们的焊接特点和适用范围见表 4-6。

（3）埋弧焊。奥氏体不锈钢埋弧焊操作要点如下：

1）埋弧焊时，因为熔深较浅，坡口钝边应小些。

2）焊接热输入的选择和焊丝伸出长度的确定，都应小于焊接低碳钢时的相应焊接参数。

表 4-6 奥氏体不锈钢氩弧焊的焊接特点和适用范围

方法	焊接特点	适用范围
钨极氩弧焊	钨极氩弧焊电弧的热功率低，所以焊接速度较慢，冷却速度慢。因此，焊缝及热影响区，在危险温度区间停留的时间较长，所以钨极氩弧焊焊接接头的耐腐蚀性能往往比正常的焊条电弧焊接头差	适宜于厚度不能超过 8mm 的板结构，特别适宜厚度在 4.0mm 以下的薄板、直径在 60mm 以下的管子以及厚件的打底焊
混合气体脉冲氩弧焊	焊接过程稳定，熔滴呈喷射过渡，焊丝熔化速度增快，电弧热量集中，特别是采用自动焊时，质量更好	适用于混合气体外加脉冲电流的焊接，如 Ar 和 0.5%～1% 的 O_2 或 Ar 和 1%～5% 的 CO_2

3)双面焊时，焊缝反面的清理工作应仔细进行。

(4)气焊。奥氏体不锈钢气焊操作要点如下：

1)不锈钢的气焊应当使用气焊熔剂，并将其涂在焊丝和焊接接头的反面。

2)气焊焊缝的耐蚀性较差，因此，气焊通常用于不要求耐蚀性或耐蚀性要求不高的焊接构件。

3)薄板采用左焊法，焊炬不作摆动，焊速要快。采用中性火焰，焰心与熔池的距离应大于 2mm，焊炬与焊件的夹角要小，并应尽量避免焊接中断。焊缝收尾时，应缓慢拉开火焰，防止焊缝尾端裂纹。

4)喷嘴规格一般比焊接同样厚度的低碳钢小。

(5)奥氏体不锈钢的焊后处理。为了增加奥氏体不锈钢的耐腐蚀性，焊后应当进行表面处理，处理的方法有抛光和钝化。

1)表面抛光:不锈钢焊件表面如有刻痕、凹痕、粗糙点和污点等，会加快腐蚀。如将不锈钢表面抛光，就可以提高其抗腐蚀的能力。表面粗糙度越小，抗腐蚀性能就越好。

2)钝化处理:钝化处理是在不锈钢的表面人工地形成一层氧化膜，以增加其耐腐蚀性。经钝化处理后的不锈钢，表面全部呈银白色,具有很高的耐腐蚀性。

技能要点 4:马氏体不锈钢焊接

1. 马氏体不锈钢的焊接性能

(1)马氏体不锈钢有强烈的淬硬倾向,焊接时在热影响区易产生粗大的马氏体组织。马氏体钢的导热性差,焊接时残余应力大,所以很容易产生冷裂纹。钢中含碳量越高,冷裂倾向也越大。特别当接头中含氢量高时,在连续冷却到温度低于 $100\sim120℃$ 时,冷裂倾向更为严重。

(2)马氏体不锈钢有较大的过热倾向,焊接时在温度超过 $1150℃$ 的热影响区内,晶粒显著长大。

(3)过快或过慢的冷却都会引起接头脆化。另外,马氏体不锈钢也有 $475℃$ 脆性,因此在预热和热处理时必须要注意。

(4)马氏体不锈钢晶间腐蚀倾向很小。

2. 马氏体不锈钢的焊接工艺

(1)焊接材料选择及热处理。马氏体不锈钢焊接材料选择及预热、焊后热处理见表 4-7。

表 4-7 马氏体不锈钢焊接材料选择及预热、焊后热处理

钢号	焊接接头性能	焊条	焊丝	预热、道间温度(℃)	焊后热处理(℃)
1Cr13 2Cr13	耐大气腐蚀	G202 G207	H0Cr14	300～350	回火:700～750
	具有良好的塑性、韧性	A102 A107 A202 A107 A302 A307 A402 A407	H1Cr25Ni13 H1Cr25Ni20	可不预热或预热 200～300	

注:也可选用与母材成分相类似的焊丝、铬—镍奥氏体焊丝或含铬、镍量更高的焊丝。埋弧焊用焊剂:HJ131。

(2)焊接工艺要点。

1)焊件应进行预热,焊接过程中要严格控制道间温度。

2)要正确选择焊接顺序。

3)多层焊时必须对每道焊缝进行严格的清渣工作,要保证焊透(厚度大的焊件采用钨极氩弧焊打底焊)。

4)焊接材料要按相关技术要求严格进行清理、烘干、贮存和使用,防止产生轻质裂纹。

5)必须填满收弧弧坑,避免弧坑裂纹的产生。

6)为了获得具有足够韧性的细晶粒组织,要在焊缝冷却到150~120℃时,保温2h,使奥氏体的主要部分转变成马氏体,再进行高温回火处理。

7)点焊、缝焊可采用软规范进行焊接。点焊时,也可采用具有二次脉冲电流的焊接参数,使焊点得到及时的回火处理。缝焊时,为避免因淬硬引起的裂纹,一般不用外部水冷。

8)焊接马氏体不锈钢应优先选用氩弧焊或焊条电弧焊。

技能要点5:异种钢焊接

1. 异种钢的焊接组合

一般情况下,异种低合金钢的焊接性都较差,焊接时很容易出现各种焊接缺陷。

异种钢的焊接,其组合形式就是三种类型钢之间的组合与焊接,具体归纳如下:

(1)异种珠光体钢的焊接。

(2)异种铁素体钢、铁素体和马氏体钢的焊接。

(3)异种奥氏体钢、奥氏体和铁素体钢的焊接。

(4)珠光体钢、铁素体钢和铁素体-马氏体钢的焊接。

(5)珠光体钢、奥氏体钢和奥氏体-铁素体钢的焊接。

(6)铁素体钢、铁素体-马氏体钢与奥氏体钢和奥氏体-铁素体钢的焊接。

2. 异种钢焊接工艺原则

(1)焊接材料的选择。异种钢焊接接头的质量,主要取决于焊接材料。异种钢接头的焊缝和熔合区,因为有合金元素被稀释和碳迁移等因素的影响,存在一个过渡区,化学成分和金相组织不均匀、物理性能不同、力学性能也有差异等因素都可引起焊缝缺陷,降低焊接接头性能。所以,必须按母材成分、性能、接头形式和使用要求正确地选择焊接材料,通常要考虑以下因素:

1)保证焊接接头的使用性能:异种钢性能接近的接头,主要考虑的是力学性能,选择的焊接材料,不能低于母材中性能较低一侧的指标。

2)能防止气孔、夹渣、裂纹等缺陷的产生,并使焊缝保持一定的致密性。

3)当焊缝金属强度和塑性不能互相兼顾时,应当选择塑性较好的焊接材料。

4)具有良好的工艺性能,焊缝成形美观。

5)焊缝金属组织稳定,物理性能与两母材相适应。

(2)坡口角度的选择。同种类钢焊接时,坡口角度及形式选择主要根据母材厚度;异种钢焊接时,坡口角度的选择除考虑母材厚度外,还要控制母材熔化量在焊缝中所占的比例(即熔合比)。熔合比的大小直接影响焊缝金属的化学成分和性能,控制熔合比即控制被焊金属母材的熔化量和焊缝金属合金的稀释度。一般来说,坡口角度越大,熔合比越小;坡口角度越小,熔合比越大。

(3)焊接参数的选择。焊接参数对熔合比有直接影响。焊接线能量越大,母材熔入焊缝的金属越多。而线能量的大小取决于焊接电流、电弧电压和焊接速度。因此采用熔化焊法时,一定要小电流、高速焊短电弧,以降低母材熔化量在焊缝金属中的比例,确保较小的熔合比。

(4)焊接方法的选择。在选择焊接方法时,要考虑母材的性质、接头形式、构件工作条件、接头质量要求及生产效率和经济情况等因素。目前最常用的焊接方法是焊条电弧焊,因为焊条电弧焊具有工艺灵活、熔合比较小、焊条种类多、便于选择及适应性强等特点。

（5）预热及焊后热处理。

1）预热：异种钢焊接时，选择预热温度和预热规范是十分重要的。

焊接金相组织类型相同，但合金成分不同的异种钢时，预热规范通常是根据母材金属产生淬火裂纹倾向程度来选择的；焊接金相组织类型不同的异种钢时，预热温度及规范的选择要考虑两种钢的焊接性和焊接材料的化学成分。

如果被焊金属焊后不进行后热处理，而采用奥氏体焊条焊接时，预热温度相对可低些。

2）焊后热处理：对于同种钢来说，焊后热处理的目的是改善接头组织和性能、消除部分焊接残余应力、使焊缝金属中的扩散氢逸出。而对异种钢来说是比较复杂的一道工序，原因是被焊金属的合金相结构和性能不同。焊缝金属的金相组织基本相同的，可按照母材合金含量较高的一侧来确定热处理规范。对金相组织不同的异种钢焊接热处理，因为它们的物理性能，通过加热和冷却过程，所以不会使原有的应力减小，只会导致原有应力重新分布，有可能还会使接头局部应力升高而引起裂纹。

如珠光体钢与奥氏体钢的焊接接头焊后进行热处理，就会使熔合区硬度显著升高而导致脆化。

如不稳定珠光体钢焊接接头热处理，由于热处理温度和保温时间选择不当，还会造成熔合区碳化物扩散，降低构件的工作性能。

如热处理规范对异种钢中的一种是适合的，可能对另外一种钢就是有害的。

技能要点6：不锈钢复合钢板焊接

1. 焊前准备

（1）下料。不锈钢复合钢板的下料宜采用机械加工方法，也可采用等离子弧切割、氧熔剂切割及气割(从基层表面起割)等方法。采用这些方法下料时,均应留有适当的加工余量。

(2)接头形式。不锈钢复合钢板焊接接头主要采用对接和角接两种形式。

(3)坡口形式、尺寸及加工。

1)常用对接接头和角接接头的坡口形式及尺寸参照《不锈钢复合钢板焊接技术要求》(GB 13148—2008)的要求。

2)焊接坡口一般应采用机械加工方法制成。若采用等离子弧切割、气割等方法加工坡口,则应除去坡口表面的氧化层和过热层。

(4)焊前清理。焊前应采用机械方法及有机溶剂(如丙酮、酒精、香蕉水等)清除焊丝表面和焊接坡口两侧不小于 20mm 范围内的油污、锈迹、金属屑、氧化膜及其他污物。多层多道焊时,应清除前道焊缝表面的熔渣和缺陷等。

(5)焊件装配。厚度一样(基层和复层厚度均相同)的不锈钢复合钢板焊件的装配,应以复层表面为基准,其错边量不应大于复层厚度的 1/2,且不应大于 2mm。厚度不同(或复层厚度不同,或基层厚度不同,或两者均不同)的不锈钢复合钢板焊件的装配基准,按照设计图样的规定执行。

2. 焊接工艺

(1)焊接方法。基层的焊接,宜采用焊条电弧焊、埋弧焊和二氧化碳保护焊。复层及过渡层的焊接,宜采用钨极氩弧焊和焊条电弧焊,也可采用能保证焊接质量的其他焊接方法。

(2)焊接设备。焊接设备应完好,仪器、仪表应计量合格,并在检定有效期内。

(3)焊接材料。

1)选用的焊条、焊丝、焊剂等焊接材料,除应符合国家的相关标准要求外,还应符合设计图样的规定。

2)常用焊接材料的选用见表 4-8,允许采用能保证接头性能的其他焊接材料。

3) 对于表 4-8 中未列出牌号的其他不锈钢复合钢板, 其过渡层焊接材料的选用, 应符合异种钢焊接的选材原则, 保证复层与基层及其焊缝之间形成良好的冶金结合及符合要求的金相组织。

表 4-8　不锈钢复合钢板焊接材料选用

母　材		焊条电弧焊	埋弧焊		气体保护焊	
类别	牌　号		焊丝	焊剂	焊丝	气体
基材 A	A₁　Q235B、Q235C、20、Q245R、CCS-A、CCS-B	E4303、E4315、E4316	H08A、H08MnA	HJ431、SJ101	H10Mn2、H08Mn2SiA	CO₂ 或 Ar
	A₂　Q345、Q345R	E5003、E5015、E5016	H08MnA、H10Mn2、H10MnSi、H08Mn2SiA、H08Mn2MoA	HJ431、HJ430、HJ350、SJ101、SJ301、SJ501	H08Mn2SiA、H08Mn2MoA、H10MnSi	
	A₃　Q390、Q420	E5003、E5015、E5016、E5501-G、E5515-G、E5516-G				
	A₄　13MnNiMoR	E6016-D1、E6015-D1	H08Mn2MoA	HJ350、SJ101	H08Mn2MoA	
	A₅　14Cr1Mo、14Cr1MoR	E5515-B2	H13CrMoA、H08CrMoA	HJ350、SJ101	H13CrMoA、H08CrMoA	
	15CrMo、15CrMoR	E5515-B2				
复材 B	B₁　06Cr13	E308-15、E308-16			—	—
	B₂　06Cr13Al					
	B₃　06Cr19Ni10、12Cr18Ni9				H0Cr21Ni10	
	B₄　06Cr18Ni11Ti	E347-15、E347-16			H0Cr20Ni10Ti、H0Cr20Ni10Nb	
	B₅　022Cr19Ni10	E308L-16			H00Cr21Ni10	

续表 4-8

母 材		焊条电弧焊	埋弧焊		气体保护焊	
类别	牌　号		焊丝	焊剂	焊丝	气体
复材 B B₆	06Cr17Ni12Mo	E316-16			H0Cr19Ni12Mo2	
	06Cr19Ni13Mo3	E317-16			H0Cr20Ni14Mo3	
B₇	06Cr17Ni12Mo2Ti	E318-16			H0Cr19Ni12Mo2	
B₈	022Cr17Ni12Mo2	E316L-16			H00Cr19Ni12Mo2	
	022Cr19Ni13Mo3	E317L-16			—	
过渡层 异种钢	(A₁～A₃)+ (B₁～B₅)	E309-15、 E309-16、 E310-15、 E310-16	—		H1Cr24Ni13、 H0Cr26Ni21、 H1Cr26Ni21、 H1Cr24Ni3Mo2	Ar
过渡层 异种钢	(A₁～A₅)+ (B₆～B₈) (A₄～A₅)+ (B₁～B₅)	E309Mo-16、 E310Mo-16			H1Cr24Ni13Mo2	

（4）焊接工艺参数。产品焊接工艺参数，可根据焊缝的具体情况、技术要求、焊接方法及焊接工艺评定的参数，由施工单位自行确定。原则上应当采用较小的焊接线能量，避免焊接的过热。

（5）定位焊。定位焊应在基层上进行，并采用与正式焊接相同的焊接材料和焊接工艺。其间距和长度，可根据焊件的具体情况自行确定。发现定位焊缝出现裂纹或其他不允许存在的缺陷时，应予铲除，并移位再焊。

（6）焊接程序。

1）焊接时，宜先焊基层，经清根及规定的质量检验项目检验合格后，再焊过渡层，最后焊复层。

2)若不能按1)的程序进行焊接时,可先焊复层,再焊过渡层,最后焊基层,这种情况下,基层的焊接宜用性能不低于过渡层焊接的奥氏体焊条或焊丝。

(7)基层的焊接。焊接基层时,其焊道不应触及和熔化复层,先焊基层时,其焊道根部或表面,应距复合界面1~2mm。是否采取预热措施,视基层厚度、钢种及结构等因素而定。

(8)过渡层的焊接。焊接过渡层时,应采用较小直径的焊条或焊丝及较小的焊接线能量,过渡层的厚度应不小于2mm。

(9)复层的焊接。复层焊缝表面与复层表面应尽可能保持平整、光顺。对接焊缝的余高,应不大于1.5mm。角接焊缝的凹凸度及焊脚高度,应符合设计图样的规定。对奥氏体不锈钢,其道间温度应不高于100℃,并尽可能采用较小的焊接线能量。

(10)产品焊接试板。当产品有要求时,应焊制产品焊接试板。产品焊接试板的工艺条件,应与该产品的相同。产品焊接试板的焊接质量、检验项目及合格标准,应符合产品设计技术要求或其他有关规定。

(11)焊后热处理及焊接残余应力的消除。当采用热处理时,宜在过渡层焊接之前进行。焊接残余应力可采用热处理或机械方法消除。

(12)复层的表面质量保护。应采取适当措施,防止焊接飞溅损伤复层表面;不应在复层表面随意引弧,焊接卡兰、吊环及临时支架等。

(13)焊后清理。焊后应清除焊件表面的焊渣、焊瘤、飞溅物及其他污物。

(14)焊工印记。清理完毕,应在基层焊缝附近的明显部位打上焊工印记(包括焊接基层与复层的焊工印记)。

第二节　金属及金属合金焊接

本节导读:

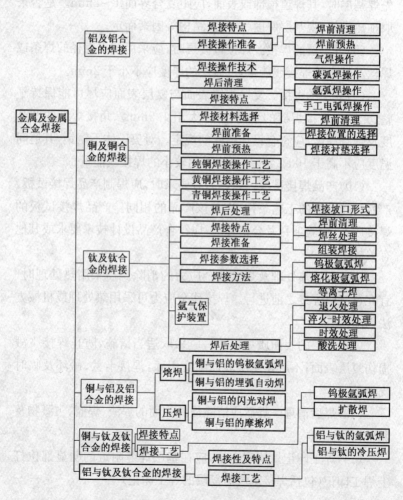

技能要点 1：铝及铝合金的焊接

1. 铝及铝合金的焊接特点

(1)易氧化。铝极易氧化，生成致密难熔的氧化膜(厚度为 $0.1\sim0.2\mu m$，熔点约 2025℃)。

焊接时，氧化膜对母材与母材之间、母材与填充材料之间的熔合起阻碍作用，影响操作者对熔池金属熔化情况的判断，造成焊缝金属夹渣和气孔等焊接缺陷，从而影响焊接质量。

(2)比热的热导率大。热导率大，大约为钢的 4 倍。要达到与钢相同的焊速，焊接热输入应为钢的 2～4 倍，导电性好，电阻焊时比焊钢需要更大功率和电源。

(3)线膨胀系数大。铝及铝合金的线膨胀系数较大，约为钢的 2 倍，凝固时的体积收缩率达 6.5% 左右，所以，焊件容易产生焊接变形。

(4)熔点低。铝及其合金熔点低，高温时强度和塑性低(纯铝在 640～660℃间的延伸率≤0.69%)，焊接熔池无显著颜色变化，稍不注意就会出现烧穿，反面形成焊瘤等缺陷。

(5)氢易产生气孔。氢可大量溶入液态熔池中，若熔池冷却较快，焊缝中氢气聚集而形成气孔。

(6)铝及铝合金熔化时无色泽变化。铝及铝合金在焊接过程中由固态变为液态时，没有明显的颜色变化，因此，很难控制加热温度。同时，由于铝及铝合金在高温时强度很低(铝石 370°时强度仅为 10MPa)，容易使焊缝熔池塌陷或熔池金属下漏。所以，焊接时焊缝背面应当加垫板。

2. 焊接操作准备

(1)焊前清理。焊前主要清除焊缝周围和焊丝表面的油污及氧化膜，最好随焊随清，清理方法主要有机械清理和化学清理两种。

1)机械清理：机械清理主要用于去除铝和铝合金表面的氧

化膜、各种锈蚀在铝和铝合金表面的污染以及在轧制生产过程中产生的氧化皮等。机械清理一般用于大尺寸的焊件表面、焊接生产周期较长、多层焊接以及经过化学清理后又被污染的焊件清理。

①进行机械清理前,应当先用有机溶剂(汽油或丙酮)擦拭待焊处的表面,紧随其后用细铜丝刷或不锈钢丝刷(金属丝直径<0.15mm)、各种刮刀,将待焊处的表面刷净(刮净),要刷(刮)到露出金属光泽为止。

②清理焊件表面时,由于铝和铝合金的硬度较软,不能用各种砂纸、砂布或砂轮进行打磨,避免在打磨时脱落的砂粒被压入铝和铝合金表面,影响焊接质量。

③机械清理时,不但要对焊件表面进行清理,还要对坡口钝边的坡口面进行认真清理,否则,容易在焊接过程中产生气孔、夹渣等焊接缺陷。

2)化学清理:化学清理适用于被清洗的焊丝尺寸不大、成批量生产的焊件,常用铝及铝合金表面焊前化学清洗方法见表4-9。

表4-9　常用铝及铝合金表面焊前化学清洗方法

被清洗材料	碱洗			冷水冲洗时间(min)	中和清洗			冷水冲洗时间(min)	烘干温度(℃)
	NaOH溶液 $\varphi^{①}$(NaOH)(%)	温度(℃)	时间(min)		HNO_3溶液 $\varphi^{①}$(HNO_3)(%)	温度(℃)	时间(min)		
纯铝	6~10	40~50	10~20	2	30	室温	2~3	2	风干或100~150
铝合金	6~10	50~60	5~7	2	30	室温	2~3	2	风干或100~150

注:φ 表示该类物质的体积分数(体积百分含量、体积百分数或体积百分浓度),下同。

(2)焊前预热。铝及铝合金的热导率比较大,焊接热输入被损失一部分。因此,在厚度超过5mm以上焊件焊接时,为了确保焊接接头达到所需要的温度,保证焊接质量,要在焊接以前,对待焊处进行预热。预热温度为 100～300℃,预热的方法有氧-乙炔火焰、电炉或喷灯等。

3. 焊接操作技术

(1)气焊操作技术要点。

1)用中性焰作焊接火焰。

2)用左焊法焊接。

3)长焊缝应点固焊,点固长度为 15mm(金属厚度为 1～1.5mm 时)和 35～40mm(金属厚度为 4～5mm 时)。

4)厚度小于 4mm 的金属,焊接时不开坡口,用单焊道焊接。大厚度金属,焊接时要开坡口(表 4-10)。

表 4-10　气焊时铝件的厚度、坡口形式与尺寸

厚度(mm)	坡口形式	坡口角度(°)	钝边(mm)	间隙(mm)	填充焊丝消耗量(g/m)
1.5	不开坡口	—		1	49
2		—	—	1.5	64
3				2	117
4		—	—	2	145
5	单面 U 形坡口	70	1.5	2	176
6		70	1.5	2	216
7		70	2	2.5	267
8		70	2	2.5	318
9		70	2	2.5	396
10		90	3	3	564
12	X 形坡口	90	3	2.5	583
14		90	3	3	737
16		90	4	3.5	908
18		90	4	3.5	1070
20		90	4	4	1448

5)焊接薄板结构时,可用卷边接头及防止翘曲的特殊措施,如沿焊缝方向压成波棱形,提高刚性。

6)焊接薄板时,焊丝轻划熔池表面;焊接厚板、堆焊或补铸件时,焊丝须搅动熔池,促使液态金属良好熔合和杂质浮出。

7)焊接厚度大于 8～10mm 的板料时,用气焊枪将整体或局部预热至 250～300℃。焊补铸铝件缺陷时,焊前应预热至 300℃,焊后还需退火。

8)整条焊缝尽量一次焊完,焊缝连接处须重叠 15～20mm,严禁在原焊缝上用重熔一次的方法来改善焊缝外形。焊接非封闭焊缝时,须在距端头 30～80mm 处开始焊接,然后与原焊缝重叠15～20mm 逆向焊完。

9)焊后,须将气焊熔剂的残渣清除掉,以防腐蚀焊缝和母材,一般用热水或 2% 的铬酐水溶液冲洗焊缝。

(2)碳弧焊操作技术要点。

1)通常用直流正接,使电弧稳定,方便操作。

2)碳弧焊用的焊丝、熔剂、接头形式以及焊前准备与焊后清理等和气焊基本一样。

3)电极用碳或石墨,石墨电极其电流密度可为 200～600A/cm^2,碳电极为 100～200A/cm^2。电极尖端角度为 45～70℃,工作方便时,电极伸出导电部分要尽可能短。碳弧焊焊接电流的选择见 4-11。

表 4-11 碳弧焊焊接电流的选择

板厚 (mm)	焊接电流 (A)	碳极直径 (mm)	石墨极	
			圆形直径(mm)	正方形面积(mm²)
1～3	100～200	10	8	8×8
3～5	200～250	12.5	10	10×10
5～10	250～400	15	12.5	12×12
10～15	350～550	18	15	14×14
15～20	500～800	25	20	18×18
20～30	700～1000	—	25	22×22

4)厚度小于 2～2.5mm 时焊件不开坡口,大厚度工件对接时,中间须留间隙或开坡口,坡口角度为 70°～90°。碳弧焊不开坡口时对接焊接头间隙见表 4-12。

表 4-12　碳弧焊不开坡口时对接焊接头间隙

铝板厚度(mm)	1～8	8～15	15～20	20～30	30～40
间隙(mm)	0	2～5	5～10	10～12	12～17

5)焊接厚铝板应用双面焊,焊接中如焊缝温度过高,则应停顿一下,温度降至 400℃以下再焊接。

(3)氩弧焊操作技术要点。

1)钨极氩弧焊工艺要点:

①钨极氩弧焊适宜焊接厚度小于 12mm 的铝及其合金。厚度小于 3mm 时,在钢垫板上一般用单道焊焊接;厚度为 4～6mm 时,一般用双面焊焊接;厚度大于 6mm 时,须开坡口,V 形或 X 形坡均可。

②用交流电源,手工钨极氩弧焊焊接厚度小于 5～6mm 的金属时,宜用直径为 1.5～5mm 钨极,最大焊接电流由电流直径确定($I=60～65d$),焊接速度为 8～12m/h。

③电弧容易点燃,电弧燃烧稳定,具有较大的许用电流,电极损耗小。

④填充焊丝与电极间的角度为 90℃左右,焊丝以瞬间往复运动方式送进。钨极不能作横向摆动,弧长通常不超过 1.5～2.5mm。对接时,钨极伸出喷嘴长 1～1.5mm,丁字形接头时伸出长度为 4～8mm。

⑤每一焊接规范都应选出最合适的氩气流量,根据电极直径选择喷嘴直径(表 4-13)。

⑥焊接熔池越小越好,一般用左焊法,焊接速度须与焊接电流、电弧电压和氩气流量相适应,氩气压力规定为 0.01～0.05MPa。引弧时,提前 3～5s 通入氩气;熄弧时,滞后 6～7s 停气。

表 4-13　铝及铝合金手工钨极氩弧焊工艺参数

板厚 (mm)	焊丝直径 (mm)	钨极直径 (mm)	喷嘴直径 (mm)	焊接电流 (A)	氩气流量 (L/min)	焊接层数 (正/反)
1.0	1.5~2.0	1.5~2.0	5~7	30~60	4~6	1
1.5	2.5~3.0	1.5~2.0	6~8	40~70	4~6	1
2.0	3.0	2.0~2.5	6~8	60~80	6~8	1
3.0	3.0~3.5	2.5~3.0	8~10	120~140	8~12	1
4.0	3.0~4.0	3.0~3.5	8~12	120~140	8~12	1~2/1
5.0	4.0	3.0~4.0	12~14	120~140	9~12	1~2/1
6.0	4.0	4.0	12~14	180~240	9~12	2/1
8.0	4.0~5.0	4.0~5.0	12~14	220~300	9~12	2~3/1
10.0	4.0~5.0	4.0~5.0	12~14	260~320	12~15	3~4/1~2
12.0	4.0~5.0	4.0~6.0	14~16	280~340	12~15	3~4/1~2

注:焊接铝-镁、铝-锰合金时,焊接电流可略低于表中的数值。

　　⑦焊接厚度小于 1mm 的铝及其合金时,用钨极脉冲氩弧焊焊接。焊件厚度大于 5mm,大体积铸件补焊或焊接环境温度低于-10%时,焊前应预热,预热温度为 150~250℃。

　　2)熔化极氩弧焊工艺要点:

　　①用直流电源反接,有利于破碎氧化薄膜。

　　②用直径大于 1.2~1.5mm 的焊丝,可克服因刚性不足使焊接产生的困难。

　　③焊接大厚度金属时,用氩气与氦气的混合气体(70%He)。

　　④氩气工作压力和钨极氩弧焊一样,焊炬焊嘴与工件表面距离应当保持为 5~15mm。

　　⑤使用熔化极脉冲氩弧焊时,可焊接厚度至 1mm 的薄板。

　　⑥中厚铝板焊前可不预热,如板厚大于 25mm 或环境的温度低于-10℃时,焊件须预热至 100℃,以保证开始焊接时能焊透。

　　⑦可用焊丝送进速度达 400m/h 的普通焊车,与焊接机头进

行自动焊或半自动焊。

(4)手工电弧焊操作技术要点。

1)铝焊条的药皮容易受潮,用前须在150℃下烘干1~2h。

2)应预热,中厚度金属预热温度为250~300℃,大厚度金属预热温度为400℃。

3)用直流反接,焊时不宜作横向摆动,可沿焊缝方向往返运动,焊条须垂直于焊接表面,电弧应尽量短。

4)焊件厚度在3mm以下时,用不开坡口双面焊。焊件厚度大于4mm时,应开V形坡口,大于8mm时应开X形坡口。

5)用对接接头形式时,尽量避免搭接和丁字形接头。

4. 焊后清理

焊后的铝及铝合金焊接接头及其附近区域,会残存焊接熔剂和焊渣,须尽快清理掉,否则,残存的焊接熔剂和焊渣,在空气中的水分作用下,会加快腐蚀铝及铝合金表面的氧化膜,从而也使铝及铝合金焊缝受到腐蚀性破坏。常用的铝及铝合金焊后清理方法见表4-14。

表4-14　常用的铝及铝合金焊后清理方法

清洗方案	清洗内容及工艺过程
一般结构	在60~80℃热水中,用硬笔毛刷将焊缝正面背面仔细刷洗,直至焊接熔剂和焊渣全部清洗掉
重要焊接结构	在60~80℃热水中刷洗→φ(硝酸)50%、φ(重铬酸)2%的混合液→清洗2min→热水冲洗→干燥

技能要点2:铜及铜合金的焊接

1. 铜及铜合金的焊接特点

(1)导热率大。铜及铜合金导热性强,其热导率比碳钢大7~11倍,焊接时有大量的热量被传导损失。由于焊件母材获得焊接热输入的不足,填充金属和焊件母材之间难以很好地熔合,所以,容易出现未焊透和未熔合缺陷。因此,进行铜及铜合金焊接时,就必须采用大功率、能量集中的强热源。

(2)容易产生变形。铜及铜合金线胀系数大,收缩率也大,焊后易产生变形。如果刚度大,又会使焊接接头产生裂纹等缺陷。

(3)易氧化。铜及铜合金在液态下易被氧化生成氧化亚铜,和铜形成低熔点共晶体,分布在晶界,易引起热裂纹。铜含氧量通常不应大于 0.03%,用于重要部件时,含氧量不应大于 0.01%。

(4)易生成气孔。铜及铜合金熔焊时,生成气孔的倾向比低碳钢严重得多,气孔主要由氢气和水蒸气引起。此外,熔池中的氧化铜,在焊缝熔池凝固时因不溶于铜而析出,就会与氢或一氧化碳反应生成水蒸气和二氧化碳气,在熔池凝固前来不及析出时,也会形成气孔。

(5)接头塑性和韧性降低。铜及铜合金在熔焊过程中,晶粒严重长大,使接头塑性和韧性显著降低。

(6)焊接过程中金属元素的蒸发有害人体健康。铜及铜合金焊接时,有些低沸点合金元素被蒸发,焊接空间常有 Zn、Mn、Cu 等的蒸气或氧化物颗粒存在,其中,有些金属元素对人体的健康是有害的。所以,在焊接过程中,一定要加强通风等安全防护措施。

2. 铜及铜合金焊接材料选择

一般来说,铜及铜合金的气焊或氩弧焊,应选用相同成分焊丝。但在焊接黄铜时,为了抑制锌的蒸发,可选用含硅量高的黄铜或硅铜焊丝,以解决由锌蒸发带来的不利影响。铜及铜合金焊丝见表 4-15。

表 4-15 铜及铜合金焊丝

类别	名称	牌号	代号	识别颜色
铜	紫铜丝	HSCu	201	浅灰
黄铜	1 号黄铜丝	HSCuZn-1	221	大红
	2 号黄铜丝	HSCuZn-2	222	苹果绿
	3 号黄铜丝	HSCuZn-3	223	紫蓝
	4 号黄铜丝	HSCuZn-4	224	黑色

续表 4-15

类别	名称	牌号	代号	识别颜色
白钢	锌白钢丝	HSCuZnNi	231	棕色
	白铜丝	HSCuNi	234	中黄
青铜	硅青铜丝	HSCuSi	211	紫红
	锡青铜丝	HSCuSn	212	粉红
	铝青铜丝	HSCuAl	213	中蓝
	镍铝青铜丝	HSCuAlNi	214	中绿

3. 铜及铜合金焊前准备

(1)焊前清理。铜及铜合金焊接前,要对焊丝表面的焊件坡口两侧各 20～30mm 范围内的油、污、垢及氧化膜等进行仔细清理。清理方法包括:机械清理和化学清理两种。

1)机械清理:常用风动、电动钢丝轮、钢丝刷或砂布等对焊丝或焊件表面进行打磨,直至露出铜及铜合金的金属元素。

2)化学清理:铜及铜合金的焊前清理方法如下:

①用四氯化碳或丙酮等溶剂擦拭焊丝和焊件表面。

②将焊丝、焊件置于质量分数为 10％的氢氧化钠的水溶液中脱脂(溶液的温度为 30～40℃)→用清水冲洗干净→置于质量分数为 35％～40％的硝酸溶液(或质量分数为 10％～15％的硫酸水溶液)中侵蚀 2～3min→清水洗刷干净→烘干。

(2)焊接位置的选择。

1)液铜及铜合金进行焊接时,由于其流动性较好,应尽量选择平焊位置施焊。

2)进行钨极氩弧焊或熔化极气体保护焊焊接时,可在全位置上焊接铝青铜、硅青铜和铜镍合金等。为了能较好地控制熔化金属的流动,保证焊缝成形和焊接质量,焊接时,可采用小直径电极、小直径焊丝和小焊接电流,并用较低的焊接热输入进行焊接。

(3)焊接衬垫的选择。焊接熔池中的铜及铜合金熔液流动性很好。为了防止铜液从坡口背面流失,保证单面焊双面成形,在接头的根部需要采用衬垫,常用焊接衬垫的种类和特点见表 4-16。

表 4-16　常用焊接衬垫的种类和特点

种　类	特　　点
不锈钢衬垫	不易生锈,衬垫的熔点高,焊接过程不容易熔化
纯铜衬垫	能承受一定的压力,受热变形后也容易校正再用。不足之处是散热快,成本高,如果操作不当,衬垫可能与焊件焊在一起
石棉垫	优点是散热慢,不会与焊缝焊在一起,缺点是石棉容易吸潮,焊缝容易产生气孔,所以,焊前石棉垫必须进行烘干
碳精垫或石墨垫	优点是熔点极高,不足之处是性质脆,容易发生断裂,焊接过程中,由于碳的燃烧而生成一氧化碳等有毒气体,既对焊缝不利,也不利于焊工身体健康
粘接软垫	粘接软垫使用简便,成本低,只要求被焊接的铜及铜合金焊件待焊处表面用钢丝刷打磨,去掉表面油、污、锈、垢即可进行粘接。焊接过程中,软垫可以随着焊件受热变形,从而保证软垫与焊件紧密贴紧,保证了焊缝成形的稳定

4. 铜及铜合金焊前预热

由于铜及铜合金的导热性很强,为了保证焊接质量,焊前都需要进行预热。预热温度的高低,要看焊件的具体形状、尺寸的大小、焊接方法及所用的焊接参数而定,具体见表 4-17。

表 4-17　铜及铜合金预热温度

种　类	预热温度要求
纯铜	300～700℃
黄铜	200～400℃
硅青铜	不超过 200℃
铝青铜	600～650℃

5. 纯铜焊接操作工艺

纯铜的焊接方法及操作要点见表 4-18。

表 4-18 纯铜的焊接方法及操作要点

序号	焊接方法	操 作 要 点
1	气焊	(1)纯铜的气焊,多采用平焊位置焊接。对厚度小于 5mm 的薄板进行焊接时,应采用由右向左的左向焊法;对厚度较大的焊件进行焊接时,应采用由左向右的右向焊法焊接 (2)焊接过程中,可以通过改变焊炬与焊件的距离、焊件倾斜角度来控制熔池的温度,当焊件厚度为 5～10mm 时,还要在焊接过程中再加一把焊炬,以便对焊件进行辅助加热 (3)焊接操作动作要快,不要随意中断焊接过程。焊接过程添加焊丝时,要视焊件的熔化情况,加热至铜液发亮无气泡时,方可添加焊丝。添加焊丝过程中,要用焊丝不断地拨去铜液表面上红色的氧化亚铜,然后再添加焊丝 (4)焊接过程中断时,应使焊炬缓慢离开熔池,以防止因熔池突然冷却而产生裂纹、气孔等缺陷 (5)焊缝长度在 1m 以上时,由于纯铜的线胀系数和收缩率较大,为防止出现裂纹,可以采取分段焊法或直通焊法 (6)由于残留在焊缝表面及其附近两侧的焊壳、熔剂等,容易引起焊接接头的腐蚀,因此,纯铜焊件焊后,应在 3～6h 内仔细将其清除干净
2	手工电弧焊	(1)应选用碱性低氢型焊条,直流反接,即焊条接正极 (2)焊接过程应采用短弧焊,焊条不作横向摆动而做直线往复运条,为了提高焊接质量,减小焊缝重复受热,降低力学性能。对于 4mm 以下的铜板应采用单层焊;对于厚度 4mm 以上的铜板,应开坡口并采用多层焊 (3)焊条熄弧时,将电弧逐步引向焊缝熄弧点的旁侧,保护熔池不被空气氧化使焊缝缓慢冷却,防止裂纹产生 (4)焊接过程应在空气流通的地方进行,也可以通过通风等方法排除有害气体和烟尘,以确保焊工的身体健康

续表 4-18

序号	焊接方法		操 作 要 点
3	氩弧焊	手工钨极氩弧焊	(1)选择 HS201、HS202 焊丝或含 Si、P 的纯铜焊丝 (2)为了减少电极的烧损,保证电弧稳定地燃烧,选用直流正接,即焊件为正极,钨极为负极 (3)纯铜手工钨极氩弧焊通常采用左向焊法,焊接过程中始终保持焊枪、焊丝和焊件三者的空间位置。焊接时,焊丝不得离开熔池,添焊丝时,焊丝不得与钨极相碰,以免使钨极沾上铜液 (4)手工钨极氩弧焊焊接时,为了避免在始焊端出现裂纹,在开始焊接的 20～30mm 长的焊缝中,焊接速度要适当放慢一些,使始焊端得到充分的热量,确保焊缝焊透和获得均匀的焊缝,然后稍加停顿,再继续进行焊接 (5)厚铜板焊接时,为了防止产生裂纹和气孔等焊接缺陷,打底焊的焊缝,不仅熔合良好,而且还要有一定的厚度。以后各层的焊接,焊枪不作横向摆动,都要以窄焊道施焊,确保焊缝获得良好的保护。层间温度的控制不应低于预热温度,并且在焊接下一层焊道之前,仔细清除焊缝表面的氧化物 (6)纯铜焊接过程中,严禁焊丝与钨极、钨极与铜液熔池相接触,否则,会产生大量的金属烟尘,这些金属烟尘进入焊缝熔池内,不仅使焊道产生大量的蜂窝状气孔和裂纹,而且还会降低焊缝的力学性能
		熔化极氩弧焊	(1)纯铜的熔化极氩弧焊应选择 HSCu(HS201)焊丝,该焊丝含有磷、锰、锡等脱氧元素,焊接脱氧铜,焊丝中残存的磷有助于提高焊缝力学性能和减少气孔 (2)纯铜用熔化极氩弧焊时,可选用氩气作为保护气体,在不允许预热或要求获得较大焊缝熔深时,可采用体积分数为 30% 的氩与 70% 的氦的混合气体作为保护气体进行焊接 (3)为了提高焊接生产效率,焊接同样厚度的纯铜焊件,焊接电流将增加 30%,焊接速度可以提高 1 倍

续表 4-18

序号	焊接方法	操作要点
4	埋弧焊	(1)纯铜埋弧焊时,选用 HJ431 高锰高硅焊剂即可获得满意的工艺性能 (2)为了获得与母材相同的导热、导电性能焊缝,选用焊丝HSCu 配合 HJ431、HJ260 和 HJ150 进行埋弧焊 (3)防止液体铜的流失和获得理想的焊缝背面成形,焊接时应在焊缝的背面采用石墨垫板,因为石墨垫板导热慢、保温性好 (4)为保证焊缝的始、末端都具有良好的成形和性能,在焊件的两端都焊上引弧板和引出板,它们与焊件的接合要好,间隙不得大于 1mm。引弧板、引出板的尺寸(长×宽×厚)为 100mm×100mm×δ

6. 黄铜焊接操作工艺

黄铜的焊接方法及操作要点见表 4-19。

表 4-19　黄铜的焊接方法及操作要点

序号	焊接方法	操作要点
1	气焊	(1)为了减少黄铜中锌的蒸发,黄铜气焊的焊接火焰应采用轻微的氧化焰 (2)氧-乙炔气焊黄铜,可以选择 HSCuZn-2(HS222)、HSCuZn-3(HS221)、HSCuZn-4(HS224)等 (3)进行气焊时,熔剂的流量可以根据火焰的颜色变化来判断:当熔剂流量合适,火焰呈菜绿色;当熔剂流量过大,焊炬火焰的内外焰颜色非常接近,火焰明亮而刺眼;而熔剂流量过小时,内外火焰的颜色差别较大,接近不加气体熔剂的氧乙炔火焰的颜色 (4)采用左焊法进行黄铜气焊时,应尽量避免高温的焰芯与熔池金属直接接触,为了防止黄铜中锌的氧化烧损和有害气体熔入焊缝熔池 (5)黄铜气焊时,焊炬与焊件表面应成 45°角,并根据焊缝熔池前端金属的润湿及流动情况,确定焊接速度和气体熔剂的保护效果。如果焊接过程熔剂保护效果良好时,焊接过程烟雾少、焊缝熔池不沸腾;如果焊接过程熔剂保护效果不好时,焊接过程会有烟雾发生和焊缝熔池出现沸腾现象

续表 4-19

序号	焊接方法	操 作 要 点
2	手工电弧焊	(1)黄铜的焊条电弧焊应采用直流电源焊接,极性是直流反接,焊件接正极 (2)进行黄铜焊条电弧焊时,有两种焊芯焊条,一种是黄铜焊芯的焊条;另一种是青铜芯的焊条。这两种焊条均能满足焊缝的力学性能要求 (3)焊接时焊条只作直线移动,不作横向和前后摆动,宜采用短弧焊接,焊接速度要高,一般不低于 200～300mm/min (4)由于黄铜的金属溶液流动性大,为避免铜液流失,焊缝熔池要处于水平位置,熔池的最大的倾斜度不能超过 15° (5)多层焊时,层与层之间的氧化皮及夹渣焊前必须清理干净,然后再焊下一道或下一层焊缝,否则,容易造成焊缝夹渣 (6)黄铜芯的焊条在焊接过程中,就会产生严重的烟雾,对焊工的健康有害。所以,黄铜件的焊接过程中要加强通风
3	手工钨极氩弧焊	(1)进行黄铜手工钨极氩弧焊的焊接电源,可以选用直流正接电源也可以选择交流电源 (2)为避免在焊接过程由锌的蒸发而破坏氩气保护效果,黄铜手工钨极氩弧焊时,应当选用较大孔径的喷嘴和氩气流量,焊枪喷嘴孔径应比焊接同一厚度的铝合金大 2～6mm,氩气流量要大 4～8L/min (3)焊接过程中,为了减少锌的蒸发,要避免电弧直接作用在母材上。在焊丝上引弧并保持电弧 (4)黄铜钨极氩弧焊时,尽量进行单层焊,板厚小于 5mm 的焊接接头,最好一次焊成

7. 青铜焊接操作工艺

(1)铝青铜的焊接。铝青铜的焊接方法及操作要点见表 4-20。

表 4-20　铝青铜的焊接方法及操作要点

序号	焊接方法	操 作 要 点
1	气焊	由于铝青铜气焊时很难完全避免 Al_2O_3 的有害作用,因此,不推荐用气焊来焊接铝青铜

续表 4-20

序号	焊接方法	操作要点
2	手工钨极氩弧焊(手工TIG焊)	铝青铜铸件补焊时,为了彻底清除原铸件的缺陷,补焊前,先用电弧将其熔化一遍,当缺陷彻底清除并出现铝青铜金属时,再添加焊丝。铸件上被铲除的截面积应平缓过渡,焊前将待焊部置于平焊位置,用小的焊接参数、低的层间温度进行补焊
3	手工电弧焊	焊前用较高的预热温度,小电流、快速短弧焊,焊条不作横向摆动等操作要领进行焊接。焊接时还要注意保持焊缝层间温度:通常,铝的质量分数为 10% 的铝青铜,其预热和层间温度<150℃,焊后在空气中冷却;铝的质量分数为 10%~13% 的铝青铜(含铁),要求预热和层间温度为 260℃,焊后快冷;铝的质量分数>13% 的铝青铜(含铁),要求预热和层间温度>620℃,焊后用吹风快冷。多层焊时,为避免层间夹渣,必须彻底清除层间焊缝表面药皮余渣。补焊铝青铜铸件时,焊后应采取缓冷措施和热态锤击法等,消除焊接应力

(2)锡青铜的焊接。锡青铜的焊接方法及操作要点见表 4-21。

表 4-21　锡青铜的焊接方法及操作要点

序号	焊接方法	操作要点
1	气焊	锡青铜一般不推荐用气焊焊接。由于在气焊过程中,锡青铜焊接接头的过热区较宽,冷却速度缓慢,容易生成粗大而脆弱的树枝状晶粒组织,在高温下其强度和塑性都很低,而有较大的热脆性,所以,焊接接头容易产生热裂纹,焊接变形也大
2	手工电弧焊	锡青铜焊接主要用于青铜铸件缺陷和被损坏机件的补焊。焊前对坡口处必须仔细清除油、污、锈、垢。对于穿透性缺陷和焊件边缘处的缺陷以及焊件厚度不足 10mm 时,焊前要在焊件的背面加装垫板或成形挡板,以避免锡青铜熔液流失。为防止产生气孔可以选择较大的焊接电流,焊接坡口角度为 90°~110°。焊接操作时,焊条作直线运条,不作横向摆动,以窄焊道施焊
3	手工钨极氢弧焊(手工TIG焊)	将预热过的焊件小心地从加热炉中取出,然后放在铺有石棉垫的平台上,使应该补焊的焊缝位于水平位置。每焊完一层焊缝后,一定要用钢丝刷仔细清刷焊道

（3）硅青铜的焊接。硅青铜的焊接方法及操作见表4-22。

表 4-22　硅青铜的焊接方法及操作要点

序号	焊接方法	操作要点
1	气焊	气焊焊接时,应注意保持小的焊缝熔池,以减小焊缝在热脆温度区间的收缩变形,同时,还可以获得晶粒细化的焊缝组织
2	手工电弧焊	硅青铜焊条电弧焊焊前不需预热,如结构复杂、板件待焊处较厚时,焊接过程始终要保持小尺寸熔池,层间温度不应超过200℃。多层焊时,应注意将焊缝渣壳和焊道表面的氧化膜清除干净
3	手工钨极氩弧焊(手工TIG焊)	焊接过程中,层间温度不应超过100℃。焊接时,保持小熔池,尽量减小焊接热输入,以免在热脆温度区内产生裂纹。多层焊时,要注意每一层焊缝表面氧化膜的清除

8. 铜及铜合金焊后处理

为了减小焊接应力,改善焊接接头的性能,焊后可以对焊接接头进行热态和冷态的锤击,锤击的效果如下:

（1）纯铜焊缝锤击后,强度由 205MPa 提高至 240MPa,而冷弯角由 180°降至 150°,同时,塑性也有所下降。

（2）对有热脆性的铜合金进行多层焊时,可以采取每层焊后都进行锤击,以减小焊接热应力,防止出现焊接裂纹。

（3）对要求较高的铜合金焊接接头,要在焊后采用高温热处理,消除焊接应力和改善焊后接头韧性:

①锡青铜焊后加热至 500℃,然后快速冷却,可以获得最大的韧性。

②对于铝的质量分数为 7% 的铝青铜厚板焊接,焊后要经过600℃退火处理,并且用风冷消除焊接内应力。

技能要点 3:钛及钛合金的焊接

1. 钛及钛合金焊接特点

（1）化学活性大。钛及钛合金的化学活性大,很容易和空气中的氧、氢、氮及碳等元素发生化学反应,使焊接接头的塑性和韧性降低。因此,焊接时,对熔池、焊缝及温度超过 400℃ 的热影响区,均要采用保护气体。

(2)钛的熔点高、热容量大、电阻率大。钛及钛合金的热导率比铁、铝等金属低得多,因此焊接接头容易过热和晶粒粗大。尤其是 β 钛合金,焊接接头塑性明显下降,冷却快时,容易生成不稳定的钛马氏 α 相,使焊接接头变脆。因此,焊接时要采用小电流、快速焊对热输入做好控制。

(3)焊接裂纹。钛及钛合金焊接时,由于氢和应力的影响产生裂纹。所以,焊接时应对焊接接头的含氢量进行控制,对复杂的及刚性大的结构应做消除应力处理。

(4)气孔。气孔的存在,主要是降低焊接接头的疲劳强度,使钛及钛合金疲劳强度降低 $1/2 \sim 3/4$。因此,焊接时应对焊接热输入进行控制,以避免或减少气孔的产生。

(5)弹性模量较小。钛的弹性模量约比钢小一半,不但焊接变形大,而且矫形也很困难。

2. 钛及钛合金焊前准备

(1)焊接坡口形式。钛及钛合金对接接头坡口形式见表4-23。为保证坡口的尺寸,通常采用机加工方法。

表 4-23　钛及钛合金对接接头坡口形式

名称	接头形式	母材厚度 δ (mm)	间隙(mm)	
			手工焊	自动焊
无坡口对接		≤ 1.5 $1.6 \sim 2.0$	$b=0 \sim 0.30\%\delta$ $b=0 \sim 0.5$	$b=0.30\%\delta$
单面 V 形坡口对接	50~90	$2.0 \sim 3.0$	$b=0 \sim 0.5$ $p=0.5 \sim 1.0$	无坡口 $b=0$

续表 4-23

名称	接头形式	母材厚度 δ (mm)	间隙(mm)	
			手工焊	自动焊
卷边接		<1.2	$a=(1.0\sim2.5)\delta$ R 按图样	—

(2)焊前清理。应将焊丝和焊件表面的油污和氧化物清理干净,防止焊缝产生气孔和裂纹,降低力学性能。

(3)焊丝处理。焊丝最好在焊前进行真空热处理、酸洗,至少也要进行机械处理。焊件表面,尤其是坡口面(对接面)非常重要,应进行机加工。焊前要酸洗,然后冲洗烘干。酸洗到焊接的间隔时间通常不应超过 2h,否则要放到洁净、干燥的环境中储存。

(4)组装焊接。焊工必须戴洁净手套,严禁用铁器敲打,不然会降低力学性能和耐腐蚀性能。

3. 钛及钛合金焊接参数选择

(1)焊接参数的选择对焊接接头质量的影响。

1)焊接接头晶粒粗化:由于晶粒长大后很难用热处理的方法加以调整,并且对焊接接头的力学性能影响很大。所以,应合理地选择焊接参数,以较小焊接热输入进行焊接,以防止焊接接头晶粒粗化。

2)形成氢气孔:形成氢气孔的主要原因是,在焊缝金属的冷却过程中氢的溶解度发生了变化,当焊接区周围气氛中氢的分压较高时,焊缝金属中的氢气集聚在一起,不容易扩散逸出。

3)焊接接头性能:钛及钛合金焊接过程中,在焊接电弧的高温作用下,焊缝和焊接热影响区表面就会发生颜色的变化,这种颜色的变化,其实就是表面氧化膜在不同温度下的颜色变化。而表面不同颜色下的钛及钛合金的力学性能也大不相同。

(2)钛及钛合金手工钨极氩弧焊工艺参数(表 4-24)。

表 4-24　钛及钛合金手工钨极氩弧焊工艺参数

板厚(mm)	接头形式	钨极直径(mm)	焊丝直径(mm)	焊道数	焊接电流(A)	氩气流量(L/min)		
						喷嘴	保护罩	背面
0.5		1	1	1	20~30	6~8	14~18	4~10
1		1	1	1	30~40	8~10	16~20	4~10
2		2	1.6	1	60~80	10~14	20~25	6~12
3		3	1.6~3.0	2	80~110	11~15	25~30	8~15
3		3	3	3	100~130	12~16	25~30	8~15
10		3	3	6	20~150	12~16	25~30	8~15

(3)工业纯钛等离子弧焊工艺参数(表 4-25)。

表 4-25　工业纯钛等离子弧焊工艺参数

板厚(mm)	焊嘴直径(mm)	钨极直径(mm)	焊接电流(A)	电弧电压(V)	焊接速度(m/min)	送丝速度(m/min)	氩气流量(L/min)			
							离子气	熔池	水冷保护滑块	背面
5.0	3.8	1.9	200	29	0.333	1.5	5	20	25	25
10	3.2	1.2	250	25	0.15	1.5	6	20	25	25

4. 钛及钛合金焊接方法

(1)钨极氩弧焊。氩气保护效果好,气孔少,焊接操作简单灵活,能保证焊接质量,适用于薄板的焊接。根据焊接环境的不同,钨极氩弧焊分为敞开式焊接和箱内焊接两种:

1)敞开式焊接:敞开式焊接由大直径焊枪喷嘴、焊枪拖罩和焊缝背面通气保护装置组成。焊接时,拖罩和焊缝背面充气保护装置,将 400℃以上的焊缝,用氩气或氩-氦混合气保护。

2)箱内焊接：对于结构复杂的焊件，难以实现400℃以上焊接区域的保护。所以，要将焊件放在箱内保护。一般箱体结构包括刚性和柔性两种，两种箱体焊接操作比较见表4-26。

表4-26　刚性箱与柔性箱内焊接比较

项目	焊　接　操　作
刚性箱内焊接	刚性箱焊前，应将箱内抽成真空度为1.3～13Pa，然后向箱体内充氩气或氢-氩混合气，就可进行焊接，其焊枪结构比较简单，不需要保护罩，焊接时也不必再通气体保护
柔性箱内焊接	柔性焊接箱可以采用焊前将箱内抽成真空，也可采用多次折叠充氩气的方法排除箱内的空气。由于柔性焊接箱内保护气体的纯度比较低，所以在柔性焊接箱内焊接时，焊枪仍用普通的焊枪，并且在焊接过程中还要进行通气保护

(2)熔化极氩弧焊。熔化极氩弧焊的热功率大，可减少焊接层数，提高生产率，降低成本，产生气孔概率比钨极氩弧焊还少。但容易产生飞溅，使保护气体紊乱，使空气卷入而污染焊缝。为提高保护效果，最好采用大直径喷嘴。熔化极氩弧焊，适用于中、厚板钛及钛合金的焊接。

焊接过程中，由于填丝较多，焊接坡口角度要增大，对于厚度为15～25mm的焊件，通常开90°单面V形坡口或开I形坡口（留1～2mm间隙两面各焊一道焊缝）。

熔化极氩弧焊在焊接过程中，同样需要用焊枪拖罩，但由于温度超过400℃的焊缝，比钨极氩弧焊焊接的焊缝长，所以拖罩也要比钨极氩弧焊拖罩长一些，而且要用水冷却。

(3)等离子焊。等离子焊是用氩气作为等离子气体，能量集中，穿透力很强，一次可以焊透2.5～15mm的板。可单面焊，双面成型，弧长变化对熔透程度影响较小，设备比较复杂。

钛及钛合金的等离子弧焊时有小孔型焊接法和熔透型焊接法两种，见表4-27。

表 4-27　小孔型焊接法与熔透型焊接法比较

项目	定　义	焊接操作	适用范围
小孔型焊接法	指焊接电弧在熔前穿透焊件形成小孔,随着焊接电弧的移动在小孔后形成焊道的焊接方法,也称穿透法	利用等离子弧的高温及能量集中的特点,迅速将焊件的焊缝金属加热到熔化状态,当焊接参数选择适当、电弧挺度适中、等离子弧就可以穿透焊件,在熔池前缘穿透焊件而形成一个小孔,被焰流熔化的金属,沿着电弧周围的熔池壁,向熔池后方移动而形成单面焊双面成形焊缝	适用于 2.5~15mm 的钛及钛合金的焊接
熔透型焊接法	指焊接过程中只熔透焊件不产生小孔效应的焊接方法	焊接过程中,等离子弧焰流喷出速度较小,焊接电弧压缩程度比较弱,电弧的穿透能力也较低	适用于 2~3mm 以下焊件及卷边焊和多层焊的第二层以后各层焊缝的焊接

5. 氩气保护装置

为了得到优质焊接接头,钛及钛合金氩弧焊的关键是对 400℃以上区域保护,所以需要特殊的保护装置,具体如下:

(1)采用大直径的喷嘴。一般选用直径为 16~18mm,喷嘴到工件的距离要小些,也可采用双层气流保护焊枪。

(2)喷嘴加拖罩。对于厚度大于 0.5mm 的焊件,喷嘴已满足不了焊缝和近缝区保护的要求,所以需加拖罩。氩气从拖罩喷出,保护焊接高温区域。拖罩的尺寸可根据焊缝形状、焊件尺寸和操作方法来确定。

(3)背面保护。焊缝背面采用充氩保护装置。

(4)箱内焊接。对结构复杂的焊件,由于不好保护,可在充氩或充氩-氦混合气的箱内焊接。

焊缝和近缝区颜色是保证效果的标志,呈银白和淡黄色为最好,见表 4-28。

表 4-28　焊缝和热影响区的颜色

焊缝级别	焊缝				热影响区			
	银白淡黄	深黄	金紫	深蓝	银白淡黄	深黄	金紫	深蓝
一级	允许	不允许	不允许	不允许	允许	不允许	不允许	不允许
二级	允许	允许	不允许	不允许	允许	允许	允许	不允许
三级	允许		允许		允许	允许	允许	允许

6. 钛及钛合金焊后处理

(1)退火处理。退火处理的方法有完全退火和不完全退火两种。前者的温度较高,需要在真空或氩气的保护下进行,而后者是在较低的温度下进行的。退火处理适用于各类钛及钛合金,是 α 型钛合金和 β 型钛合金唯一的热处理方法。

(2)淬火-时效处理。淬火-时效处理方法是一种强化热处理。这种热处理的困难是大型结构件淬火困难,在固溶温度下无保护气体保温时,钛及钛合金氧化严重,淬火后变形难以矫正,应用很少。

(3)时效处理。焊接过程中的热循环,能够使某些钛合金起到局部淬火作用,为了确保焊接结构基本金属的强度,经常采用焊前淬火、焊后时效处理。虽然有的钛合金焊前没有淬火,但经焊接热循环作用,也相当于淬火,所以,焊后要进行时效热处理。时效处理适用于部分钛及钛合金的焊后热处理。

(4)酸洗处理。钛及钛合金的活性很强,在高于 540℃ 的大气介质中进行焊后热处理时,会在焊件的表面生成较厚的氧化膜,使硬度增加,塑性降低。采用酸洗处理,可以解决这个问题。常用的酸洗液为:$\varphi(HF)3\%+\varphi(HNO_3)35\%$ 的水溶液。为了防止在酸洗时发生增氢,酸洗温度通常控制在 40℃ 以下。酸洗处理适用于各类钛及钛合金。

技能要点 4:铜与铝及铝合金的焊接

铜与铝的焊接可以采用熔焊、压焊和钎焊等方法。不管采用哪种焊接方法,首先着眼于熔点的差别,焊接时,铝熔化了,而铜还处于固态;其次是铝和铜在弧焊时的强烈氧化,所以需要采取特殊措施防止氧化膜的产生,并设法清除焊缝中的氧化物及控制含铜量。

1. 铜与铝及铝合金的熔焊

(1)铜与铝的钨极氩弧焊。焊接电流 150A,电弧电压为 15V,焊速为 0.17cm/s,铜侧可开 V 形坡口,一般为 45°～75°,填充焊丝要选用 L6 纯铝,直径为 2～3mm。焊前在铜一侧坡口上镀上一层 0.6～0.8mm 的银钎料,然后与铝进行焊接,填充材料为含硅4.5%～6.0%的铝焊丝。

在焊接过程中,钨极电弧中心要偏离坡口中心一定的距离,指向铝的一侧,尽量减少焊缝金属中含铜量(至少控制在 10% 以下),这样就能获得强度和塑性良好的焊接接头。

铜与铝采用对接氩弧焊时,为了减少焊缝金属中铜含量,增加铝的成分(铜与铝的焊接应是以铝为主组成的焊缝),可以将铜侧加工成 V 形或 K 形坡口,并在坡口表面镀上一层 Zn,厚度约为 60μm。

(2)铜与铝的埋弧自动焊。铜与铝的埋弧自动焊的焊丝直径为 2.5mm(纯铝),焊接电流为 400～420A,焊接电压为 38～39V,焊接速度为 0.58/s,送丝速度为 553cm/min。

铜与铝的埋弧自动焊需要采取措施才能进行焊接,如在铜材侧开半 U 形坡口、铝材侧不开坡口,并预置铝焊丝,如图 4-1 所示,目的是控制焊缝中铜含量。采用这种工艺,焊后接头中铜含量只有 8%～10%。

2. 铜与铝及铝合金的压焊

(1)铜与铝的闪光对焊。铜与铝的闪光对焊,它是利用电弧热将母材加热到熔融状态并以一定的速度给予足够的顶锻压力,使其达到速接的目的。由于突然顶锻挤压,使端面上的脆性化合物和氧化物迅速被挤出焊接面,从而使接口处金属产生很大的塑性变形,获得牢固的焊接接头。

需要说明的是焊件的断面尺寸必须要精确,形状要平直并对准两断面(均在同一水平面,前启边误差量不大于 0.5mm);清除表面污物和氧化物,特别是两焊件的断面清理,最好在焊前使用丙酮清洗一次;焊后对铜和铝进行退火处理,以降低硬度,增加焊件的塑性,提高焊接接头的质量。

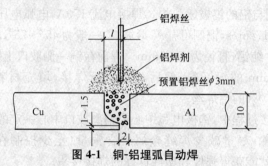

图 4-1　铜-铝埋弧自动焊

(2)铜与铝的摩擦焊。铜与铝的摩擦焊有高温和低温两种。由于高温摩擦焊的温度超出了铜-铝共晶点温度(548℃),得到的焊接接头性能非常差,并且易于断裂。因此,在实际生产中采用低温摩擦焊法较多。

低温摩擦焊的过程,由摩擦加热、顶锻和维持三个阶段组成,加热时要严格控制焊接面的温度及均匀性。加热温度必须严格控制在铜-铝共晶温度以下,一般以 460~480℃为宜。这时既可防止形成脆性化合物,还可以获得较大的顶锻塑性变形,最终得到令人满意的焊接接头。

铜与铝摩擦焊焊前应对铜、铝母材进行退火处理,铜与铝退火处理参数见表 4-29。

表 4-29　纯铜与纯铝退火处理的工艺参数

材料	加热温度(℃)	保温时间(min)	冷却方式	退火后硬度 HB
T1	600~620	45~60	水冷	≤50
T2	600~620	45~60	水冷	≤50
L1	400~450	45~60	水冷或空冷	≤60
L2	400~450	45~60	水冷或空冷	≤26

技能要点 5：铜与钛及钛合金的焊接

1. 铜与钛及钛合金的焊接特点

(1)熔点低。铜与钛的物理性能和化学性能差异很大，铜与钛相互之间的溶解度不大，并且随温度而变。钛在 880℃ 以上为 β 钛，低于 880℃ 为 α 钛，与铜可以形成多种金属间化合物。另外，还可以形成多种共晶体，其熔点最低点只有 860℃。这是铜与钛焊接的主要困难，焊接时的热作用，非常容易导致这些脆性相的形成，降低了焊接接头的力学性能和耐腐蚀性能。

(2)易氧化。铜和钛对氧的亲和力都很大，在常温和高温下很容易氧化。在高温下，铜与钛对氢、氧、氮都有很强的吸收能力，在焊缝熔合线处易形成氢气孔，在母材钛一边易生成片状氢化物（TiH_2），引起氢脆以及由杂质在铜母材一侧形成的低熔点共晶体（如 $Cu+Bi$ 共晶体的熔点 270℃）。另外，铜与钛焊接时，靠近铜一侧的熔合区和焊缝金属的热裂纹敏感性较大。

2. 铜与钛及钛合金的焊接工艺

(1)钨极氩弧焊。铜与钛进行氩弧焊时，加入钼、铌或钽的钛合金过渡层，可以使 α、β 相转变温度降低，从而获得与铜的组织相近的单相 β 组织钛合金。

厚度为 2~5mm 的 TA2 和 Ti3Al37Nb 两种钛合金与 T2 铜的钨极氩弧焊工艺参数和接头力学性能见表 4-30。

表 4-30　铜与钛合金钨极氩弧焊的工艺参数及接头力学性能

被焊材料	板厚 (mm)	焊接电流 (A)	焊接电压 (V)	填充材料 牌号	直径 (mm)	电弧偏离 (mm)	抗拉强度 σ_b (MPa)	冷弯角 (°)
TA2+T2	3.0	250	10	QCr0.8	1.2	2.5	177.4~202.9	—
	5.0	400	12	QCr0.8	2	4.5	157.2~220.5	90
Ti3Al37Nb +T2	2.0	260	10	T4	1.2	3.0	113.7~138.2	90
	5.0	400	12	T4	2	4.0	218.5~231.3	90~120

在焊接过程中，电弧要直接指向铜材一侧，与钛材一边应有一

定距离,这样可以获得良好的焊接接头。

(2)扩散焊。真空扩散焊有直接扩散焊接和加入中间过渡层的扩散焊接两种方法。前者焊后接头强度较低(低于铜母材的强度),后者强度较高,并有一定塑性。

铜与钛进行扩散焊时,中间加入过渡金属层钼和铌,它们可以阻止焊接时产生金属化合物和低熔点共晶体,使焊接头的质量得到很大提高。在铜(T2)与钛(TC2)中间加入过渡层钼和铌进行焊接,其工艺参数及接头力学性能见表4-31。

表 4-31　铜(T2)与钛(TC2)扩散焊的工艺参数及接头力学性能

中间层材料	工艺参数			抗拉强度 σ_b (MPa)	加热方式
	焊接温度 (℃)	保温时间 (min)	压力 (MPa)		
不加中间层	800	30	4.9	62.7	高频感应加热
	800	300	3.4	144.1~156.8	电炉加热
钼(喷涂)	950	30	4.9	78.4~112.7	高频感应加热
	980	300	3.4	186.2~215.6	电炉加热
铌(喷涂)	950	30	4.9	70.6~102.9	高频感应加热
	980	300	3.4	186.2~215.6	电炉加热
铌(0.1mm 箔片)	950	30	4.9	94.1	高频感应加热
	980	300	3.4	215.6~266.6	电炉加热

从表4-31中看出,采用电炉加热,时间较长,但获得的接头强度明显高于高频感应加热时间较短的接头强度。

技能要点 6:铝与钛及钛合金的焊接

1. 铝与钛的焊接性及特点

(1)铝与钛极易氧化。焊接加热温度越高,氧化越严重。钛在600℃开始氧化并生成 TiO_2,在焊缝内形成中间脆性层,塑性、韧性下降;而铝和氧作用生成致密难熔的氧化膜(Al_2O_3 熔点2050℃),焊缝很容易产生夹渣,增加脆性,从而使焊接难以进行。

铝与钛的熔点相差太大,待钛达到熔点温度时,铝及其合金中元素早已被烧损和蒸发,使焊缝化学成分不均匀,强度降低。

(2)铝与钛在相应温度下可生成多种化合物,使金属塑性降低、脆性增加。当含碳量大于0.28%时,铝与钛的焊接性显著变差。

(3)铝与钛的相互溶解度极小,在室温下(20℃)钛在铝中的溶解度为0.07%,而铝在钛中溶解度更小,两金属熔合形成焊缝非常困难。铝和钛对氢溶解度却很大,冷却时,多余的氢会影响气孔,使焊缝塑性和韧性降低。

(4)变形量大,线膨胀系数和导热率两金属相差很大,铝的导热率和线膨胀系数分别是钛的16倍和3倍,在焊接应力作用下易产生裂纹。

2. 铝与钛的焊接工艺

(1)铝与钛的氩弧焊。铝和钛材组焊成的电解槽:铝材(L4 新牌号1305)厚度为8mm,钛材(TA2)厚度为2mm,填充材料为LD4焊丝$\phi=3$mm,接头形式有对接、搭接和角接,在接口的钛材一侧覆盖一层铝粉(或做渗铝)。

铝与钛焊接时一定要防止钛的熔化,主要熔化铝一侧,在确保焊缝成形的前提下,要尽量快速连续焊接,同时背面也要做氩气保护。焊后得到了良好的焊接接头。铝与钛钨极氩弧焊的工艺参数见表4-32。

表4-32 铝(L4)与钛(TA2)钨极氩弧焊工艺参数

接头形式	板厚(mm)		焊接电流(A)	氩气流量(L·min^{-1})	
	Al	Ti		焊枪	背面保护
角接	8	2	270~290	10	12
搭接	8	2	190~200	10	15
对接	8~10	8~10	240~285	10	8

(2)铝与钛的冷压焊。铝与钛在焊接温度为450~500℃,保温时间5h时,铝-钛接合面上不会产生金属间化合物。焊接接头

比使用熔焊方法有利,并且可以获得很高的接头强度。冷压焊铝钛接头的抗拉强度可达 $\sigma_b = 298 \sim 324\text{MPa}$。铝管和钛管也可以采用冷压焊,压焊前,一定要把铝管加工成凸槽,钛管加工成凹槽通过挤压力进行压焊。铝钛管的冷压焊适用于内径为 $10 \sim 100\text{mm}$,壁厚为 $1 \sim 4\text{mm}$ 的铝钛管接头。

第三节　铸 铁 焊 接

本节导读:

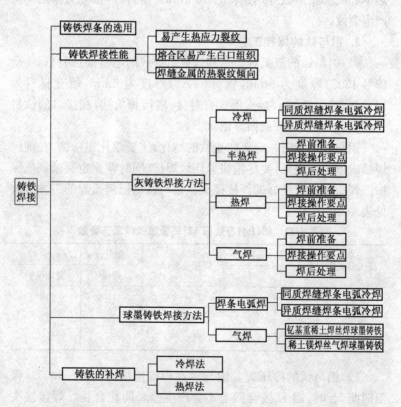

技能要点 1:铸铁焊条的选用

铸铁焊条的选用原则见表 4-33。

表 4-33 铸铁焊条的选用原则

分类方式 选用原则	铸铁材料的分类	焊条型号(牌号)
按铸铁材料类别选用	一般灰铸铁	EZFe(Z100)、EZV(Z116) EZV(Z117)、EZC(Z208) EZNi-1(Z308)、EZNiFe-1(Z408) EZNiCu-1(Z508)、Z607、Z612
	高强铸铁焊后进行锤击	EZV(Z116)、EZV(Z117)、 EZNiFe-1(Z408)
	球墨铸铁 焊前要预热至 500～700℃,焊后有正火或退火处理要求	EZCQ(Z238)、(Z238SnCu)
按焊后焊缝的切削加工性能要求选用	焊后不能进行切割加工	EZFe(Z100)、(Z607)
	焊前预热,焊后经热处理后可能进行切削加工	EZC(Z208)
	焊前预热,焊后经热处理后可以切削加工	EZCQ(Z238)、(Z238SnCu)
	冷焊后可以切削加工	EZV(Z116)、EZNi-(Z308) EZNiFe-1(Z408)、EZNiCu-1(Z508)、 (Z612)

技能要点 2:铸铁焊接性能

铸铁含碳量高,可焊性差,很少用于焊接结构,铸铁焊接主要是针对有铸造缺陷的焊件和已损坏的铸件。

1. 易产生热应力裂纹

焊接过程的加热和冷却及不合理的预热，会导致焊件不能均匀地膨胀和收缩而产生热应力，当热应力引起的拉伸应变超过材料某薄弱部位的变形能力就会出现裂纹，即热应力裂纹。热应力裂纹表现形式如下：

(1)在升温或焊后冷却过程中，补焊区以外的母材断裂。其部位发生在铸铁件的薄弱断面和断面形状或壁厚突变处，主要由不适当的局部预热或过大的焊接加热规范引起。

(2)在冷却过程中，焊缝或补焊区产生横向裂纹，方向与熔合线垂直。这种焊缝有时只发生在紧邻焊缝的母材上，有的与焊缝热裂纹相通，有的横贯焊缝及邻近的母材，这是由不合理的操作引起的，特别是一次焊缝过长，或预热不当。

(3)焊缝金属在冷却过程中，产生沿熔合线裂纹（有时焊缝与母材剥离），这种裂纹多发生在非铸铁焊条焊接过程中。焊缝材质强度越高，或铸铁母材强度越低时，这种裂纹倾向越大。填充金属越多，越容易产生剥离。因此，焊接时要适当提高焊件整体或焊接环境温度，以控制补焊区的温度，采取短焊道断续焊，同时在焊后要及时充分地对焊缝进行锤击，这样就可避免热应力裂纹的产生。

2. 熔合区易产生白口组织

采用铸铁材质作为填充金属时，必须要减缓高温（800℃以上）的冷却速度，同时增加碳和硅的含量，以提高焊缝石墨化能力，这样可减小和防止焊缝金属和熔合区产生白口组织。采用高镍或纯镍焊条焊接时，也可以减少熔合区的白口倾向。

3. 焊缝金属的热裂纹倾向

采用非铸铁组织焊条或焊丝冷焊铸铁时，焊缝热裂纹因焊缝的材质不同而异。焊缝中母材熔合比增大和过分延长焊缝处于高温下的停留时间都会加大热裂纹倾向。坡口要圆滑、电流要小、短而窄的焊道及断续焊等，可减小热裂纹倾向。

技能要点 3：灰铸铁焊接方法

1. 焊条电弧冷焊

电弧冷焊是指铸件焊前不预热，焊接过程中也不做辅助加热，主要用于铸件小缺陷的补焊。

灰铸铁焊条电弧焊冷焊的特点是效率高，成本低，改善了焊工施焊条件，得到了广泛的应用。

灰铸铁焊条电弧冷焊可分为灰铸铁同质焊缝焊条电弧冷焊和灰铸铁异质焊缝焊条电弧冷焊两种。

(1)灰铸铁同质焊缝焊条电弧冷焊。灰铸铁同质焊缝焊条电弧冷焊是指利用铸铁型焊条焊后得到的焊缝金属，其焊缝组织、化学成分、焊缝力学性能及焊缝的颜色等都与母材相接近，这样的焊缝称为同质焊缝，也称铸铁型焊缝。

1)焊前准备：

①焊接前，清除待焊处的油、污、锈、垢等。

②适合开坡口，当缺陷小而浅时，要开坡口予以扩大，面积必须大于 $8cm^2$，深度大于 7mm，坡口角度为 $20°\sim30°$。需要焊补的缺陷处，可经过加工扩大成为表面圆滑的型槽。

③ 为了防止铸铁熔池金属液体流散，在坡口周围边缘，需要围成 $6\sim8mm$ 高的黄泥条或耐火泥条。

2)选择焊接参数：灰铸铁同质焊缝焊条电弧冷焊参数见表4-34。

表 4-34　灰铸铁同质焊缝焊条电弧冷焊参数

焊件厚度	$15\sim25$	$25\sim40$	>40
焊条直径（mm）	5	6	$6\sim8$
焊接电流（A）	$250\sim300$	$300\sim360$	$300\sim400$

3)焊接操作要点：

①较小的焊接电流，较高的焊接速度，焊条不做横向摆动，直流正接，短弧焊。

②每次只焊 10~15mm 长的焊缝,层间温度小于 60℃。

③为达到焊后熔合区缓慢冷却的目的,待补焊后的焊缝与母材齐平后,还应继续焊接,使余高加大到 6~8mm 为止。

④每焊完一小段后,要立即进行焊缝锤击处理,用来改善焊缝结晶,消除或减小焊缝内应力。

4)焊后处理:铸件冷焊后,要进行后热处理,后热处理的温度薄形铸件为 100~150℃,厚壁铸件为 200~300℃。后热加温后,需用干燥石棉布覆盖铸件,让其缓冷。

(2)灰铸铁异质焊缝焊条电弧冷焊。灰铸铁异质焊缝焊条电弧冷焊是用非铸铁型焊接材料补焊铸铁,其焊缝金属与母材金属不同,称为异质焊缝。

灰铸铁异质焊缝焊条电弧冷焊操作要注意以下方面:

1)采用短弧,断续施焊:为防止产生冷焊裂纹,减小热应力,需要采用短弧,断续施焊。具体操作方法为:把焊缝分成若干小段,每段 10~40m,每次只焊一小段,薄壁焊件散热慢,焊缝长度可取 10~20mm;厚壁焊件散热快,焊缝长度可取 30~40mm。焊接操作不能连续进行,层间温度应控制为 50~60℃。

2)采用小电流焊接:灰铸铁焊接时,尽量采用小焊接电流。

3)为了减小熔合比,要用 U 形坡口。补焊线状裂纹缺陷时,为防止裂纹向外扩展,焊前应在裂纹处开 70°~80° 的 U 形坡口,在裂纹的两端 3~5mm 处钻裂孔,孔径为 4~6mm。

4)采用较快的焊接速度焊接:在保证焊缝成形和母材熔合良好的前提下,尽量采用较快的速度焊接,以提高焊接接头的性能。

5)合理选择灰铸铁焊接操作方向和顺序:灰铸铁裂纹补焊时,为了减小焊接应力,应该掌握补焊的原则是:由刚度大的部位向刚度小的部位焊接。

2. 焊条电弧半热焊

焊前将灰铸铁整体或局部预热至 400℃左右进行焊条电弧焊补焊,并在焊后采取缓慢冷却的工艺方法称为半热焊。电弧半热焊主要适用于被补焊处刚度较小、结构比较简单的铸铁焊件的焊接。

(1)焊前准备。

1)焊接材料的运用:进行电弧半热焊时,因为预热温度较低,冷却速度较快,为了确保焊缝石墨化的进行,防止产生白口组织,必须提高焊缝石墨化元素的含量。以 $w(C)$ 为 $3.5\%\sim4.5\%$、$w(Si)$ 为 $3\%\sim3.8\%$ 较合适。

2)焊前预热:

①选择预热温度。电弧半热焊时,预热温度应根据铸件的体积、壁厚、缺陷位置、结构复杂程度、补焊处拘束度及预热设备等因素进行选择。

②控制预热加热速度,为防止铸铁件在加热过程中由于热力过大而产生裂纹,必须对焊件的加热速度予以控制,使铸铁内部和外部的温度均匀。

(2)焊接操作要点。

1)电弧半热焊时,应根据灰铸铁焊件的壁厚尽量选择大直径的焊条。

2)选择合适的焊接电流:焊接电流可根据下列公式选择:

$$I=(40\sim50)d \tag{4-1}$$

式中　I——焊接电流(A);

　　　d——焊条直径(mm)。

3)引弧操作:要从缺隙中心引弧,逐渐移向边缘,但焊接电弧在缺陷边缘处不宜停留时间过长,以免母材熔化过多或造成咬边。同时,在保证焊条药皮中石墨能充分熔化的前提下,焊接电弧需要适当拉长。

4)在焊接过程中,还要时刻注意熔渣的多少,随时用焊条将熔渣挑出熔池。

5)焊接过程中,缺陷小的可连续焊完;缺陷大的,应逐层堆焊填满。焊接过程中焊件始终要保持预热温度,否则要重新进行预热。

（3）焊后处理。灰铸铁焊后一定要采取保温缓冷的措施，通常用保温材料将其覆盖。对于重要的铸件焊后最好进行消除应力处理，然后随炉冷却。

3. 焊条电弧热焊

焊条电弧热焊法一般适用于焊后需要加工的铸件，要求颜色一致的铸件、结构复杂的铸件、补焊处刚度较大易产生裂纹的铸件等。

（1）焊前准备。

1）仔细清除待焊处的油、污、锈、垢，铲除缺陷，直至露出金属光泽。

2）根据焊接工艺要求开坡口，坡口的外形要求是上边稍大而底部稍小，并且在坡口底部应圆滑过渡。

3）焊前要用黄泥、耐火泥或型砂等把缺陷周围 2～3mm 处造型围起来，其高度为 6～8mm，用来保护待焊处的熔化铁液不外溢。

4）灰铸铁热焊前将焊件预热至 600～700℃，焊件呈暗红色。铸铁焊件预热的加热速度应给予控制，使铸铁件的内部与外部温度尽量均匀，减小热应力，防止灰铸铁焊件在加热过程中产生裂纹。

（2）焊接操作要点。

1）灰铸铁电弧热焊时，要尽量选择较大直径的焊条和大电流焊接。焊接电流的确定，可参照公式（4-1）选择。

2）引弧操作时，应由缺陷中心逐渐移向边缘，较小的缺陷可以一次焊完；较大的缺陷应逐层堆焊直至全部缺陷填满。

3）在焊接灰铸铁过程中，需要始终保持层间温度与预热温度一样。

4）焊接过程中为使焊条药皮中的石墨充分熔化，要适当拉长焊接电弧，但过分拉长电弧会导致保护不良及合金元素的烧损。

（3）焊后处理。焊后一定要采取保温缓冷的措施，对于较重要的焊件，最好进行消除应力处理，即焊后立即将焊件加热至 600～650℃，保温一段时间，然后进行随炉冷却。

4. 气焊

气焊进行铸铁焊接的工艺方法灵活，焊后也可以利用气体火焰进行焊缝的整形或对补焊区继续加热，使焊缝缓冷，消除应力。气焊适用于薄壁的、刚度较小的铸铁件的缺陷补焊。

（1）焊前预热。对于刚度较大的铸铁件，为了防止产生裂纹，应将其送入热处理炉中进行整体加热，预热温度为 600～700℃，焊后缓冷。

（2）焊接操作要点。

1）宜采用中性焰或弱碳化焰气焊灰铸铁。气焊时，火焰的焰芯距焊缝熔池保持在 10mm 左右。先将母材加热到熔化温度，但要注意，在加热过程中，为了防止焊缝熔池金属流失，要在气焊中尽量保持水平位置。

2）气焊过程中，如果发现熔池中有白亮的夹杂物时，需要立即将焊丝端头沾上少量的熔剂，插入熔池中并搅动熔池，使夹杂物浮起，并用焊丝及时将夹杂物拨出焊缝熔池。为防止焊缝中产生气孔，在焊接时，将焊丝插入熔池的底部，适当地搅动熔池，使气体从焊缝熔池中充分逸出。

（3）焊后处理。为保持焊接接头缓慢冷却，焊后还要继续用气体火焰加热补焊区，以便焊接接头达到缓慢冷却的目的。

技能要点 4：球墨铸铁焊接方法

球墨铸铁具有铸钢的力学性能及灰铸铁的浇铸性能，而且有良好的切削加工性能等。球墨铸铁焊接接头白口化倾向及淬硬倾向比灰铸铁大，对焊后焊接接头的力学性能要求较高，焊接难度较大。球墨铸铁主要用来制造强度和塑性要求较高的零部件。

1. 焊条电弧焊

焊条电弧焊球墨铸铁按所用焊条不同,可分为同质焊缝焊条电弧冷焊和异质焊缝焊条冷焊两种形式。

(1)同质焊缝焊条电弧冷焊。同质焊缝焊条电弧冷焊的工艺要点如下:

1)焊条选择:常用的球墨铸铁焊条有 Z258 焊条和 Z238 焊条。

①Z258 焊条。Z258 焊条是铸铁芯强石墨化药皮的球墨铸铁焊条,采用钇稀土或镁球化剂,其球化能力较强。

②Z238 焊条。Z238 焊条是低碳钢芯强石墨化药皮焊条,焊后焊缝金属中的石墨以球状析出,焊件经正火处理后,焊接接头可获得 200～300HBW 的硬度;焊件经退火处理后可获得 200HBW 的硬度。

2)打磨焊件缺陷,小缺陷应扩大至 $\phi30 \sim \phi40$mm,深为 8mm。裂纹处应开坡口并清除待焊处的油、污、锈、垢。

3)对大刚度铸件部位较大缺陷进行补焊,为了防止产生裂纹,焊前将焊件减应区预热至 200～400℃,焊后缓慢冷却。

4)对于中等缺陷,需要用连续焊接予以填满。对于较大的缺陷,应采取分段焊接填满缺陷,再向前焊接,以确保补焊区有较大的焊接热输入量。

5)球墨铸铁补焊时,宜采用大电流、连续焊工艺,焊接电流参照 $I=(36 \sim 60)d$ 选择(式中 d 表示焊条直径,I 表示焊接电流)。

6)如果补焊区需要进行焊态加工,焊后应该立即用气体火焰加热补焊区至红热状态,并保持 3～5min。

(2)异质焊缝焊条电弧冷焊。

1)焊条选择:为了保证球墨铸铁焊接接头有较好的力学性能,异质焊缝焊条电弧冷焊选用镍铁焊条(EZNiFe-1)和高钒焊条(EZV)。

2)焊接前,应该对焊件进行预热,预热的温度为 100～200℃。

3)焊接过程中,应尽量选择较小的焊接电流,还要保证焊缝熔合。

2. 气焊

气焊加热和冷却过程都比较缓慢均匀,球化剂烧损少,有利于石墨球化,减小白口和淬硬组织的形成,有效防止裂纹的产生。因此,气焊很适合球墨铸铁的焊接,主要应用在薄壁铸件的焊补。

气焊球墨铸铁通常要求使用球墨铸铁焊丝,因为这种焊丝有较强的球化和石墨化能力,并且可以获得焊缝的球墨化组织。常用球墨铸铁焊丝有钇基重稀土球墨铸铁焊丝和稀土镁球墨铸铁焊丝两种。

(1)采用钇基重稀土焊丝焊球墨铸铁。

1)焊前将待焊处预热至 400～600℃,焊后焊接接头没有白口及马氏体组织,可以进行机械加工。

2)当有缺陷的球墨铸铁焊件较大并且壁厚大于 50mm 时,因为焊接过程中的冷却速度较大,焊后容易出现白口组织,所以,焊件要经过焊前高温预热或焊后热处理。

3)连续补焊时间不宜超过 20min。

(2)采用稀土镁焊丝气焊球墨铸铁。因为镁的沸点为 1070℃,而氧-乙炔火焰的焰芯温度为 3100℃,长时间的加热使镁大量蒸发,焊缝中的石墨球化能力下降,所以,允许连续补焊球墨铸铁的时间应该更短些。

技能要点 5:铸铁的补焊

机械设备中有些零部件是铸铁材料,当出现缺陷需要进行补焊,补焊方法有冷焊法和热焊法。

1. 冷焊法

焊前用气焊火焰分段加热(≤400℃),将渗入铸件内部的油污烤尽,直到不再冒烟为止。然后钻上止裂孔(ϕ5mm),铲去缺陷,用扁铲或砂轮开坡口,如图 4-2 所示。

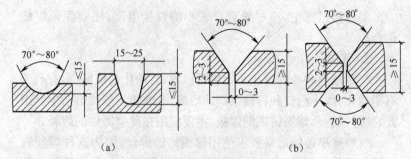

图 4-2   补焊铸铁的坡口

(a)未穿透缺陷的坡口   (b)裂透缺陷的坡口

焊条选用 EZNi(铸 308)或 EZNiFe(铸 408)。坡口较浅时应选用 $\phi2.5$mm 或 $\phi3.2$mm 焊条,电流 60~80A 或 90~100A;坡口较深时应选用 $\phi4$mm 焊条,电流 120~150A。采用交流较好,焊条不作横向摆动。

焊补应尽量在室内进行。对较厚的铸件也可整体预热 200~250℃。焊补的工艺要点是:短段、断续、分散、锤击、小电流、浅熔深及焊退火焊道等。

"短段、断续、分散、锤击"是为了减少应力,防止裂纹。每焊一段长度 10~50mm 后,立即锤击,用带小圆角的尖头小锤(锤重0.5~1kg),迅速地锤遍焊缝金属,并待焊缝冷到 60~70℃再焊下一段,如图 4-3a 所示。锤击不便之处,可用圆刃扁铲轻捻。多层焊的顺序如图 4-3b 所示。"小电流、浅熔深"是为了减少白口层的厚度,如图 4-3c 所示。假若只补焊一层,则应焊退火焊缝,如图 4-3d 所示。

2. 热焊法

铸铁热焊能得到很好的质量,但由于劳动条件差和某些工件难以加热,使应用受到限制。

补焊前,将铸件在焦炭地炉内整体预热到 550~650℃。若铸件尺寸较大,无法整体预热时,则可选择出减应力区并且与焊补区一起预热到 550~650℃。

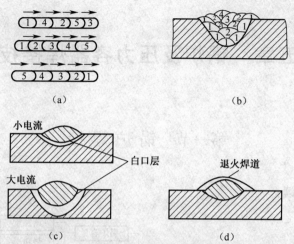

图 4-3 铸铁件补焊工艺示意图

(a)短段 (b)多层焊顺序 (c)电流大小对白口层的影响 (d)退火焊道

热焊选用铸铁芯铸铁焊条,焊芯直径为 $\phi6\sim\phi10mm$,用大电流(按每毫米焊芯直径 $50\sim60A$ 选用),焊后在炉内缓冷。

第五章　锅炉及压力容器焊接技术

第一节　锅炉焊接

本节导读:

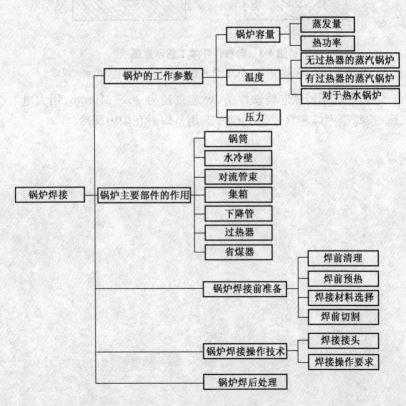

技能要点 1:锅炉的工作参数

(1)锅炉容量。锅炉的容量又称为锅炉的出力,是锅炉的基本特性参数。蒸汽锅炉用蒸发量来表示,热水锅炉、有机热载体锅炉用热功率来表示。

1)蒸发量:蒸汽锅炉长期连续运行时,每小时产生的蒸汽量,即锅炉的蒸发量,用符号"D"表示,单位是 t/h(吨/小时)。

2)热功率:热水锅炉、有机热载体锅炉长期连续运行时,在额定出水温度、压力和额定循环水量下,每小时出水的有效热量,称为锅炉的额定热功率,用符号"Q"表示,单位是 MW(兆瓦)。

(2)温度。锅炉铭牌上所标示的温度指的是锅炉出口介质的温度,即额定温度。

1)对无过热器的蒸汽锅炉,额定温度是指锅炉在额定压力下的饱和蒸汽温度。

2)对有过热器的蒸汽锅炉,额定温度是指过热器出口处的蒸汽温度。

3)对于热水锅炉,额定温度是指锅炉出口的热水温度。

(3)压力。锅炉铭牌和设计资料上标示的压力,指的是锅炉的额定工作压力。通常以符号"p"表示,单位是 MPa(兆帕)。

1)对有过热器的锅炉是指过热器出口处的蒸汽压力。

2)对无过热器的锅炉是指锅筒内的蒸汽压力。

3)对热水锅炉是指出水阀入口处的热水压力。

技能要点 2:锅炉主要部件的作用

(1)锅筒。锅筒也称汽包,其作用是汇集,存储,分离汽、水和补充给水。

(2)水冷壁。水冷壁既是布置在炉膛四周内壁的辐射受热面,又是锅炉的主要受热面,其作用如下:

1)通过吸收炉膛的高温辐射热量,使管内的水汽化。

2)降低炉膛内壁附近的温度,保护炉膛周围的炉墙,防止结渣。

3)节约钢材:水冷壁在1400～1600℃的高温炉内辐射受热,这种受热方式在蒸发同样多水的情况下,比采用对流受热方式要节省钢材和投资。

(3)对流管束。对流管束是锅炉的对流受热面,其作用是吸收高温烟气的热量,增加锅炉受热面对流管束的吸热情况,它与烟气流速、管子排列方式及烟气冲刷方式有关。

(4)集箱。集箱的主要作用是汇集、分配锅炉水,保证各受热面管子可供水或汽、水混合物。

(5)下降管。下降管与水冷壁、下集箱、锅筒形成循环回路,其作用是把锅筒里的水输送到下联箱,让受热面管子有足够的循环水量。

(6)过热器。过热器是蒸汽锅炉的辅助受热面,其作用是在压力不变的情况下,从锅筒中引出饱和蒸汽,再经加热,使饱和蒸汽中的水分蒸发并使蒸汽的温度升高,提高蒸汽温度,成为过热蒸汽。

(7)省煤器。省煤器布置在锅炉尾部烟道中,其作用是利用排烟的余热来提高给水温度的热交换器,提高给水温度,减少排烟热损失,提高锅炉热效率,节省燃料消耗量。

技能要点3:锅炉焊接前准备

1. 焊前清理

对锅炉受压部件焊接前应对被焊材料坡口两侧的油、污、锈、垢进行清理,清理的宽度为:焊条电弧焊不小于12mm,钨极氩弧焊不小于16mm,等离子弧焊不小于18mm,熔化极气体保护焊不小于20mm,埋弧焊不小于22nm,电渣焊不小于42mm。

2. 焊前预热

锅炉受压部件常用材料应按表 5-1 进行焊前预热。

表 5-1　锅炉受压部件常用材料焊前预热温度

钢　　号	壁厚(mm)	预热温度(℃)
Q235A、Q235B、20g	≥90	100～120
Q345(16Mn、16MnG)、19MnG	＞32	100～150
Q390(15MnVg、16MnNb)	＞28	100～150
12CrMo、15CrMo、13MnNiMoNb	＞15	150～200
12Cr1MoV、20CrMo、12Cr2Mo	＞6	200～250
12Cr2MoWVTiB、12Cr3MoVSiTiB	＞6	250～300
10Cr5MoWVTiB、10Cr9Mo1VNb	任意厚度	250～300

实际生产中，锅炉受压部件的焊前预热还应符合下列规定：

(1)对于壁厚小于表 5-1 中的碳钢焊件，焊接环境温度又低于 0℃时，要将焊接部位预热至 20℃以上。

低合金钢焊件在环境温度低于 5℃时，应将焊接部位预热至 50℃以上。

(2)厚壁锅炉受压部件用钨极氩弧焊焊接打底焊焊道时，焊件的预热温度要降低到 80～1000℃。

(3)当无法按表 5-1 的规定进行焊前预热时，允许适当降低预热温度。但在焊后必须立即进行焊后热处理，一般后热温度范围为 150～300℃，也可按相应工艺规程执行。

(4)对于直径小于 76mm、壁厚小于 13mm 的低合金钢管对接接头，采用熔化极气体保护焊时，如果焊接过程是连续进行，焊前可不进行预热。

(5)焊件的预热最好整体进行，若焊件太大，无法进行整体预热时，也可以采用局部预热法，但预热区的宽度在焊缝的两侧应不小于焊件厚度的 3 倍(并且不小于 100mm)。

(6)当采用碳弧气刨法进行清根或清除定位焊缝时,要将焊件预热至高于规定的焊前预热温度 50℃。

(7)异种钢接头焊接时,应按碳当量较高的钢种选择预热温度。

3. 焊接材料选择

(1)应按国家标准采购的焊接材料,而且按相应的标准进行验收,验收合格后方可用于生产。

(2)所有焊接材料的牌号和型号,一定要符合相应焊接工艺规程的规定。

(3)对于首次采用的焊接材料,用于锅炉受压部件之前,应必须完成规定的工艺试验。确认其各项性能符合设计要求,并经企业技术负责人批准后,才可以用于产品生产。

(4)各种焊接材料必须按企业的焊材管理制度进行存放、发放、烘干、回收和回用。

(5)焊接材料在使用前,一定要严格按相关工艺规程进行烘干和保温。

4. 焊前切割

受压部件的原材料的切割可采用机械剪切割、火焰切割、等离子弧切割和激光切割等方法。

对于屈服强度≥441MPa 或者合金元素总的质量分数≥3%的高强度钢和耐热钢进行热切割时,当板厚≥80mm 时,热切割前,应在 3 倍被切割的板厚范围内进行适当的预热,预热温度不能低于 100℃。若切割突然中断,则需要重新预热后再进行切割;若被切割的钢板是轧制状态,则在热切割前应作整体退火处理。

技能要点 4:锅炉焊接操作技术

1. 焊接接头

(1)锅筒、锅壳及炉胆等圆柱体受压部件的焊接接头,不要成为十字交叉;相邻筒节纵焊缝中心线间距应大于简体板厚的 3 倍,且不小于 100mm。

(2)在受压部件壳体表面焊接装配附件时,应避开主焊缝及其邻近区域。

(3)焊接接管管孔应避开焊缝,并尽可能使焊管焊缝与相邻焊缝的热影响区不重叠;无法避开焊缝时,必须对管孔周围 60mm 范围内的焊缝进行 X 射线探伤。

(4)对于额定蒸汽压力大于或等于 9.81MPa 的锅筒、集箱、管道上的管接头,及额定蒸汽压力小于 3.82MPa 的锅炉集箱、下降管接头,必须采用开坡口的接头形式。

(5)对于额定蒸汽压力大于或等于 3.82MPa 的锅炉锅筒、集箱集中下降管接头,必须采用全焊透的接头形式。

2. 焊接操作要求

(1)锅炉受压部件可以采用焊条电弧焊、埋弧焊、熔化极气体保护焊、药芯焊丝电弧焊、钨极惰性气体保护焊、等离子弧焊、电渣焊、螺柱焊、闪光对焊、感应压力焊、电阻对焊、摩擦焊、氧-乙炔焊、激光焊和电子束焊等方法进行焊接。

(2)锅炉受压部件上的焊接坡口,可以采用机械剪切或热切割加工,坡口的表面应该光洁平整,不能有深度超过 1mm 的凹槽。

(3)锅筒、锅壳或炉胆等圆柱体受压部件的环焊缝对接边缘的偏差 $\delta <$ (钢板公称壁厚 $t \times 15\% + 1mm$),并且 $\delta < 5mm$;对于不等厚的简节的对接环缝,如任一对接边缘偏差 $\delta >$ (钢板公称壁厚 $t \times 15\% + 1mm$),并且 $\delta > 5mm$ 时,应该将超差的部分削薄。

(4)锅筒、锅壳或炉胆等圆柱体受压部件的纵焊缝对接边缘、封头或下脚圈拼接焊缝对接边缘的偏差 $\delta <$ (钢板公称壁厚 $t \times 10\%$),并且 $\delta < 3mm$;对于不等厚壳壁对接头边缘偏差,如任一对接边缘偏差 $\delta >$ (钢板公称壁厚 $t \times 10\%$),并且 $\delta > 3mm$ 时,则应在壁厚中心线对准后,将较厚壳壁端部超差的部分削薄。

（5）集箱、管道和管子对接接头外侧边缘的偏差应符合设计规定。对于公称外径相同而壁厚不等的管子对接接头，当壁厚差大于 1mm 时，则应将壁厚较大的管端从内壁削薄。削薄部分的长度最少应为削薄量的 4 倍。

技能要点 5：锅炉焊后处理

根据钢材的类别和焊接工艺要求，锅炉受压部件焊后热处理可采用淬火＋回火、正火＋回火、回火和消除应力处理等形式。锅炉受压部件焊后热处理温度范围见表 5-2。

表 5-2　锅炉受压部件焊后热处理温度范围

钢　号	厚度界线 (mm)	温度范围 (℃)	最短保温时间（按焊缝厚度计算）		
			≤50mm	>50～125mm	>125mm
Q235A、Q235B、20g	＞30	600～650	2.5min/mm 不少于 30min	2.5min/mm 焊件厚度超过 50mm，每增加 10mm，再加保温时间 6min	
Q345(16Mn、16MnG)19MnG					
Q390(15MnVg、16MnNi)	≥20				
13MnNiMoNb					
12CrMo、15CrMo	＞10	650～700	2.5min/mm 不少于 30min	2.5min/mm	2.5min/mm 焊件厚度超过 125mm，每增加 10mm 再加保温时间 6min
12Cr1MoV		710～740			
20CrMo	＞6	650～700			
12Cr2Mo		700～740			
12Cr2MoWVTiB	任意厚度	760～780			
12Cr3MoVSiTiB					
10Cr5MoWVTiB		750～770			
10Cr9Mo1VNb					

第二节　压力容器焊接

本节导读：

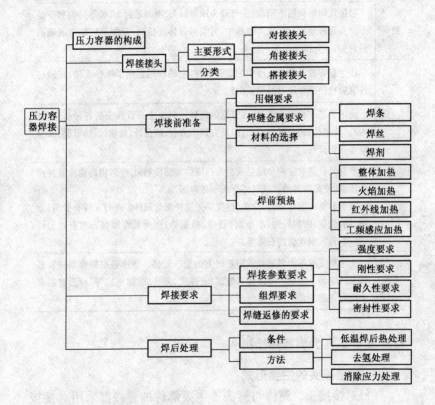

技能要点 1：压力容器的构成

　　压力容器的构成形式很多，下面以最常见的组合型容器为例进行说明。这类容器主要由筒体、封头、法兰、密封元件、开孔与接管、支座等构成，见表 5-3。

表5-3 组合型压力容器的构成

项目	内　　容
筒体	筒体是压力容器主要组成部分之一。储存物料或完成化学反应所需要的压力空间大部分是由它完成的,因此筒体的大小往往是根据工艺要求来确定的。形状有圆筒形、锥形和球形等
封头	根据几何形状的不同,封头可分为球形封头、椭圆形封头、碟形封头和平盖形封头几种形状。在压力容器中,封头与筒体连接时,只能采用球形或椭圆形封头,不允许用平盖形封头
法兰	法兰是容器及管道连接中的重要部件,它的作用是用于螺栓连接,并通过拧紧螺栓使垫片压紧而保证密封
开孔与接管	由于工艺和检修的需要,在容器的筒体或封头上开设或安装各种接管,如人孔、视镜孔、物料进出口孔,以及安装压力表、液位计、流量计、热电偶、安全阀等接管开孔
密封元件	密封元件是放在两个法兰或封头与筒体端部接触面之间,借助螺栓等连件压紧,使筒内的液体或气体介质不致泄漏 根据容器的工作压力、介质、温度等来选择密封元件。密封元件有金属(紫铜、铝、软钢)密封元件、非金属(石棉、橡胶等)密封元件和组合型密封元件(铁包石棉、钢丝缠绕石棉等)
支座	支座是支撑压力容器并固定基础上的受压元件。支座是根据容器安装形式来决定的。常见支座形式有鞍式、支撑式、悬褂式、裙座式等,球形容器常采用柱式和裙式两种支座

技能要点 2:压力容器焊接接头

1. 焊接接头的主要形式

(1)对接接头。筒体与封头等主要部件的连接都采用对接接头,因为这种接头受力均匀,也容易做到与母材等强的要求。

(2)角接接头。筒体与管连接均采用角接接头,有插入式和骑座式两种。

(3)搭接接头。搭接接头主要用于非受压部件与受压壳体的连接,如支座与壳体的连接。

2. 焊接接头的分类

压力容器壳体上的焊接接头按其受力状态及所处部位可分成A、B、C、D四类,如图5-1所示。

(1)A类接头是容器中受力最大的接头,因此要求采用双面焊或保证全部焊透的单面焊缝,主要是筒节的拼接纵缝、封头瓣片的拼接缝、半球形封头与筒体的环焊缝等。

(2)B类接头的工作应力为A类的1/2,除可采用双面焊的对接接头之外,也可采用带衬垫的单面焊缝。它包括筒节间的环焊缝、椭圆形及碟形封头与接管相接的环焊缝等。

(3)C类接头受力较小,一般用角焊缝连接。但是对于高压容器,装有剧毒介质的容器和低温容器还应采用全焊透接头,如法兰、管板等处的焊缝。

(4)D类接头是接管与筒体的交叉焊缝、受力条件较差,且存在较高的应力集中,再有焊接时刚性拘束较大,焊接残余应力也大,容易产生缺陷,所以在容器中,D类接头也应采用全焊透的焊接接头。

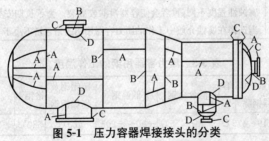

图 5-1　压力容器焊接接头的分类

技能要点 3:压力容器焊接前准备

1. 压力容器用钢的要求

压力容器是一种受内压或外压的密封结构,其内部不但承受很高的压力,往往还装有易燃、易爆、有毒和有腐蚀的介质。因此,压力容器用钢要比其他焊接金属结构用钢要求高,其具体要求见

表 5-4。

表 5-4　压力容器用钢的要求

要　求	简　要　说　明
具有足够的强度	压力容器是具有爆炸危险的设备，为了安全，必须保证压力容器本身及其部件具有足够的强度。特别是经过热加工和多次热处理的钢材，仍应保证强度性能不低于标准规定的下限值。因而，不论容器压力高低，抗拉强度的安全系数为3，屈服点的安全系数为1.6
具有相适应的使用温度	各类压力容器工作温度都有很大差异，所以在选用钢材时，除要求具有的强度、塑性、韧性外，还必须保证在不同工作温度下具有足够的力学性能。常见压力容器用钢的工作温度见表5-5
塑性和韧性好	压力容器用钢必须具有足够的塑性和韧性，是为了防止脆性断裂的必要条件之一，也是对压力容器各部件，如筒体、封头和接管等冲压、卷制、热压成型等冷、热加工制造工艺的要求。几种常用压力容器用钢板的低温冲击韧度要求见表5-6(工作温度≤−20℃，试样缺口为Ｖ形)
焊接性要好	为了确保焊接压力容器的质量，材料要具有良好的焊接性能。焊接结构压力容器用钢的含碳量不能大于0.24%。对于大厚度压力容器用钢，其含碳量也应控制在较低值为宜
具有较高的耐腐蚀性	在石油、化工行业中，压力容器装有的介质均有一定的腐蚀性，但是腐蚀性程度不同，重者会使容器泄漏或破裂。为了长期安全运行，应当选择在腐蚀介质中工作的压力容器用钢的铬含量不小于13%

表 5-5　压力容器用钢的工作温度

材料名称	碳素钢(非容器钢除外)	低合金钢	低温钢	碳钼钢及锰钼铌钢	铬钼钢	奥氏体不锈钢
工作温度	−19～475℃	−40～475℃	−90～−20℃	520℃	580℃	−196～700℃

表 5-6　常用压力容器用钢板的低温冲击韧度要求

钢　号	钢板使用状态	板厚(mm)	最低试验温度(℃)	冲击韧度 a_K(J/cm²) 试样尺寸(mm×mm×mm)	
				10×10×55	5×10×55
Q235R	热轧	6～12	−20	≥18	≥12
	正火	6～20	−20	≥18	≥12

续表 5-6

钢　号	钢板使用状态	板厚(mm)	最低试验温度(℃)	冲击韧度 a_K(J/cm²)	
				试样尺寸(mm×mm×mm)	
				10×10×55	5×10×55
16MnR	热轧	6～12	−25	≥21	≥14
		13～20	−20	≥21	—
15MnVR	正火	6～30	−40	≥21	≥14
		32～50	−30	≥21	—
15MnVNR	正火	11～30	−40	≥28	—
		32～50	−30	≥26	—

2. 压力容器焊缝金属性能要求

构成压力容器所有焊缝（筒体、封头、接管等焊缝），承受着与受压壳体相同的各种载荷、温度、工作介质的物理—化学反应的作用。因此，对焊缝金属提出以下几点基本要求：

（1）等强性。

1）焊缝金属的抗拉强度不要低于母材标准规定的下限值。这里所指的强度有常温、高温和持久强度。

2）对于压力容器高温部件的焊缝金属强度，应该按最高设计温度下的强度指标选择焊接材料，不用要求同时达到室温强度规定的指标。

（2）等塑性。焊缝金属的塑性和韧性指标，不能低于母材标准规定的塑性和韧性指标的下限值。这里所指的塑性包括低温和高温的塑性，韧性值包括焊缝中心、熔合区和热影响区三个部位。

（3）等耐蚀性。焊缝金属的抗氢能力、耐化学腐蚀的稳定性、抗氧化性和抗应力腐蚀性能都不低于母材标准规定的指标。

3. 焊接材料的选择

（1）焊条。

1)对于碳钢和低合金来说,焊缝金属和母材要等强,即按照母材的强度选择焊条。钢材(母材)的强度等级是按屈服强度分级的,而焊条是按抗拉强度分级的。因而,选择焊条要按钢材的抗拉强度来考虑。所谓等强,即焊缝强度不可以过高,不然就会使塑性、韧性下降。

2)对于耐热钢、耐腐蚀钢等特殊性能的钢种,为了保证焊缝金属的特殊性能,要求焊缝金属的主要金属元素与母材相同或相近。

3)对承受压力或应力载荷的结构,除保证抗拉强度外,还应当满足焊缝金属的塑性和韧性的要求。所以,要选择抗裂性好的碱性焊条。

4)当介质有腐蚀作用时,要根据介质的种类、浓度、温度等情况,来正确选择相应的耐腐蚀焊条。

(2)焊丝。低碳钢埋弧自动焊,其焊丝通常采用 H08A。当焊件厚度较厚时,应当选用 H08MnA 和 H10Mn2 等低硅焊丝。

(3)焊剂。

1)焊接低碳钢可选用高锰高硅焊剂配合低碳钢焊丝(如 H08A+HJ431),或用低锰、无锰焊剂配合低合金钢焊丝(如 H08MnA+HJ130),都可获得满意的焊接接头。因为对于低碳钢和低合金钢来说,焊缝金属的 Mn/Si 比是决定其韧性的主要因素。各种强度等级的金属焊缝的韧性与 Mn/Si 的关系,总的趋势是 Mn/Si 越高,焊缝金属的韧性越高。当 Mn/Si 小于 2 时,焊缝金属的韧性就不易得到保证。

2)焊接低合金钢时,多选用与母材成分相近的焊丝,即低锰或中锰中硅焊剂。

3)焊接高合金钢时,主要选用惰性焊剂,配合与母材成分相似的焊丝来进行焊接。

4. 焊前预热

压力容器焊接,焊前预热是防止接头裂纹,改善焊接接头组织性能,减小焊接应力的重要工艺措施。

大部分制造压力容器用的低合金高强度钢及超过一定厚度的碳素钢,或当焊件温度低于 0℃时,为保证焊接质量,焊前应进行预热。一般用的焊前预热方法有以下几种:

(1)整体加热。整体加热是将焊件全部放进炉内加热至稍高于规定的预热温度,以保证经过吊运过程焊件的温度不低于规定的预热温度。由于大型焊件的整体加热、装配和焊接的工作条件恶劣,所以只有在不得已的情况下采用。

(2)火焰加热。采用生活用煤气或液化石油气作为燃料来加热焊件,是目前普遍使用的一种局部预热法。根据焊件需要预热部位的形状,火焰加热炬可制成环形、直线形及扁形等多种形状。

(3)红外线加热。红外线加热原理是利用燃料燃烧或电能加热一个经特殊处理的表面,产生波长为 $0.7\sim20\,\mu m$ 的远红外线。这种远红外线是一种较强的热源,可用来加热焊件。

气体燃料可用城市煤气或液化石油气。气红外加热器在使用时,内网温度达 $900\sim1200℃$,外网温度达 $550\sim870℃$。为了使用方便,气红外加热器常成组使用。使用电能产生远红外线的装置叫电红外加热器。电红外预热时,根据被预热焊件的形状,将一组或几组加热器组装成相应的装置并固定在支架上。用电磁铁直接吸在焊件上的方法,可使组装工作大为简化。因不受焊件内、外和上、下位置的限制,所以这些位置都可安放电红外加热器,在这方面优于气红外加热。

红外线加热迅速、经济,有较好的热穿透力,可降低嫩料消耗,应用日益普遍。

(4)工频感应加热。利用工业频率 $50\,Hz$ 的交流电在焊件上造成交变磁场,形成涡流,产生热量来加热焊件。因为集肤效应,热量趋向集中在焊件外层,所以适用于中薄焊件的预热。加热时,利用铜合金的空心导管作为加热元件,先在被加热焊件上局部包上石棉布,再在石棉布外缠上紫铜管,铜管中间通入冷却水,防止铜管本身不因过热而熔化。要在钢管外面再包上石棉布,将导管接通后,变压器即可加热。工频加热不需用变频设备工厂供电即可直接使用,但属于感性负载,降低了网络的功率因数。

技能要点 4:压力容器焊接要求

1. 焊接参数要求

(1)强度要求。压力容器是带有爆炸危险的设备,为了生产和人身安全,要求容器的每个部件都必须有足够的强度,并且要在应力集中的地方做适当的补强。

(2)刚性要求。刚性是指在外力使用下能够保持原来形状和能力,不会因强度不足而发生破坏和过量的塑性变形,但由于弹性变形过大也会丧失正常的工作能力。

(3)耐久性要求。耐久性指设备使用年限,一般压力容器的使用年限为 10 年左右,高压容器使用年限为 20 年左右。

(4)密封性要求。密封性对压力容器至关重要,一方面是保证焊接质量(焊缝检验合格)合格;另一方面容器制作完成后,一定要按规定进行水压试验,以确保密封性合格。

2. 对压力容器组焊的要求

(1)不宜采用十字焊缝。相邻两筒节间的纵缝和封头拼接焊缝与相邻筒节间的纵缝应错开。其焊缝中心线之间的外圆弧长一般应大于筒体厚度的 3 倍,而且不小于 100mm(下料时,应特别注意)。

(2)临时用的吊耳、拉筋板及垫的焊接,要采用与压力容器壳体相同或在力学性能和焊接性能方面相似的材料,并用相应的焊接材料和工艺进行焊接。临时焊件割除后(打磨平滑),应做渗透或磁粉检测,确保容器表面无裂纹。打磨后,该处厚度不能低于设计厚度。

（3）不允许进行强力组装。

（4）受压元件之间或受压元件与非受压元件之间的组装定位焊。如果定位焊缝保留成为焊缝的一部分时,就一定要按受压元件的焊缝要求（焊接材料、焊接工艺等）进行定位焊接。

3. 焊缝返修要求

（1）应分析缺陷产生的原因,提出相应的返修方案。

（2）返修应编制详细的工艺,经焊接责任工程师批准后才可以实施。

（3）同一部位的返修次数不宜超过两次。如超过两次以上的返修,需经单位技术总负责人的批准。返修次数、部位、检测结果以及单位技术总负责人批准字样一并载入压力容器质量证明书的产品制造变更报告中。

（4）施工现场（工厂及工地）焊接记录应详尽。其内容应包括天气情况、返修长度、焊接工艺参数（电流、电压、速度、预热温度、层间温度、后热温度和保温时间、焊材牌号、规格及焊接位置等）和施焊者及其钢印等。

（5）需焊后进行热处理的压力容器,要在热处理后,焊接返修完,否则还要做一次热处理。

（6）压力试验后需返修的,返修部位一定要按原检测方法要求检测合格。由于焊接接头或接管泄漏而进行返修的,或返修厚度大于 1/2 壁厚的压力容器,还需要重新进行压力试验。

（7）有抗晶间腐蚀要求的奥氏体不锈钢制作的压力容器,返修部位仍需保证原有的抗晶间腐蚀性能。

技能要点 5:压力容器焊后处理

1. 焊后处理条件

压力容器及受压部件符合下列条件时,应进行焊后热处理:

（1）压力容器焊件的壁厚超过表 5-7 的界限值时,应进行焊后热处理。

表 5-7　压力容器焊件进行焊后热处理的壁厚界限

钢　　号	热处理厚度界限 (mm)
碳素钢、07MnCrMoVR	32
	38
Q345(16Mn、16MnR)	30
	34
Q390(15MnVR、15MnV)	28
	32
碳素钢和低合金钢制低温容器	16
15MnVNR、18MnMoNbR、13MnNiMoNbR、15CrMoR、14Cr1MoR、12Cr2Mo1R、20MnMo、20MnMoNb、15CrMo、12Cr1MoV、12Cr2Mo1、1Cr5Mo	任何厚度

（2）压力容器和受压部件的制造图样，注明该焊件是有应力腐蚀危险的容器或是盛装极度毒性或高度毒性的容器。

（3）容器的封头是用冷加工方法制作成形的。

（4）用碳素钢和 Q345(16MnR) 钢，冷加工制作或中温成形的简节，其厚度大于或等于圆筒内径的 3%；其他低合金钢，其厚度大于或等于圆筒内径的 2.5%，成形后进行热处理或和焊件焊完后一并热处理。

2. 焊后处理方法

（1）低温焊后热处理。即焊接结束后，将焊件或整条焊缝立即加热到 150～250℃ 温度范围，并保持一段时间的处理工艺。

后热处理主要用于焊前预热不足时防止冷裂纹的产生、焊接性很差的低合金钢或高拘束度接头等场合。后热处理温度和时间与钢材的冷裂敏感性、焊接材料的含氢量和接头拘束度有关。后热处理温度越高，其保温时间越长，去氢效果越明显。保温时可按板厚估算，1min/mm，但至少不少于 30min。

（2）去氢处理。去氢处理即焊接结束后，立即加热到300～400℃并保温一段时间，以加速氢的扩散逸出。氢的排出程度和加热温度与时间有关，温度高保温时间可以短些，温度低保温时间就长些。生产中去氢处理的温度为300～400℃，时间为1～2h。

（3）消除应力处理。消除应力处理即先将焊件均匀地以一定加热速度加热到 Ac1 点以下足够高的温度，然后保温一段时间后随炉均匀地冷却到300～400℃，最后将工件移到炉外空冷。

第六章　梁与柱焊接技术

第一节　梁与柱基础知识

本节导读:

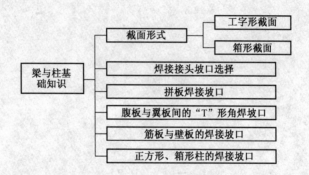

技能要点 1:梁、柱截面形式

梁和柱都是由钢板和型钢焊接成形的构件,常见的是工字形(或 H 形)和箱形截面的梁和柱,见表 6-1。

表 6-1　梁、柱截面形式

截面形式	组　成	特　点
工字形截面的梁和柱	工字形截面的梁和柱,均是由三块板组成,上、下为翼板,中间为腹板。仅仅在相互位置、薄与厚、宽与窄、有无筋板等方面有所区别。通过 4 条焊缝连接组成了工字形截面的梁和柱	如果一根梁上受力情况不同时,可沿梁的长度方向上改变梁的截面,制成变截面梁

续表 6-1

截面形式		组　成	特　点
箱形截面的梁和柱	箱形截面梁	箱形梁和柱的截面形状是长方形和正方形,由四块板焊接而成	箱形梁适用于同时受水平、垂直弯矩或扭矩的场合,因为刚性大,所能承受的外力作用较大,箱形梁多为封闭形的长方形状
	箱形截面柱		箱形柱截面多为正方形状,其壁厚较箱形梁厚,也是通过四条焊缝连结而成

为了提高梁与柱的整体和局部刚性及稳定性,经常在其内部设置筋板和隔板。梁中的筋板设置比较复杂,制造(主要是焊接)比较困难。柱中的隔板,因为板较厚,箱体又是封闭的,所以,要想壁板与筋板焊透困难较大。

技能要点 2:焊接接头坡口选择

大中型钢结构的梁和柱一般为焊接结构,根据结构和不同的焊接方法,将其焊成工字形(或 H 形)、箱形的梁和柱。按照梁、柱结构特点和要求,所有拼板接头都为对接接头,胶板和翼板连接为 T 形角接头,方形截面箱形柱四块板间连接为 L 形角接接头。

焊接结构的梁和柱,根据对承受载荷要求的不同,角接接头可分为部分焊透和全焊透两种。而所有对接接头要求全部焊透。

坡口的选择原则是:首先要保证焊缝质量,其次考虑焊接方法和工艺、生产效率、焊接变形等综合因素及经济效果。

技能要点 3:拼板焊接坡口

由于大型梁和柱使用的板材都比较厚,并且要求全焊透。无论哪种焊接方法,都要保证焊接质量和焊后的平直度,所以通常都选择 X 形坡口。为提高生产效率考虑了埋弧自动焊,如图 6-1所示。

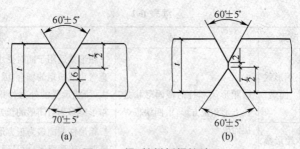

图 6-1　梁、柱拼板焊接坡口
(a)埋弧自动焊　(b)焊条电弧焊或 CO_2 气体保护焊

技能要点 4:腹板与翼板之间的"T"形角焊坡口

根据受力大小不同,坡口形式有部分焊透和全焊透两种,如图 6-2 所示。

当板厚≤18mm,焊角尺寸≤12mm 时,可以不用开坡口,如图 6-2a 所示;当板厚>18mm,焊角尺寸>12mm 的角焊缝,可采用部分焊透的角接接头,坡口形式如图 6-2b 所示,焊后引起的角变形较小些。要求全焊透的角接接头坡口形式根据选用的焊接方法不同,可分别采用如图 6-2c、d、e 所示的坡口。如工字形截面的角接接头采用埋弧自动焊的坡口形式,如图 6-2c 所示。采用焊条电弧焊或 CO_2 气体保护焊的坡口形式如图 6-2d 所示。对于长方形箱形截面的"T"形角接接头,因为箱形梁内有横向筋板(或隔板等)就不可以采用埋弧自动焊工艺,如果用"K"形坡口,在箱内采用焊条电弧焊或 CO_2 气体保护焊,焊后初应力、初变形都比较大,不利于控制箱梁整体变形,同时也要清根(焊补焊缝时),劳动强度大,生产效率低。改"K"形坡口为单面 V 形坡口加钢衬垫,如图6-2e 所示。这样情况就完全变了,可采用埋弧自动焊,为保证焊接质量、生产效率提高了,大大减轻了劳动强度,同时又有利于控制焊接变形。

对于箱形梁内安装的构件与和板形成的全焊透 T 形面接头,构件之间的距离小于 400mm 的节点,只能采用焊条电弧焊,其坡口形式如图 6-3a 所示。板较厚时,还要进行多层多道焊,若是低合金高强度钢,焊前还需预热,在这样焊位狭小高温下操作,很难达到焊接质量要求。

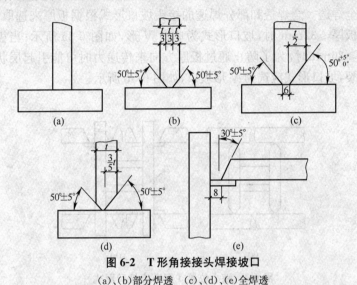

图 6-2　T 形角接接头焊接坡口

(a)、(b)部分焊透　(c)、(d)、(e)全焊透

为满足焊透要求,将其坡口改成如图 6-3b 所示的单面 V 形坡口加钢衬垫。这样可采用埋弧自动焊工艺,不仅改善了作业环境,还提高了焊接生产效率,同时也能保证焊缝的焊接质量。

技能要点 5:筋板与壁板的焊接坡口

正方形的箱形柱内筋板(横隔板)和壁板的 T 形角焊缝要求全焊透。最后一块壁板盖上去后,与筋板形成的一条 T 形角焊缝,无法进行焊条电弧焊,在实际生产中需采用熔嘴电渣焊方法进行焊接,其坡口形式如图 6-4 所示。

技能要点 6:正方形、箱形柱的焊接坡口

正方形箱形柱的结构特点是板厚,内部空间窄小。为了防止焊接变形,必须先将箱形柱的四块壁板(或称为二块翼板和二块腹板)装配成一封闭的钢体结构后,才可以进行四条 L 形角接接头的焊接。对于重要节点及有抗震要求的正方形箱形柱焊接接头需要全焊透。全焊透和部分焊透的接头坡口形式根据板厚来选取,当板厚≤32mm 时,坡口形式为单边 V 形,如图 6-5a 所示;当板厚≥36mm 时,为了防止通过板厚方向来传递力时可能引起层状撕裂,坡口形式应选为 V 形坡口,如图 6-5b 所示。

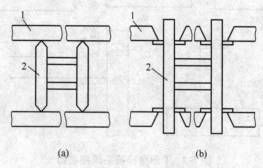

(a) (b)

图 6-3　狭小位置 T 形节点坡口形式

(a)全焊透 T 形角接接头坡口形式　(b)单 V 形钢衬垫单面焊坡口形式

1. 面板　2. 腹板

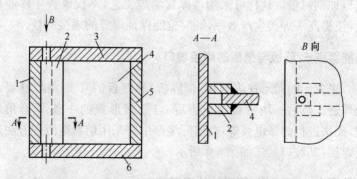

图 6-4　正方形箱柱隔板与壁板熔嘴电渣焊接头形式

1. 壁板　2. 钢衬垫　3. 翼板　4. 隔板　5. 壁板　6. 翼板

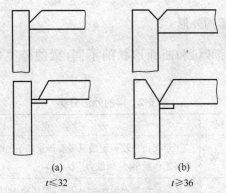

(a)　　　　　　　　(b)

$t \leqslant 32$　　　　　　$t \geqslant 36$

图 6-5　正方形箱柱 L 形角接接头坡口形式

(a)单边 V 形坡口　(b)V 形坡口

第二节　梁焊接

本节导读：

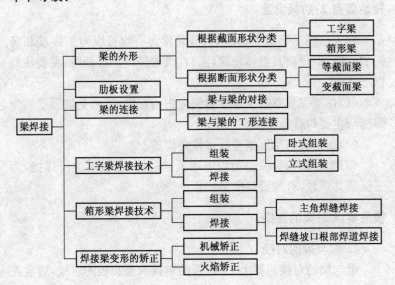

技能要点 1：梁的外形

梁的截面形状和断面形状的不同，梁的分类也不同，见表6-2。

表 6-2　梁的外形分类

分类标准	类别	特　点
根据截面形状分类	工字梁	工字梁由三块板组成只需要焊接四条角焊缝，结构简单，焊接工作量小，应用最为广泛
	箱形梁	箱形梁的断面形状为封闭形，整体结构刚度大，可以承受较大外力
根据断面形状分类	等截面梁	等截面梁的结构简单，制造方便
	变截面梁	变截面梁主要是根据梁长度方向上的受力大小不同，通过改变盖板的厚度、腹板的宽度或腹板的外形来达到梁截面尺寸的变化

技能要点 2：肋板设置

在大断面工字梁和箱形梁上，通常设有腹板纵向加强筋和竖向加强筋，以提高其整体稳定性。在设置竖向加强筋时，需要注意以下几点：

（1）在加强筋靠近主角焊缝侧应进行切角，以避免加强筋的角焊缝与主要焊缝重叠相交。

（2）加强筋与受压侧盖板焊接角焊缝。

（3）加强筋与受拉侧盖板应顶紧，还要与盖板不进行焊接，为了保证其顶紧，有的设置楔形垫板。

技能要点 3：梁的连接

1．梁与梁的对接

梁与梁的对接包括上、下盖板的对接和梁腹板的对接，通常盖板的对接坡口冲上,平位施焊;腹板的对接焊缝立位施焊,腹板厚度较薄时,开单面坡口,如果腹板厚度较厚,可开双面坡口。

2. 梁与梁的 T 形连接。

(1)工字梁与工字梁的 T 形连接包括横梁盖板和主梁盖板的对接,横梁腹板与主梁腹板的角接。

工字梁与工字梁的 T 形连接一般在主梁的两侧都有。若只在主梁的一侧连接时,则需要在主梁的另一侧增加加劲板结构,以增加梁的刚度。

(2)箱形梁的 T 形连接包括横梁盖板、腹板与主梁盖板间角焊缝。箱形梁与箱形梁的 T 形连接时,在正对横梁处主梁内侧需设置横向加强筋及隔板。

技能要点 4:工字梁焊接技术

1. 工字梁的组装

工字梁的组装方法分为卧式组装和立式组装,见表 6-3。

表 6-3　工字梁的组装方法

序号	组装方法	操作要求	适用范围
1	卧式组装	卧式组装时需制作组装胎具。组装时需要将工字梁的腹板平置,再将两盖板装于腹板两侧,采用顶紧装置 将盖板与腹板顶紧,然后进行定位焊接	适于工字形杆件的批量组装
2	立式组装	立式组装就是将工字梁的一个盖板平置,然后将腹板竖向与盖板组对,形成 T 字形梁后,再将另一个盖板平置,将 T 字形梁翻身后,腹板与盖板组对	适于少量大断面工字形杆件的组装

2. 工字梁的焊接

工字梁焊接时应首先进行四条主角焊缝的焊接,通常采用埋弧焊的船位焊接。为了保证梁上的拱度,应先对下盖板侧的角焊缝进行焊接,然后焊接上盖板侧的角焊缝。待工形盖板的焊接变形修整后,再组装腹板上加劲肋,可以采用 CO_2 气体保护焊焊接加劲肋的角焊缝。焊接时要从梁长度方向的中间向两端进行对称焊接,对于有顶紧要求的加劲板,需要从顶紧端向另一端焊接。

技能要点 5:箱形梁焊接技术

(1)箱形梁的组装。箱形梁组装时,应先将一侧盖板置于平台上,然后组对隔板,接着组装两侧腹板形成槽形。焊接隔板的三面角焊缝,最后在槽形上组装另一盖板,形成箱形。

(2)箱形梁的焊接。

1)主角焊缝的焊接:箱形杆件组成槽形后,可以采用 CO_2 气体保护焊焊接隔板的三面角焊缝。应当对称焊接,扣盖组成箱形后,焊接箱形的四条主角焊缝。主角焊缝一般采用埋弧焊,为了防止箱形杆件产生扭曲变形,四条主角焊缝应同向焊接,同一腹板侧两条主角焊缝需对称焊接。

2)焊缝坡口根部焊道的焊接:为了便于埋弧焊焊接操作,还可以将 2~3 根截面一样的箱形杆件并排在平台上一起顶紧焊接,焊接时可利用刚性固定的方法,有利于控制杆件的扭曲变形。

技能要点 6:焊接梁变形的矫正

(1)机械矫正。机械矫正是利用机械力的作用来矫正变形。机械矫正梁需要用一定的大型加压设备,而且结构不同时矫正的方法和施力的部位也不相同。

(2)火焰矫正。火焰矫正设备简单,易于推广,但是技术难度较大。T形梁焊后产生的上拱、旁弯和角变形等复杂变形,可以采用火焰矫正的方法加以消除,如图 6-6 所示。

矫正时,先在两道焊缝的背面,用火焰沿着焊缝方向烧一道,如图6-6b所示。若板较厚,则烧两道,如图6-6c所示。加热线不要太宽,要小于两焊脚总宽度,加热深度不能超过板厚。加热后,角变形立即消失。

在立板上用三角形加热法矫正上拱,如图6-6d所示。若第一次加热后还有上拱,再进行第二次加热。加热位置选在第一次加热位置之间,加热方向由里指向边缘。如果是不均匀弯曲.则只要在弯曲部分进行加热,并且加热位置应放在最高处。在水平板背面用线状加热(或三角形加热),加热位置分布在外突的一侧,进行旁弯矫正,如图6-6e所示。因为矫正旁弯以后又会引起新的上拱变形,所以应再次用上面的方法矫正上拱。

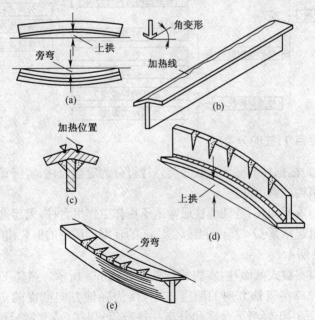

图6-6　T形梁复杂变形的火焰矫正

第三节   柱 焊 接

本节导读：

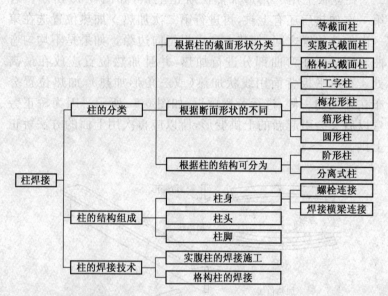

技能要点 1：柱的分类

(1)根据柱的截面形状分类。柱可分为等截面柱、实腹式截面柱及格构式截面柱。

1)等截面柱：等截面柱通常适于用作工作平台柱，无起重机或起重机起重量 $Q<15t$、柱距 $l\leqslant12m$ 的轻型厂房中的框架柱等，如图 6-7 所示。

2)实腹式截面柱：实腹式柱截面如图 6-8 所示。热轧工字钢（图 6-8a)在弱轴方向的刚度较小(仅为强轴方向刚度的 $1/4\sim1/7$)，适用于轻型平台柱和分离柱柱肢等；焊接（或轧制)H 型钢（图 6-8b)为实腹柱最常用截面，适用于重型平台柱、框架柱、墙架柱及组合柱的分肢、变截面柱的上段柱等;型钢组合截面(图 6-8c、d、e)可按强轴、弱轴方向不同的受力或刚度要求较合理地进行截面组合,适用于偏心受力并荷载比较大的厂房框架柱的下段柱等;十字形截面(图 6-8f)适用于双向均要求较大刚度及双向均有弯矩作用时,其承载能力较大的柱,如多层框架的角柱以和重型平台柱等;当有观感或者其他特殊要求时也可以采用管截面柱(图 6-8g、h)。

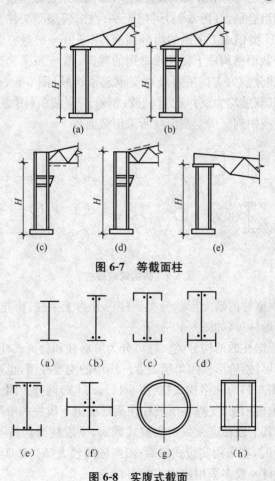

图 6-7　等截面柱

图 6-8　实腹式截面

3)格构式截面柱。格构式组合柱截面如图 6-9 所示。当柱承受较大弯矩作用或要求较大刚度时,为了合理用材宜采用格构式组合截面。

格构式组合截面一般由每肢为型钢截面的双肢组成,当采用钢管(包括钢管混凝土)组合柱时,也可采用三肢或四肢组合截面。格构柱的柱肢之间均由缀条或缀板相连,以保证组合截面整体工作。

槽钢组合截面(图 6-9a)可用于平台柱、轻型刚架柱及墙架柱等;带有 H 型钢或工字钢的组合截面(图 6-9b~e)是有起重机厂房阶形变截面格构柱下段柱很常用的截面,图 6-9b、e 为边列柱截面,其双肢分别为支撑屋盖肢和支承起重机肢;图 6-9c、d 为中列柱截面,其双肢均为支撑起重机肢;钢管组合截面(图 6-9g、h)分别为边列或中列厂房变截面柱所采用截面。

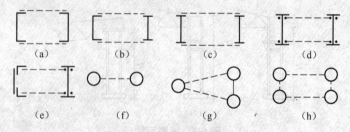

图 6-9　格构式截面柱

(2)根据柱的断面形状分类。柱可分为工字柱、梅花形柱、箱形柱和圆形柱等,如图 6-10 所示。

(3)根据柱的结构分类。柱可分为阶形柱和分离式柱。

1)阶形柱:阶形柱为单层工业厂房中的主要柱型,也可分为实腹式柱(图 6-11b)和格构式柱(图 6-11a、c、d、e)两种。因为起重机梁(或起重机桁架)支撑在下段柱顶而形成上下段柱的阶形突然变化。所以其上段柱通常采用实腹式截面,下段柱当柱高不大($h \leqslant 1000\text{mm}$)时,宜采用实腹式截面;而当柱高较大($h > 1000\text{mm}$)时,为节约用材一般多采用格构式截面。

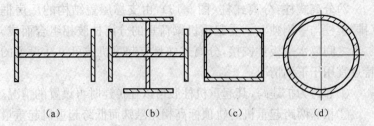

图 6-10　柱的断面形状

(a)工字柱　(b)梅花形柱　(c)箱形柱　(d)圆形柱

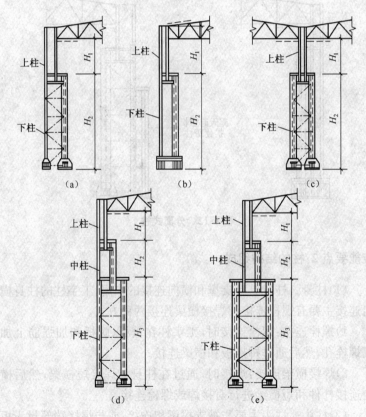

图 6-11　阶梯柱

(a)、(b)、(c)为单阶柱　(d)、(e)为双阶柱

2)分离式柱:分离式柱(图 6-12),由支撑屋盖结构的厂房框(排)架柱与一侧独立承受起重机梁荷重的分离柱肢组合而成。二者之间以水平板件铰接,分离式柱具有起重机肢可灵活设置的特点宜用于下列情况:

①邻跨为扩建跨,其起重机柱肢可以在扩建时再设置的情况。

②相邻两跨起重机的轨顶标高相差悬殊而低跨起重机起重量又较大时。

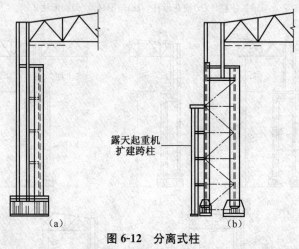

露天起重机
扩建跨柱

(a)   (b)

图 6-12 分离式柱

技能要点 2:柱的结构组成

(1)柱身。柱身具有支撑和横向连接的作用,工字柱的柱身横向连接主要有螺栓连接和焊接横梁连接两种方式。

1)螺栓连接:螺栓连接时,工字柱在盖板、腹板和加强筋上加工螺栓孔,然后通过拼接板和横梁连接。

2)焊接横梁连接:焊接时,通过在柱身上焊接短横梁,然后横向连接杆件和短横梁进行对接焊或螺栓连接。

(2)柱头。柱头主要与被支撑梁相连接,或与焊接端部封头板焊接。

(3)柱脚。柱脚主要承受外力和整个柱的重量。柱脚需要具有较大的刚度,通常在柱脚处采用加强筋板补强,柱脚及基础通过螺栓或焊接与基础相连。

技能要点 3:柱的焊接技术

1. 实腹柱的焊接施工

工字形实腹柱和箱形实腹柱的焊接要求与工字梁和箱形梁的焊接要求相似。一般主角焊缝采用埋弧焊,加强筋或隔板采用 CO_2 气体保护焊。对于要求隔板四面全焊的箱形柱,最后采用电渣焊焊接隔板和盖板间的角焊缝。

2. 格构柱的焊接

格构柱的焊接一般较简单,焊缝长度较短,组装定位后,主要采用焊条电弧焊或 CO_2 气体保护焊,尽可能对称施焊。

第七章　焊接质量控制

第一节　焊接质量检验标准

本节导读：

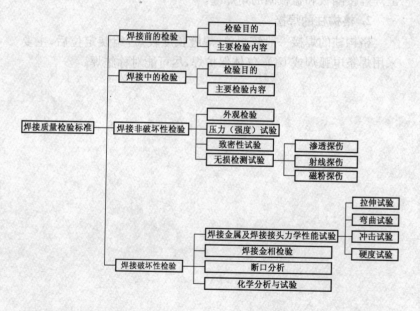

技能要点 1:焊接前的检验

1. 检验目的

焊接前检验的目的主要是以预防为主,达到减小或消灭焊接缺陷的产生。

2. 主要检验内容

(1)金属原材料的检验。包括检验原材料质量、购进材料的单据及合格证、材料上的标记、材料表面质量、材料的尺寸。

(2)焊接材料的检验。包括检验焊接材料的选用及审批手续、代用的焊接材料及审批手续、焊接材料的工艺性处理、焊接材料的型号及颜色标记。

(3)焊件的生产准备检查。包括检验坡口的选用,坡口角度、钝边及加工质量。

(4)焊件装配的检验。包括检验零部件装配、装配工艺、定位焊质量。

(5)焊接试板的检验。包括检验试板的用料、试板的加工、试板的尺寸及分类。

(6)焊接预热的检验。包括检验预热方式、预热温度及温度范围。

(7)焊工资格的检查。包括检查焊工资格证件的有效期、焊工资格证件考试合格的项目。

(8)焊接环境的检查。包括检查施焊当天的天气情况。露天施焊时,雨、雪天气应停止焊接;检查风速、相对湿度、最低气温等。

(9)试板焊接的检验。试板按正式焊件的焊接参数焊接,并按工艺文件所要求的内容进行检验。

技能要点 2:焊接中的检验

1. 检验目的

焊接中检验的目的是防止和及时发现焊接缺陷,进行修复,保证焊件在制造过程中的质量。

2. 主要检验内容

(1)焊接工艺方法检查。检查焊接工艺方法是否与工艺规程规定相符,如不相符应办理审批手续。

(2)焊接材料检验。检查焊接材料的特征、颜色、型号标注、尺寸、焊缝外观特征,检验焊接材料领用单与实际使用焊接材料是否相符。

(3)焊接顺序检查。注意现场施焊部位的施焊方向和顺序。

(4)预热温度检查。根据焊件表面溢度变化情况,随时验证预热温度是否符合要求。

(5)焊道表面质量检查。对发现的焊缝缺陷进行及时修复。

(6)层间温度检查。多道焊或多层焊时,防止焊缝金属组织过热。

(7)焊后热处理检查。焊后要及时进行消除应力热处理。检查焊后热处理的方法、工艺参数是否符合工艺规程的要求。

技能要点 3:焊接非破坏性检验

非破坏性检验是不破坏被检对象的结构和材料的检查方法,它包括外观检验、压力(强度)试验、致密性试验和无损检测试验等,其中无损检测试验包括渗透探伤、射线探伤和磁粉探伤等。

1. 外观检查

(1)外观检查是用眼睛或借助一些量具(焊缝检测尺、量规、放大镜等)对焊缝进行检查,检查其表面是否有超规范的焊接缺陷;检查时必须将焊缝表面及其周边的熔渣和污垢清理干净。

(2)要特别重视多层焊接施工中根部焊道的外观检查。

(3)对易出裂纹的弧坑(特别焊条电弧焊)要仔细进行检查。

(4)由于合金钢焊后有形成延迟裂纹的倾向,因此,对低合金高强钢焊缝做外观检查时,要进行两次,焊完后检查为第一次,经过 15～30d 后再检查一次为第二次。

2. 压力试验

压力试验又称耐压试验,它包括水压试验和气压试验,用于评定锅炉、压力容器、管道等焊接构件的整体强度性能、变形量大小及有无渗漏现象。

(1)水压试验。水压试验是以水为试验介质,使用的仪表设备有高压水泵、阀门和两个同量程的压力表等。作水压试验时须注意如下几点：

1）焊接构件内的空气必须排尽。

2）焊接构件上和水泵上应同时装有校验合格的压力表。

3）试验环境温度不得低于 5℃。

4）试验压力应按规定逐级上升。

5）试验场地应有防护措施。

（2）气压试验。气压试验一般用于低压容器和管道的检验。此外，对于不适合做液压试验的容器，如容器内不允许有微量残留液体或由于结构原因不能充满液体的容器也可采用气压试验。

气压试验是以气体为试验介质，使用高压气泵、阀门、缓冲罐（稳压罐）、安全阀、两个同量程并经校正的压力表等。由于气压试验的危险性比水压试验大，进行试验时必须按《压力容器安全技术监察规程》进行，应着重注意如下几点：

1）试验场地应有可靠的防护措施，最好能在隔离场地内进行。

2）在输气管道上须设一个缓冲罐，其出入口均装有气阀，以保证供气稳定。焊接构件上和气源上均应同时安装同量程压力表、安全阀。

3）所用气体应是干燥、洁净的空气、氮气或其他惰性气体，气温不低于 15℃。

4）采取逐级升压，每升一级保持一定时间，升压期间工作人员不能检查。第一级升压至试验压力的 10%，保持 10min 对所有焊缝和连接处进行初次检查，合格后继续升压到试验压力的 50%，其后按试验压力的 10% 递增；当升到试验压力后，保持 10～30min，然后降到工作压力，保持 30min，最后进行检查。检查时关闭输气阀门，停止加压。

5）在试压下，不能对构件敲击或振动。

气压试验的检查方法是涂肥皂水检漏，或检查工作压力表数值变化。如果没有发现漏气或压力表数值稳定，则为合格。

3. 致密性检验

对贮存气体、液体、液化气体的各种容器、反应器和管路系统等,应对其焊缝和密封面做致密性试验。

(1)气密性试验。气密性试验是将压缩空气压入焊接容器内,利用容器内外气体压力差,检查有无泄漏的试验方法。为了提高试验灵敏度,还可以使用氨、氟利昂、氩和卤素气体等。

检验小容积的压力容器时,把容器浸于水槽中充气,若焊缝金属致密性不良。水中出现气泡;检验大容积的压力容器,容器充气后,在焊缝处涂肥皂水检验渗漏。

(2)氨气试验。对被检压力容器充以含有10%(体积)氨气的混合压缩空气,不必把容器浸入水槽里,只在焊缝外面贴一条比焊缝宽约20mm的浸过5%硝酸汞水溶液的试纸,若焊缝区有泄漏,则试纸上的相应部位将呈现黑色斑纹。

(3)煤油试验。在器外侧焊缝上刷一层石灰水,待干燥泛白后,再在焊缝内涂刷煤油。因煤油表面张力小,有透过极小孔隙的能力,当焊缝有穿透性缺陷时,煤油能透进去,在有石灰粉层的一面泛出明显的油斑或带条。为准确确定缺陷的大小位置,在涂煤油后应立刻观察,观察时间通常为15~30min。

这种方法适用于不受压的一般容器和循环水管等。

4. 渗透探伤

渗透探伤是利用带有荧光染料(荧光法)或红色染料(着色法)渗透剂的渗透作用,显示缺陷痕迹的无损检验法。渗透探伤的基本操作程序如下:

(1)预处理。在喷、涂溶液前,应将周围的油污和锈斑等清除干净,然后用丙酮擦干受检表面,再采用清洗剂洗净受检表面,最后进行晾干或烘干。

(2)渗透。将渗透剂喷、刷涂到受检的表面,喷涂时,喷嘴距离受检表面以20~30mm为宜,渗透时间为15~30min。为了更好地进行细小缺陷的探测,可将工件先预热到40~50℃,然后进行渗透。

（3）清洗。达到规定的渗透时间后，用棉布擦去表面多余的渗透剂，然后用清洗剂清洗，注意不要把缺陷里的渗透剂洗掉。

（4）显影。表面上刷涂或喷涂一层厚度为 0.05～0.07mm 的显相剂，保持 15～30min 后观察。

（5）检查。用肉眼或放大镜观察，当受检表面有缺陷时，即可在白色的显像剂上显示出红色的图案。

5. 磁粉探伤

磁粉探伤是利用在强磁场中，铁磁性材料表层缺陷产生的漏磁场吸附磁粉的原理而进行的无损检验法。磁粉探伤的基本操作程序如下：

（1）清理。进行磁粉探伤前，应对受检的焊缝表面及其附近 30mm 区域进行干燥和清洁处理。

（2）磁化。根据受检面形状和易产生缺陷的方向，选择合适的磁化方法和磁化电流，通电时间为 0.5～1s。常用的磁化方法有电极接触法和磁轭法两种。

1）采用电极接触法时，磁化电流的选择见表 7-1。

表 7-1　磁化电流的范围

工件厚度(mm)	磁化电流(A)	触电间距(mm)
≥20	40～50	10
<20	35～45	10

2）采用磁轭法时，要求使用的磁铁具有一定磁动势，交流电磁轭提升力≥50N；交流电或永久磁铁磁轭提升力≥200N，两磁极间的距离宜在 80～160mm 之间。

（3）检查。检查操作要连续进行，在磁化电流通过时再施加磁粉，干磁粉应喷涂或撒布，磁粉粒度应均匀，一般用不小于 200 目的筛子筛选。磁悬液应缓慢浇上，注意适量。施用荧光磁粉时需在黑暗中进行，检查前 5min 将紫外线探伤灯（或黑光灯）打开，使荧光磁粉发出明显的荧光。为防止漏检,每个焊链一般需进行两次检验,两次检查的磁力线方向应大体垂直。

6. 射线探伤

射线探伤是采用 X 射线或 γ 射线照射焊接接头,检查内部缺陷的无损检验法。通常用超声探伤确定有无缺陷,在发现缺陷后,再用射线探伤确定其性质、形状和大小。

技能要点 4:焊接破坏性检验

破坏性检验是焊缝及接头性能检测的一种必不可少的手段。例如,焊缝和接头的力学性能指标、化学成分、金相检验等指标和数据只能通过破坏性检验才能办到。

1. 焊缝金属及焊接接头力学性能试验

(1)拉伸试验。拉伸试验用于评定焊缝或焊接接头的强度和塑性性能。抗拉强度和屈服强度的差值($\sigma_b - \sigma_s$)能定性说明焊缝或焊接接头的塑性储备量。伸长率和断面收缩率的比较可以看出塑性变形的不均匀程度,能定性说明焊缝金属的偏析和组织不均匀性,以及焊接接头各区域的性能差别。

焊缝金属的拉伸试验有关规定应按《焊缝及熔敷金属拉伸试验方法》(GB/T 2652—2008)标准进行。焊接接头的拉伸试验应按《焊接接头拉伸试验方法》(GB/T 2651—2008)标准进行。

(2)弯曲试验。试验用于评定焊接接头塑性并可反映出焊接接头各个区域的塑性差别。暴露焊接缺欠,考核熔合区的接合质量。弯曲试验可分为横弯、纵弯、正弯、背弯和侧弯。侧弯试验能评定焊缝与母材之间的结合强度、双金属焊接接头过渡层及异种钢接头的脆性、多层焊的层间缺欠等。

焊接接头的弯曲试验有关规定应按《焊接接头弯曲试验方法》(GB/T 2653—2008)标准进行。

(3)冲击试验。冲击试验用于评定焊缝金属焊接接头的韧性和缺口敏感性。试样为 V 形缺口,缺口应开在焊接接头最薄弱区,如熔合区、过热区、焊缝根部等。缺口表面的光洁度、加工方法对冲击值均有影响。缺口加工应采用成型刀具,以获得真实的冲击值,V形缺口冲击试验应在专门的试验机上进行。根据需要可以作常温冲击、低温冲击和高温冲击试验。后两种试验需把冲击试样冷却或加热至规定温度下进行。

冲击试样的断口情况对接头是否处于脆性状态的判断很重要,常被用于宏观和微观断口分析。

焊接接头冲击试验有关规定应按《焊接接头冲击试验方法》(GB/T 2650—2008)标准进行。

(4)硬度试验。硬度试验用于评定焊接接头的硬化倾向,并可间接考核焊接接头的脆化程度。硬度试验可以测定焊接接头的洛氏、布氏和维氏硬度,以对比焊接接头各个区域性能上的差别,找出区域性偏析和近缝区的淬硬倾向。硬度试验也用于测定堆焊金属表面硬度。

焊接接头和堆焊金属硬度试验有关规定应按《焊接接头硬度试验方法》(GB/T 2654—2008)的标准进行。

2. 焊接金相检验

焊接金相检验(或分析)是把截取焊接接头上的金属试样经加工、磨光抛光和选用适当的方法显示其组织后,用肉眼或在显微镜下进行组织观察,并根据焊接冶金、焊接工艺、金属相图与相变原理和有关技术文件,对照相应的标准和图谱,定性或定量地分析接头的组织形貌特征,从而判断焊接接头的质量和性能,查找接头产生缺欠或断裂的原因,以及与焊接方法或焊接工艺之间的关系。金相分析包括光学金相和电子金相分析。光学金相分析包括宏观和显微分析两种。

(1)宏观组织检验。宏观组织检验亦称低倍检验,直接用肉眼或通过20~30倍以下的放大镜来检查经侵蚀或不经侵蚀的金属截面,以确定其宏观组织及缺欠类型。能在一个很大的视域范围内,对材料的不均匀性、宏观组织缺欠的分布和类别等进行检测和评定。

对于焊接接头主要观察焊缝一次结晶的方向、大小、熔池的形状和尺寸,各种焊接缺欠如夹杂物、裂纹、未焊透、未熔合、气孔、焊道成形不良等,焊层断面形态,焊接熔合线,焊接接头各区域(包括热影响区)的界限尺寸等。

(2)显微组织检验。利用光学显微镜(放大倍数在 50～200)检查焊接接头各区域的微观组织、偏析和分布。通过微观组织分析,研究母材、焊接材料与焊接工艺存在的问题及解决的途径。

3. 断口分析

断口分析是对试样或构件断裂后的破断截面形貌进行研究,了解材料断裂时呈现的各种断裂形态特征,探讨其断裂机理和材料性能的关系。

(1)断口分析的目的。判定断裂性质,寻找破断原因;研究断裂机理;提出防止纹裂的措施。因此,断口分析是事故(失效)分析中的重要手段。在焊接检验中主要是了解断口的组成,断裂的性质(塑性或脆性)及断裂的类型(晶间、穿晶或复合)组织与缺欠及其对断裂的影响等。断口来源于冲击、拉伸、疲劳等试样的断口和折断试验法的断口,此外是破裂、失效的断口等。

(2)断口分析的内容。主要包括宏观分析和微观分析,宏观分析和微观分析不可分割,互相补充,不能互相代替。

1)宏观断口分析:宏观断口分析指用肉眼或 20 倍以下的放大镜分析断口;宏观断口分析主要是看金属断口上纤维区、放射区和剪切唇三者的形貌、特征、分布以及各自所占的比例(面积),从中判断断裂的性质和类型。如果是裂纹,就可以确定裂纹源的位置和裂纹扩展的方向等。

2)微观断口分析:微观断口分析指用光学显微镜或电子显微镜研究断口。微观断口分析的目的是为了进一步确认宏观分析的结果,它是在宏观分析基础上,选择裂纹源部位、扩展部位、快速破断区以及其他可疑区域进行微观观察。

光学显微镜使用方便,设备简单。常用立式显微镜直接观察断口。由于学光显微镜的景深和物镜的工作距离较小,观察粗糙的断口较困难,只能在几十倍下观察。更高倍数观察常被现代的电子显微镜代替。

为能顺利地进行断口分析,必须保护断口清洁和不受损伤,否则就会影响分析和判断,甚至会导致错误的结论。为防止断口的氧化和腐蚀,可将工件置于干燥器内,或与干燥剂同置于密封箱内。需长期保存者,常涂层保护并与硅胶同时装入塑料袋内封存。

清除断口上的锈迹、附着物时应慎重,因它常反映所处的环境情况。最好先作化学、X射线结构或能谱分析,再清洗断口。取样时,不应损伤断口。如采用火焰切割,应防止热的影响和熔化金属飞溅;如用锯或砂轮片切割,宜干切,或先加涂层保护再切。断口上的灰尘及散落物,可用压缩空气或小毛刷清除,油脂可用丙酮等溶剂清洗。断口清洗后,用酒精淋洗并用热风吹干后即可观察。

表7-2为焊接施工过程中焊接裂纹的断口形式、成因与特征。

表7-2　焊接裂纹的断口形式、成因与特征

裂纹类型	裂纹形式	主要原因	断口特征
热裂纹（晶间裂纹）	凝固（结晶）裂纹	焊缝金属结晶发生偏析,在晶界形成低熔点化合物所致	在断口上可看到低熔点化合物存在,低碳钢、低合金钢多为硫、磷等杂质,通过电子衍射可以鉴定这些化合物
	液化裂纹（热影响区热撕裂）	靠近熔合线的母材上发生,晶界上的低熔点化合物发生局部熔化,形成液态薄膜而弱化	在晶界上析出第二相,多为硫化物夹碳化物、硼化物等,在铝合金中有一些金属间化合物
	高温低延性裂纹	由于金属自身在高温下延性丧失导致的裂纹	应形成温度较低（800～1200℃）,断口上洁净,无低熔点化合物膜存在,常看见滑移带和热刻面花样

续表 7-2

裂纹类型	裂纹形式	主要原因	断口特征
冷裂纹	氢脆延迟裂纹	由焊缝金属中氢的扩展聚集造成氢脆而开裂，与氢的浓度、负载应力大小有关	与氢脆断口相似，可以是微坑型、准解理或晶间断裂，或三者均存在。应力高时，多为微坑型；应力不大时，为准解理；应力低时，裂纹传播慢，氢聚集增多，使晶界弱化，导致晶间断裂
	层状撕裂	在常温下母材金属存在层状夹杂，其中硫化物影响最严重。在垂直层状夹杂面上受到较大的拉应力	裂纹呈台阶发展，两断口分"平台"和"剪切墙"两部分，平台部分由等轴微坑组成，坑内有各种夹杂物，剪切墙由拉长的切变微坑组成，若受扩散氢影响，则在平台或剪切墙局部地方导致准解理断口
再热裂纹		含 Cr、Mo 或 V 的高强度钢焊后消除应力退火过程中产生。发生在热影响区得粗晶段，沿晶界断裂	在晶界上形成许多细小微坑，坑中有由明显的热刻面构成的波纹

4. 化学分析与试验

（1）化学成分分析。主要是对焊缝金属的化学成分进行分析。从焊缝金属中钻取试样是关键，除应注意试样不得氧化和沾染油污外，还应注意取样部位在焊缝中所处的位置和层次。不同层次的焊缝金属受母材的稀释作用不同。一般以多层焊或多层堆焊的第三层以上的成分作为熔敷金属的成分。

（2）扩散氢的测定。熔敷金属中扩散氢的测定有 45℃甘油法、水银法和色谱法三种。目前多用甘油法，按《熔敷金属中扩散氢测定方法》（GB/T 3965—1995）规定进行。但甘油法侧定精度较差，正逐步被色谱法所替代。水银法因污染问题而极少应用。

(3)腐蚀试验。焊缝金属和焊接接头的腐蚀破坏有总体腐蚀、晶间腐蚀、刀状腐蚀、点腐蚀、应力腐蚀、海水腐蚀、气体腐蚀和腐蚀疲劳等。其中以固溶态奥氏体不锈钢经焊接或热成形加工后,晶间腐蚀倾向大。

第二节 影响焊接质量的因素与消除措施

本节导读:

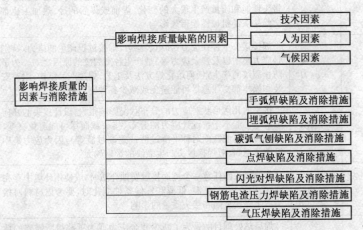

技能要点 1:影响焊接质量缺陷的因素

1. 技术因素

要弄清焊接缺陷产生的原因首先要考虑的是影响焊接接头质量的技术因素,这些技术因素有时可能是产生焊接缺陷的根本性因素或主要因素。

影响焊接接头质量的技术因素包括焊接材料、焊接方法和工艺、焊接接头应力、焊接接头形状、环境及焊后处理等几个方面,见表 7-3。

表 7-3　影响焊接接头质量的技术因素

序号	技术因素	简要说明
1	焊接材料	材料包括母材金属和填充金属。母材的化学成分、机械性能、均匀性、表面状况和厚度等都会对焊缝金属的热裂、母材和焊缝金属的冷裂、脆性断裂和层状撕裂倾向产生影响 因此,应根据母材金属的化学成分和所焊工件的形状与尺寸,选择与母材相匹配的焊缝金属材料(焊条、焊丝等)以及适当的线能量等
2	焊接方法和工艺	焊接方法应适合被焊接头材料的性能和接头施焊位置,例如同样的材料和焊接方法及工艺适合于在车间里施焊,但可能不适合在现场焊接。所有的熔化焊方法都会对接头的显微组织产生影响。焊接材料或焊接工艺参数的少许变化就可能会导致焊接接头性能和质量产生很大的变化,焊前或焊后的冷、热加工也都会给接头的机械性能带来影响
3	焊接接头应力	焊接接头中存在应力(如组装应力、焊接过程产生的应力,特别是应力集中以及残余应力等)是产生各类裂纹的原因之一。为了防止裂纹的产生,任何熔化焊方法及工艺、焊接产品结构、组对安装和操作都要注意尽可能避免或减少各种应力的产生
4	焊接接头形状	接头的几何形状对应力的分布状况影响很大,设计接头的几何形状尽可能不干扰设计应力的分布(接头截面尽可能避免突变、必要时也要使截面对称平滑过渡或逐渐过渡等),因为应力集中系数值越高,对焊接接头产生裂纹的影响越大
5	环境	焊接接头的任意一个侧面接触腐蚀介质时,或使用环境中存在腐蚀、中子辐射、高温、低温和气候条件变化时,要考虑材料对接头产生焊接缺陷和接头质量的影响
6	焊后处理	焊后热处理目的是为了减少残余应力或为了获得所需要的性能或二者兼得 焊后处理包括焊后热处理和焊后机械处理等。若热处理工艺参数选择不当,会出现各种问题;焊后机械处理(如锤击)是为了改善残余应力的分布,减少由焊接热循环引起的应力集中,以减少或消除产生变形或裂纹的可能性

2. 人为因素

因为焊工技能水平和熟练程度不同,会在相同的接头形式、相同的设备、工艺参数和操作环境下产生不同质量的焊接接头,即产生不同形态或数量的焊接缺陷。同时,也会因为设计人员技术水平不同,设计成合理程度不同的接头形式,产生不同形态或数量的焊接缺陷而影响接头质量。

3. 气候因素

天气环境的变化对焊接缺陷的产生影响也很大。如大风阴雨天气会招致焊缝产生气孔,天气温度很低(如−10℃以下)会对某些淬硬倾向大的或厚度大(如 $\delta \geqslant 36mm$)的焊接接头造成产生裂纹的可能性增大等。

技能要点 2:手弧焊缺陷及消除措施

手工电弧焊常见缺陷及消除措施见表 7-4。

表 7-4　手工电弧焊常见缺陷及防止措施

缺陷名称		产生原因	防止措施
外观缺陷	咬边	(1)焊接电流过大 (2)电弧过长及角度不当 (3)运条不当	(1)选用合适的电流,避免电流过大 (2)电弧不要拉得过长 (3)焊条摆动时,在坡口边缘停留时间稍长,中间运条速度要快些 (4)焊条角度适当
	焊瘤	熔池温度过高	仰焊: (1)选用比弧焊小 15%～20%的焊接电流,但也不能过小 (2)焊条摆动应中间快两侧慢,在边缘稍停一下 (3)电弧压短些 (4)发现熔池金属下坠,立即熄弧降温,再引弧焊接 立焊: (1)选用合适的工艺参数,间隙不宜过大 (2)焊接电流比平焊稍小 10%～15% (3)严格控制熔池温度,可利用挑弧、熄弧来降温 (4)焊条摆动中间快些,两侧稍慢 平焊: (1)对口间隙不宜过大 (2)控制熔池温度,选择适当的电流
	凹坑	操作手法不当,收弧时未填满弧坑所致	(1)收弧时,焊条稍多停留一会,填满弧坑 (2)采用断续熄弧来填满弧坑

续表 7-4

缺陷名称		产生原因	防止措施
未熔合		(1)电流过小,焊速过快,热量不够 (2)焊条偏离坡口一侧 (3)焊接部位未清理干净	(1)选用稍大的电流,放慢焊速 (2)焊条倾角及运条速度适当 (3)注意分清熔渣、钢水,焊条有偏心时,应调整角度使电弧处于正确方向
未焊透		(1)电流过小,焊速较快 (2)坡口角度过小,间隙过小,钝边过大 (3)双面焊时,背面挠焊很不彻底	控制坡口尺寸。单面焊双面成形焊缝对口间隙应大些,钝边应小些
夹渣		(1)操作技术不良 (2)母材上有脏物	(1)焊接时,保持清晰的熔池,要将熔渣、钢水分清楚 (2)适当拉长电弧,吹开液态熔渣及焊件或前条焊道上的脏物或残渣 (3)焊前清理干净焊件被焊处及前条焊道上的脏物或残渣
气孔		(1)焊件被焊处有油、锈、污垢 (2)焊条未烘干 (3)焊条偏心,保护不良 (4)操作技术不良	(1)坡口清理干净,焊条烘干 (2)可能条件下,适当加大焊接电流,降低焊速 (3)熔池一般不大于焊条直径 3 倍 (4)尽量不用偏心焊条 (5)酸性焊条在引弧、收弧时可适当拉长电弧,碱性焊条则必须尽量压低电弧
裂纹	热裂纹	(1)含 S、P 较多的钢材高温时在晶界上形成(Fe+Fe$_3$S)和(Fe+Fe$_3$P)低熔点共晶物液膜; (2)在焊接应力作用下开裂	(1)使用含 S、P 量很少的超低碳钢焊条 (2)焊前预热,降低冷却速度,减少焊接应力 (3)采用碱性焊条和焊剂,增强脱 S 脱 P 能力
	冷裂纹	(1)钢的淬硬倾向大 (2)溶入过量的氢,产生氢脆 (3)焊接残余应力作用	(1)预热、回火减小残余应力,加速氢的逸出 (2)选用低氢焊条 (3)严格对焊条烘干及对焊件表面清理

技能要点3:埋弧焊缺陷及消除措施

埋弧焊常见缺陷产生的原因及消除措施见表7-5。

表7-5　埋弧焊常见缺陷产生的原因及防止措施

缺陷名称		产生原因	防止措施
焊缝表面成形不良	宽度不均匀	(1)焊接速度不均匀 (2)焊丝给送速度不均匀 (3)焊丝导电不良	(1)找出原因排除故障 (2)更换导电嘴衬套(导电块)
	堆积高度过大	(1)电流太大而电压过低 (2)上坡焊时倾角过大 (3)环缝焊接位置不当(相对于焊件的直径和焊接速度)	(1)调节规范 (2)调整上坡焊倾角 (3)相对于一定的焊件直径和焊接速度,确定适当的焊接位置
	焊缝金属满溢	(1)焊接速度过慢 (2)下坡焊时倾角过大 (3)电压过大 (4)环缝焊接位置不当 (5)焊接时前部焊剂过少 (6)焊丝向前弯曲	(1)焊节焊速 (2)调整下坡的焊倾角 (3)调节电压 (4)相对一定的焊件直径和焊接速度,确定适当的焊接位置 (5)调整焊剂覆盖状况 (6)调节焊丝矫直部分
咬边		(1)焊丝位置或角度不正确 (2)焊接规范不当	(1)调整焊丝 (2)调节焊接规范
未熔合		(1)焊丝未对准 (2)焊缝局部弯曲过甚	(1)调整焊丝 (2)精心操作
未焊透		(1)焊接规范不当(如电流过小,电弧电压过高) (2)坡口不合适 (3)焊丝未对准	(1)调整焊接规范 (2)修正坡口 (3)调节焊丝
内部夹渣		(1)多层焊时,层间清渣不干净 (2)多层分道焊时,焊丝位置不当	(1)层间清渣彻底 (2)每层焊后发现咬边夹渣必须清除修复

续表 7-5

缺陷名称	产生原因	防止措施
气孔	(1)接头未清理干净 (2)焊剂潮湿 (3)焊剂(尤其是焊剂垫)中混有污物 (4)焊剂覆盖层厚度不当或焊剂斗阻塞 (5)焊丝表面清理不够 (6)电压过高	(1)接头必须清理干净 (2)焊剂按规定烘干 (3)焊剂必须过筛、吹灰、烘干 (4)调节焊剂扭盖层高度,疏通焊剂斗 (5)焊丝必须清理,清理后应尽快使用 (6)调整电压
裂缝	(1)焊件、焊丝、焊剂等材料配合不当 (2)焊丝中含碳、硫量较高 (3)焊接区冷却速度过快而致热影响区硬化 (4)多层焊的第一道焊缝截面过小 (5)焊缝形状系数太小 (6)角焊缝熔深太大 (7)焊接顺序不合理 (8)焊件刚度大	(1)合理选配焊接材料 (2)选用合格焊丝 (3)适当降低焊速以及焊前预热和焊后缓冷 (4)焊前适当预热或减小电流,降低焊速(双面焊适用) (5)调整焊接规范和改进坡口 (6)调整规范和改变极性(直流) (7)合理安排焊接顺序 (8)焊前预热及焊后缓冷
焊穿	焊接规范及其他工艺因素配合不当	选择适当规范

技能要点 4:碳弧气刨缺陷及消除措施

碳弧气刨中常见缺陷产生的原因及消除措施见表 7-6。

表 7-6 碳弧气刨中常见缺陷产生的原因及消除措施

缺陷名称	产生原因	消除措施
粘渣	碳弧气刨吹出的氧化铁和碳化三铁等熔渣,粘在刨槽两侧的称粘渣。产生粘渣的情况主要是因为压缩空气的压力太小,削削速度与电流匹配不当,碳棒与工件的倾角过小等	粘渣可用钢丝刷、风铲或砂轮清除

续表 7-6

缺陷名称	产生原因	消除措施
夹碳	碳弧气刨时,刨削速度过快或碳棒送进过猛,使碳棒头部触及熔化或未熔化的金属,造成短路熄弧,碳棒粘在未熔化的金属上,产生夹碳缺陷。夹碳处形成一层硬脆且不易清除的碳化三铁(含碳量达6.7%),阻碍了碳弧气刨的继续进行。若不防止和清除夹碳,焊后会在焊缝中产生气孔和裂纹	(1)用小电流刨削时,刨削速度不宜过快,碳棒送进不宜过猛 (2)在夹碳前端引弧,将夹碳处连根一起刨削掉
刨偏	刨削焊缝背面的焊根时,刨削方向没对正电弧前方的小凹口,即装配间隙造成碳棒偏离预定目标,这种现象称刨偏。因此,刨削时注意力应集中在目标线上。因刨削速度较快,如操作技术不熟练就容易刨偏	(1)用带有长方槽的圆周送风式气刨枪或侧面送风气刨枪,避免把渣吹到正前方而妨碍视线 (2)用自动碳弧气刨,提高刨削速度和精度
铜斑	表面镀铜的碳棒刨削时,铜皮提前剥落呈熔化状态,落在刨槽表面形成"铜斑",或者由于铜制喷嘴与工件瞬间短路后,喷嘴熔化而在刨槽表面形成"铜斑"	焊接前,应用钢丝刷或砂轮将铜斑除掉,避免焊缝金属因铜含量高引起热裂纹
刨槽不正和深浅不匀	刨削时,碳棒偏向槽的一侧,会产生刨槽不正。刨削速度和碳棒送进速度不匀和不稳,会导致刨槽宽度不一与深浅不匀。碳棒角度变化也会引起刨槽深度的变化	刨削时,应尽可能控制刨削速度和碳棒送进速度,使其均匀和稳定。并尽量减少碳棒角度的变化

技能要点 5:点焊缺陷及消除措施

在钢筋点焊生产中,若发现焊接制品有外观缺陷,应及时查找原因,并采取措施予以防止和消除,见表 7-7。

表 7-7　焊接制品的外观缺陷及消除措施

缺陷名称	产生原因	消除措施
焊点过烧	(1)变压器级数过高 (2)通电时间太长 (3)上下电极不对中心 (4)继电器接触失灵	(1)降低变压器级数 (2)缩短通电时间 (3)切断电深、校正电极 (4)调节间隙、清理触点
焊点脱落	(1)电流过小 (2)压力不够 (3)压入深度不足 (4)通电时间太短	(1)提高变压器级数 (2)加大弹簧压力或调大气压 (3)调整两电极间距离,符合压入深度要求 (4)延长通电时间
钢筋表面烧伤	(1)钢筋和电极接触表面太脏 (2)焊接时没有预压过程或预压力过小 (3)电流过大	(1)清刷电极与钢筋表面的铁锈和油污 (2)保证预压过程和适当的预压力 (3)降低变压器级数

技能要点 6:闪光对焊缺陷及消除措施

在闪光对焊生产中,应重视焊接过程中的任何一个环节,以确保焊接质量。若出现异常现象或焊接缺陷,应参照表 7-8 查找原因,及时消除。

表 7-8　闪光对焊异常现象、焊接缺陷及消除措施

异常现象和焊接缺陷	消　除　措　施
烧化过分剧烈并产生强烈的爆炸声	(1)降低变压器级数 (2)减慢烧化速度
闪光不稳定	(1)消除电极底部和内表面的氧化物 (2)提高变压器级数 (3)加快烧化速度

续表 7-8

异常现象和焊接缺陷	消 除 措 施
接头中有氧化膜、未焊透或夹渣	(1)增加预热程度 (2)加快临近顶锻时的烧化速度 (3)确保带电顶锻过程 (4)加快顶锻速度 (5)增大顶锻压力
接头中有缩孔	(1)降低变压器级数 (2)避免烧化过程过分强烈 (3)适当增大顶锻压力
焊缝金属过烧	(1)减小预热程度 (2)加快烧化速度,缩短焊接时间 (3)避免过多带电顶锻
接头区域裂纹	(1)检验钢筋的碳、硫、磷含量,若不符合规定时,应更换钢筋 (2)采取低频预热方法,增加预热程度
钢筋表面微熔及烧伤	(1)消除钢筋被夹紧部位的铁锈和油污 (2)消除电极内表面的氧化物 (3)改进电极槽口形状,增大接触面积 (4)夹紧钢筋
接头弯折或轴线偏移	(1)正确调整电极位置 (2)修整电极钳口或更换已变形的电极 (3)切除或矫直钢筋的弯头

技能要点 7:钢筋电渣压力焊缺陷及消除措施

在焊接生产中,焊工应认真进行自检,若发现接头偏心、弯折、烧伤等焊接缺陷,宜按照表 7-9 查找原因,及时消除。

表 7-9　电渣压力焊接头焊接缺陷及消除措施

焊接缺陷	消 除 措 施
轴线偏移	(1)矫直钢筋端部 (2)正确安装夹具和钢筋 (3)避免过大的顶压力 (4)及时修理或更换夹具
弯折	(1)矫直钢筋端部 (2)注意安装与扶持上钢筋 (3)避免焊后过快卸夹具 (4)修理或更换夹具
咬边	(1)减小焊接电流 (2)缩短焊接时间 (3)注意上钳口的起始点,确保上钢筋顶压到位
未焊合	(1)增大焊接电流 (2)避免焊接时间过短 (3)检修夹具,确保上钢筋下送自如
焊包不匀	(1)钢筋端面力求平整 (2)填装焊剂尽量均匀 (3)延长焊接时间,适当增加熔化量
气孔	(1)按规定要求烘焙焊剂 (2)消除钢筋焊接部位的铁锈 (3)确保接缝在焊剂中合适埋入深度
烧伤	(1)钢筋导电部位除净铁锈 (2)尽量夹紧钢筋
焊包下淌	(1)彻底封堵焊剂堆的翻孔 (2)避免焊后过快回收焊剂

技能要点 8:气压焊缺陷及消除措施

在固态气压焊接生产中,焊工应认真自检,若发现焊接缺陷,应参照表 7-10 查找原因,采取措施,及时消除。

表 7-10　固态气压焊接头焊接缺陷及消除措施

焊接缺陷	产　生　原　因	消　除　措　施
轴线偏移（偏心）	(1)焊接夹具变形,两夹头不同心,或夹具刚度不够 (2)两钢筋安装不正 (3)钢筋接合端面倾斜 (4)钢筋未夹紧进行焊接	(1)检查夹具,及时修理或更换 (2)重新安装夹紧 (3)切平钢筋端面 (4)夹紧钢筋再焊
弯折	(1)焊接夹具变形,两夹头不同心 (2)焊接夹具拆卸过早	(1)检查夹具,及时修理或更换 (2)熄火后半分钟再拆夹具
墩粗直径不够	(1)焊接夹具动夹头有效行程不够 (2)顶压油缸有效行程不够 (3)加热温度不够 (4)压力不够	(1)检查夹具和顶压油缸,及时更换 (2)采用适宜的加热温度及压力
墩粗长度不够	(1)加热幅度不够宽 (2)顶压力过大过急	(1)增大加热幅度范围 (2)加压时应平稳
钢筋表面严重烧伤/接头金属过烧	(1)火焰功率过大 (2)加热时间过长 (3)加热器摆动不匀	调整加热火焰,正确掌握操作方法
未焊合	(1)加热温度不够或热量分布不均 (2)顶压力过小 (3)接合端面不洁 (4)端面权化 (5)中途灭火或火焰不当	合理选择焊接参数,正确掌握操作方法

第八章 焊接工料计算

第一节 焊条用量计算

本节导读:

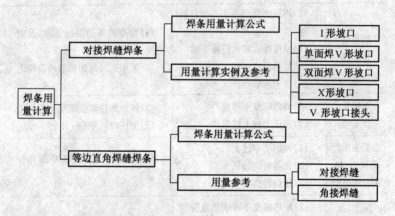

技能要点 1:对接焊缝焊条用量计算

对接接头由于坡口形式不同(如 V、U、X 形式等),焊条的用量也不相同,但各种焊缝的余高基本相近。焊条用量(W)可用下式计算,即:

$$W = \frac{(A+B)L\rho}{R_{\mathrm{G}}}(\mathrm{g}) \tag{8-1}$$

式中　W——焊条需用量(g);

　　　A——坡口横截面积(mm^2);

　　　B——余高截面积(mm^2);

L——焊缝长度(mm);

ρ——焊缝金属的密度(g/cm³);

R_G——焊缝金属的回收率。

(1)对I形坡口接头的低碳钢焊条,$\rho=7.85\times10^{-3}$g/cm³;$R_G=0.55$;设$B=0.2A,L=1000$mm时,代入下式,即为每米焊缝焊条的用量:

$$W=\frac{(A+0.2A)\times1000\times7.85\times10^{-3}}{0.55}=17.1A(g)=0.0171A(kg)$$

(2)对坡口角度为α、板厚为δ(mm)、根部间隙为b(mm)的单面焊V形对接接头,如图8-1c所示,每米焊缝焊条用量为:

$$W=0.0171(\delta\tan\frac{\alpha}{2}+b\delta)(kg)$$

(3)对双面焊V形坡口,如图8-1d所示,一般背面打底焊每米焊缝焊条用量为0.6kg,故:

$$W=0.0171(\delta\tan\frac{\alpha}{2}+b\delta)+0.6(kg)$$

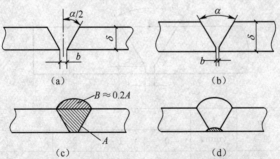

图 8-1　V形对接接头时每米焊缝焊条的用量

(4)对X形坡口对接接头,如图8-2所示,每米焊缝焊条用量可按下式进行计算,即:

$$W=0.0171(\delta_1^2\tan+b\delta_1)+0.0171(\delta_2^2\tan\frac{\beta}{2}+b\delta_2)+0.6$$

$$=0.0171[\delta_1^2\tan\frac{\alpha}{2}+\delta_2^2\tan\frac{\beta}{2}+b(\delta_1+\delta_2)]+0.6(kg)$$

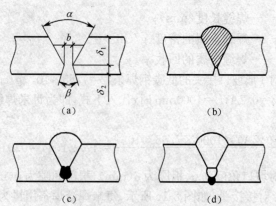

（a）　　　　　　　　　（b）

（c）　　　　　　　　　（d）

图8-2　X形对接接头时每米焊缝焊条的用量

（5）V形坡口对接接头单面焊时，每米焊缝的焊条用量可参考表8-1。

表8-1　每米焊缝的焊条用量

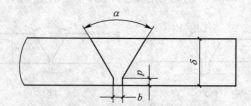

板厚δ (mm)	α (°)	b (mm)	p(mm)				
			0	1	2	3	4
6	45	0	0.22	0.15	0.09	0.05	0.02
		1.0	0.29	0.24	0.18	0.16	0.10
		1.5	0.35	0.35	0.27	0.22	0.18
		2.0	0.38	0.31	0.27	0.22	0.20
		2.5	0.42	0.36	0.31	0.27	0.24
		3.0	0.47	0.40	0.35	0.31	0.27
		4.0	0.55	0.49	0.44	0.40	0.36

续表 8-1

板厚δ (mm)	α (°)	b (mm)	p(mm)				
			0	1	2	3	4
6	60	0	0.29	0.20	0.13	0.07	0.04
		1.0	0.38	0.29	0.22	0.16	0.13
		1.5	0.42	0.33	0.25	0.20	0.16
		2.0	0.47	0.38	0.31	0.24	0.20
		2.5	0.51	0.42	0.35	0.29	0.25
		3.0	0.55	0.45	0.38	0.33	0.29
		4.0	0.64	0.54	0.47	0.42	0.36
	90	0	0.51	0.36	0.24	0.13	0.05
		1.0	0.60	0.44	0.31	0.22	0.15
		1.5	0.64	0.49	0.36	0.25	0.18
		2.0	0.67	0.53	0.40	0.29	0.24
		2.5	0.73	0.56	0.44	0.35	0.27
		3.0	0.76	0.62	0.49	0.38	0.31
		4.0	0.85	0.60	0.56	0.47	0.40
9	45	0	0.47	0.38	0.29	0.22	0.15
		1.0	0.60	0.51	0.42	0.35	0.27
		1.5	0.67	0.56	0.47	0.40	0.35
		2.0	0.72	0.64	0.55	0.47	0.40
		2.5	0.80	0.69	0.60	0.53	0.47
		3.0	0.85	0.76	0.67	0.60	0.53
		4.0	0.98	0.89	0.80	0.73	0.65
	60	0	0.67	0.53	0.40	0.29	0.20
		1.0	0.80	0.65	0.53	0.42	0.33
		1.5	0.85	0.71	0.60	0.49	0.40
		2.0	0.93	0.78	0.65	0.55	0.45

续表 8-1

板厚 δ (mm)	α (°)	b (mm)	p(mm)				
			0	1	2	3	4
9	60	2.5	0.98	0.84	0.73	0.62	0.53
		3.0	1.05	0.91	0.78	0.67	0.58
		4.0	1.12	1.04	0.91	0.80	0.71
	90	0	1.15	0.91	0.69	0.51	0.36
		1.0	1.27	1.04	0.82	0.64	0.49
		1.5	1.35	1.11	0.98	0.71	0.55
		2.0	1.40	1.14	0.95	0.76	0.62
		2.5	1.47	1.24	1.02	0.84	0.67
		3.0	1.53	1.29	1.07	0.89	0.75
		4.0	1.65	1.42	1.20	1.02	0.87
12	45	0	0.85	0.71	0.58	0.47	0.38
		1.0	1.02	0.89	0.76	0.65	0.55
		1.5	1.11	0.96	0.84	0.73	0.64
		2.0	1.18	1.05	0.93	0.82	0.71
		2.5	1.27	1.15	1.02	0.91	0.80
		3.0	1.36	1.22	1.09	0.98	0.91
		4.0	1.53	1.40	1.27	1.16	1.05
	60	0	1.18	1.00	0.82	0.67	0.53
		1.0	1.35	1.16	1.98	0.84	0.62
		1.5	1.18	1.25	1.07	0.93	0.78
		2.0	1.35	1.33	1.16	1.00	0.87
		2.5	1.60	1.42	1.24	1.09	0.95
		3.0	1.69	1.51	1.33	1.18	1.04
		4.0	1.85	1.67	1.51	1.34	1.20
	90	0	2.04	1.71	1.42	1.15	0.91

续表 8-1

板厚δ (mm)	α (°)	b (mm)	p(mm)				
			0	1	2	3	4
12	90	1.0	2.22	1.89	1.58	1.33	1.07
		1.5	2.29	1.96	1.67	1.40	1.16
		2.0	2.38	2.05	1.76	1.49	1.23
		2.5	2.47	2.14	1.84	1.58	1.33
		3.0	2.54	2.24	1.93	1.65	1.42
		4.0	2.73	2.40	2.09	1.84	1.58
16	45	0	1.51	1.33	1.15	1.00	0.85
		1.0	1.73	1.54	1.38	1.22	1.07
		1.5	1.84	1.65	1.49	1.33	1.18
		2.0	1.96	1.78	1.60	1.45	1.31
		2.5	2.07	1.89	1.73	1.56	1.42
		3.0	2.18	2.00	1.84	1.67	1.53
		4.0	2.42	2.24	2.05	1.91	1.75
	60	0	2.09	1.84	1.60	1.38	1.18
		1.0	2.33	2.07	1.84	1.62	1.40
		1.5	2.44	2.18	1.95	1.73	1.53
		2.0	2.55	2.29	2.05	1.84	1.64
		2.5	2.67	2.42	2.18	1.95	1.75
		3.0	2.78	2.53	2.29	2.07	1.85
		4.0	3.00	2.75	2.51	2.29	2.09
	90	0	3.64	3.20	2.78	2.38	2.04
		1.0	3.85	3.42	3.00	2.62	2.27
		1.5	3.96	3.53	3.13	2.75	2.38
		2.0	4.08	3.65	3.24	2.85	2.49
		2.5	4.20	3.76	3.35	2.96	2.62

续表 8-1

板厚 δ (mm)	α (°)	b (mm)	p(mm)				
			0	1	2	3	4
16	90	3.0	4.31	3.87	3.45	3.07	2.73
		4.0	4.55	4.09	3.69	3.31	2.95
19	45	0	2.13	1.91	1.69	1.51	1.15
		1.0	2.40	2.18	1.96	1.78	1.60
		1.5	2.53	2.31	2.11	1.91	1.73
		2.0	2.65	2.44	2.44	2.04	1.85
		2.5	2.80	2.60	2.36	2.18	2.00
		3.0	2.93	2.71	2.51	2.31	2.13
		4.0	3.22	2.95	2.78	2.58	2.46
	60	0	2.95	2.65	2.36	2.09	1.83
		1.0	3.22	2.93	2.64	2.36	2.11
		1.5	3.35	3.05	2.76	2.51	2.25
		2.0	3.49	3.20	2.91	2.64	2.38
		2.5	3.64	3.33	3.04	2.76	2.51
		3.0	3.76	3.45	3.36	2.91	2.65
		4.0	4.04	3.73	3.44	3.18	2.93
	90	0	5.13	4.60	4.09	3.64	3.20
		1.0	5.38	4.87	4.36	3.91	3.45
		1.5	5.53	5.00	4.51	4.04	3.60
		2.0	5.65	5.13	4.64	4.16	3.73
		2.5	5.80	5.23	4.78	4.31	3.87
		3.0	5.93	5.40	4.91	4.44	4.00
		4.0	6.20	5.67	5.18	4.71	4.27
22	45	0	2.84	2.60	2.35	2.12	1.91
		1.0	3.16	2.91	2.63	2.44	2.22

续表 8-1

板厚 δ (mm)	α (°)	b (mm)	p(mm)				
			0	1	2	3	4
22	45	1.5	3.31	3.05	2.82	2.58	2.36
		2.0	3.47	3.22	2.98	2.75	2.53
		2.5	3.62	3.38	3.13	2.91	2.69
		3.0	3.78	3.53	3.29	3.05	2.84
		4.0	4.09	3.84	3.60	3.36	3.14
	60	0	3.96	3.62	3.27	2.96	2.65
		1.0	4.24	3.93	3.58	3.27	2.96
		1.5	4.44	4.07	3.74	3.42	3.13
		2.0	4.58	4.24	3.91	3.58	3.27
		2.5	4.75	4.40	4.05	3.75	3.24
		3.0	4.89	4.55	4.22	3.89	3.58
		4.0	5.22	4.85	4.53	4.20	3.91
	90	0	6.87	6.25	5.67	5.13	4.60
		1.0	7.18	6.56	5.98	5.44	4.91
		1.5	7.33	6.73	6.15	5.58	5.07
		2.0	7.49	6.87	6.29	5.74	5.22
		2.5	7.47	7.04	6.45	5.91	5.38
		3.0	7.80	7.20	6.62	6.05	5.53
		4.0	8.11	7.51	6.93	6.63	5.84

技能要点 2:等边直角焊缝焊条用量计算

等边直角焊缝(图 8-3)的焊条用量计算公式,即:

$$W = \frac{l^2 LK\rho}{2R_G 100} \text{(kg)} \qquad (8\text{-}2)$$

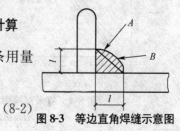

图 8-3 等边直角焊缝示意图

式中　W——焊条需用量(kg)；

　　　l——焊角长度(mm)；

　　　L——焊缝长度(mm)；

　　　ρ——焊缝金属密度，一般 $\rho=7.85\times10^{-3}\,\mathrm{kg/cm^3}$；

　　　K——焊缝高度因数，$K=(A+B)/A=1.2$；

　　　R_G——焊缝金属的回收率。

代入上式可得出每米焊缝的焊条用量为：

$$W=\frac{l^2\times1000\times7.85\times10^{-3}\times1.2}{2\times0.55\times100}=0.0856l^2\,(\mathrm{kg})$$

按上述公式计算角焊时的焊条需用量见表 8-2。

表 8-2　每米等边直角焊缝的焊条需用量(估算)

焊脚 K(mm)	焊条需用量 W(kg)	焊脚 K(mm)	焊条需用量 W(kg)
3	0.077	8	0.548
4	0.137	9	0.693
5	0.214	10	0.856
6	0.308	11	1.036
7	0.419	12	1.232

注：为留有余量，一般可按图样规定的焊脚尺寸增加 1mm 来计算。

此外，对于高效铁粉焊条及不锈钢焊条等应参照其焊条的技术资料或通过实测来确定金属回收率，以计算焊条需用量。对接焊缝和角接焊缝每米焊缝的焊条需用量如图 8-4 所示。

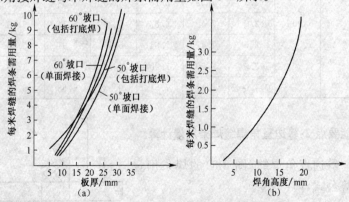

图 8-4　每米对接焊缝和角接焊缝焊条需用量

(a)对接焊缝　(b)角接焊缝

除了采用计算方法来确定计算焊接材料的需用量外,还可以采用查图的方法,根据板厚、坡口形状及焊接材料种类等直接从图中查出焊条需用量。

第二节　焊接材料消耗定额估算

本节导读:

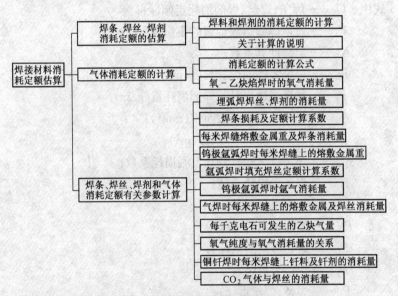

技能要点 1:焊条、焊丝、焊剂消耗定额的估算

1. 焊料和焊剂的消耗定额的计算

焊料和焊剂的消耗定额,通常是以焊缝熔敷金属的重量或焊剂的消耗重量,加上焊接过程中不可避免的损耗,如烧损、飞溅和焊条头等计算,其计算公式是:

$$C_x = P_f K_h L_h \qquad (8\text{-}3)$$

或

$$C_x = P_f L_h$$

$$P_f = A_h r$$

$$K_h = 1 + K_{sf} + K_j + K_y$$

$$K_{sf} = \frac{P_r - P_{fl}}{P_r}$$

$$K_j = \frac{P_j}{P_h}$$

$$K_y = \frac{P_h - P_r}{P_h}$$

式中　C_x——焊条、焊丝、焊剂消耗定额(g);

　　　P_f——每米焊缝熔敷金属的重量(g/m);

　　　K_h——定额计算系数;

　　　L_h——每个零件的焊缝长度(m);

　　　P_j——每米焊缝焊料或焊剂消耗量(g/m);

　　　A_h——焊缝熔敷金属截面积(mm²);

　　　r——熔敷金属的重度(g/cm²);

　　　K_{sf}——焊条、焊丝的烧损、飞溅损耗系数;

　　　K_j——焊条头损耗系数;

　　　K_y——药皮重量系数;

　　　P_{fl}——熔敷金属的重(g);

　　　P_r——熔化金属的重(g);

　　　P_j——焊条头重(g);

　　　P_h——焊条、焊丝重(g);

2. 关于计算的说明

(1)焊条熔化时的烧损和飞溅损耗,取决于焊条种类和焊接工艺参数。实际操作中,薄药皮焊条的烧损比厚药皮的焊条少,而且损耗量的多少又和操作技术、焊接条件有关。因此,合理选用焊条,不仅能保证焊接质量和提高生产率,而且还能减少焊条的消耗。

(2)电焊钳夹持部分的焊条头长度为35～60mm,为便于计算损耗系数,一般取平均值(50mm)。对于气焊和各种气体保护焊的焊丝,其焊料头损耗极少,一般不予计算。

(3)为便于计算焊条、焊丝和焊剂的消耗定额,在实际操作中,都是先通过生产实践分别测定各种焊接方法的定额计算系数 K_h,每米焊缝熔敷金属的重 P_5 和每米焊缝的焊条、焊丝、焊剂消耗量 P_j,再分别按以上公式计算各种焊接方法的焊条、焊丝和焊剂的消耗定额。

技能要点 2:气体消耗定额的计算

1. 消耗定额的计算公式

焊接用气体有:氧、氩、二氧化碳和乙炔等,其消耗定额一般以每分钟的气体消耗量和焊接时间进行计算,计算公式如下:

$$C_x = QtK_q \tag{8-4}$$

式中　C_x——气体消耗定额(L);

　　　Q——每分钟气体消耗量,通过生产实践测定(L/min);

　　　K_q——定额计算系数,瓶装气体取 K_q 为 1.2,管道供气取 K_q 为 1;

　　　t——焊接时间(min)。

2. 氧-乙炔焰焊时的氧气消耗量

当用氧-乙炔焰焊时,氧的消耗量比乙炔气的消耗量大 10%～20%,关系式如下:

$$Q_{O_2} = Q_{C_2H_2}K \tag{8-5}$$

或

$$Q_{C_2H_2} = \frac{Q_{O_2}}{K}$$

用低碳钢、低合金钢和铸铁焊接时:

(1)右向焊法。$Q_{C_2H_2} = (100 \times 200) \times \delta$

(2)左向焊法。$Q_{C_2H_2} = (120 \times 150) \times \delta$

(3)用纯铜焊接时。$Q_{C_2H_2} = (150 \times 200) \times \delta$

(4)用铝合金焊接时。$Q_{C_2H_2} = (70 \times 90) \times \delta$

式中　Q_{O_2}——每分钟氧气消耗量(L/min);

$Q_{C_2H_2}$——每分钟乙炔气消耗量(L/min);

K——计算系数(1.1~1.2);

δ——母材厚度(mm)。

技能要点3:焊条、焊丝、焊剂和气体消耗定额有关参数计算

1. 埋弧焊焊丝、焊剂的消耗量

埋弧焊焊丝、焊剂的消耗量见表 8-3。

表 8-3   埋弧焊焊丝、焊剂的消耗量

焊件厚度 (mm)	角焊接		对焊接	
	焊丝消耗量(g/m)	焊剂消耗量(g/m)	焊丝消耗量(g/m)	焊剂消耗量(g/m)
2	60	60	60	60
4	100	90	100	100
6	200	150	200	180
8	300	250	300	220
10	500	350	350	250
14	1000	600	500	300
16	1300	800	600	350
20	—	—	900	500

注:焊丝密度为 7.85kg/m³,焊丝烧损量为 3%~5%。

2. 焊条损耗及定额计算系数

焊条损耗及定额计算系数见表 8-4。

表 8-4   焊条损耗及定额计算系数

焊条种类	烧损与飞溅损耗系数	焊条头损耗系数	药皮重量系数	定额计算系数
薄药皮焊条	0.18	0.15	0.05	1.38
厚药皮焊条	0.22		0.30	1.67

3. 每米焊缝熔敷金属重及焊条消耗量

每米焊缝熔敷金属重及焊条消耗量见表 8-5。

表 8-5　每米焊缝熔敷金属重及焊条消耗量

焊接接头形式	焊件厚度 (mm)	焊缝熔敷截金属敷 面(mm²)	焊缝熔敷金属重 (g/m)	厚药皮焊条消耗 量(g/m)
I 形坡口对接	1.5	3.9	31	52
	2	7.0	55	92
	2.5	9.5	75	125
	3	12.1	95	159
V 形坡口对接	4	16	126	210
	6	30	236	334
	8	56	440	735
	10	80	628	1049
	12	108	848	1416
	16	176	1382	2308
	20	230	2198	3671
	24	384	3014	5034
双面 V 形 坡口对接	12	84	660	1101
	16	126	989	1652
	20	176	1382	2307
	24	234	1837	3068
	28	300	2355	3933
	32	374	2936	4003
	36	456	3580	5978
	40	546	4286	7158
搭接	1.5	6.7	53	88
	2	10.8	85	142
	2.5	11.7	92	153
	3	12.6	99	165

续表 8-5

焊接接头形式	焊件厚度 （mm）	焊缝熔截金属敷 面(mm²)	焊缝熔敷金属重 （g/m）	厚药皮焊条消耗 量(g/m)
I 形坡 口角接	2	7	55	92
	3	9	71	119
	4	17.5	133	222
	5	23.5	184	307
单边 V 形 坡口角接	4	19	149	249
	6	33	259	433
	8	51	400	668
	12	99	777	1298
	16	164	1287	2149
	20	244	1915	3198
	24	340	2669	4457
	28	508	3988	6660
双边 V 形 坡口角接	12	106	832	1389
	16	188	1476	2465
	20	284	2229	3723
	24	400	3140	5244
	28	522	4098	6844
单边 V 形坡 口 T 形接头	4	21.5	169	282
	6	37.4	294	491
	8	60.3	473	791
	12	157.5	1236	2065
	16	262.7	2062	3444
	20	395.9	3180	5190
	24	557.3	4375	7306
	28	746.6	5861	9788

续表 8-5

焊接接头形式	焊件厚度 (mm)	焊缝熔截金属敷 面(mm²)	焊缝熔敷金属重 (g/m)	厚药皮焊条消耗 量(g/m)
双边 V 形坡 口 T 形接头	12	53.6	421	703
	16	99.1	778	1299
	20	197.8	1553	2593
	24	332.6	2611	4360
	28	434.2	3409	5692
	32	550	4318	7210
	36	639.7	5336	8911
	40	823.5	6465	10796

注:焊丝密度为 7.85kg/m³。

4. 钨极氩弧焊时每米焊缝上的熔敷金属重

钨极氩弧焊时每米焊缝上的熔敷金属重见表 8-6。

表 8-6　钨极氩弧焊时每米焊缝上的熔敷金属重

焊接接 头形式	焊件厚度 (mm)	焊缝熔敷金 属敷面(mm²)	每米焊缝上的熔敷金属重(g/m)		
			结构钢	不锈钢	铝合金
I 形坡 口对接	0.5	2	15.7	16	5.5
	1	3.2	25.1	25.6	8.7
	1.5	3.9	30.6	31.2	10.6
	2	7	55	56	19.1
	3	12.1	95	96.8	33
	4	15.8	124.1	126.4	43.1
单边 V 形 坡口对接	4	14	125.1	128	43.7
	6	30	235.5	240	81.9
	8	56	439.6	448	152.9
	10	80	628	640	218
双边 V 形 坡口对接	12	74	659.4	672	239.3
	16	126	989.1	1008	344

续表 8-6

焊接接头形式	焊件厚度（mm）	焊缝熔截金属截面（mm²）	每米焊缝上的熔敷金属重(g/m)		
			结构钢	不锈钢	铝合金
双边 V 形坡口对接	20	176	1381.6	1408	480.5
	24	234	1836.9	1872	638.8
	28	300	2355	2400	819
搭接	1	3.6	28.3	28.8	9.8
	1.5	6.7	52.6	53.6	18.3
	2	10.8	84.8	86.4	29.5
	3	12.5	98.9	100.9	34.4
	4	20	157	160	54.6
	6	36	282.6	288	98.3
丁形接头	1	4.8	37.7	38.4	13.1
	1.5	8.0	62.8	64	21.8
	2	11.8	92.6	94.4	32.2
	3	18.5	145.2	148	50.5
单边 V 形坡口 T 形接头	5	34.3	269.3	274.4	93.6
	6	37.4	293.6	299.2	102.1
	8	60.3	473.4	482.4	164.6
	10	91.9	721.4	735.2	250.9
双边 V 形坡口 T 形接头	12	53.6	42.1	428.3	146.3
	16	99.1	777.9	792.8	270.5
	20	197.8	1552.9	1582.4	539.9
	24	332.6	2610.9	2660.8	908
	28	434.2	3408.5	3473.6	1185.4
	32	550	4317.5	4400	1501.5
	36	679.7	5335.6	5437.6	1855.6
	40	823.5	6464.5	6588	2248.2

5. 氩弧焊时填充焊丝定额计算系数

氩弧焊时填充焊丝定额计算系数见表 8-7。

表 8-7 氩弧焊时填充焊丝定额计算系数

焊接方法类别	焊接材料名称	定额计算系数
钨极氢弧焊	铝或镁合金、优质钢	1.05
	不锈钢、耐热钢	1.04
熔化化极氩弧焊	铝或镁合金、优质钢	1.08
	不锈钢、耐热钢	1.06

6. 钨极氩弧焊时氩气消耗量

钨极氩弧焊时氩气消耗量见表 8-8。

表 8-8 钨极氩弧焊时氩气消耗量

焊件坡口形式	焊件厚度(mm)	氩气消耗量 Q(L/m)		
		结构钢	不锈钢	铝合金
I形坡口	0.5	3.5~4	3.5~4	4~5
	1.0			
	1.5	4~5	4~5	7~8
	2	5~6	5~6	
	3	6~7	6~8	8~9
	4	7~8	7~9	
V形坡口	5	8~11	8~11	9~11
	6	9~12	9~12	
	8	11~15	11~15	11~13
	10	12~17	12~17	13~15
双V形坡口	12	12~17	12~17	13~15
	15			
	20	13~18	13~18	15~17
	25			
	30			

7. 气焊时每米焊缝上的熔敷金属及焊丝消耗量

气焊时每米焊缝上的熔敷金属及焊丝消耗量见表 8-9。

表 8-9　气焊时每米焊缝上的熔敷金属及焊丝消耗量

焊接接头形式	焊件厚度（mm）	焊缝熔截金属敷面（mm²）	熔敷金属重（g/m）		焊丝消耗量（g/m）	
			钢	铝合金	钢	铝合金
对接	0.5	2	15.7	5.5	17	5.9
	1.0	3.2	25.1	8.7	27.1	9.4
	1.5	3.9	30.6	10.6	33	11.4
	2.0	7.0	55	19.1	59.4	20.6
	3.0	12.1	95	33	102.6	35.6
搭接	1.0	3.6	28.3	9.8	30.6	10.6
	1.5	6.7	52.6	18.3	56.8	19.8
	2.0	10.8	84.8	29.5	92.6	31.9
	3.0	12.6	98.9	34.4	106.8	37.3
T形接头	1.0	4.8	37.7	13.1	40.7	14.1
	1.5	8.0	62.8	21.3	67.8	23.5
	2.0	11.8	92.6	32.2	100	34.8
	3.0	18.5	145.2	50.5	156.8	54.5

注:焊丝定额计算系数一般为 1.08。

8. 每千克电石可发生的乙炔气量

每千克电石可发生的乙炔气量见表 8-10。

表 8-10　每千克电石可发生的乙炔气量

电石粒度(mm)	乙炔气发生量(L)	
	I级品	II级品
2～8	250	230
8～15	260	240
15～25	270	250
25～50	280	260
50～80	280	260

9. 氧气纯度与氧气消耗量的关系

氧气纯度与氧气消耗量的关系见表 8-11。

表 8-11 氧气纯度与氧气消耗量的关系

氧气纯度(%)	氧气消耗量(%)	氧气纯度(%)	氧气消耗量(%)
99.5	100	98.0	135～140
99.0	110～115	97.5	155～160
98.5	122～125	97.0	170～180

10. 铜钎焊时每米焊缝上钎料及钎剂的消耗量

铜钎焊时每米焊缝上钎料及钎剂的消耗量见表 8-12。

表 8-12 铜钎焊时每米焊缝上钎料及钎剂的消耗量

焊件厚度(mm)	钎料消耗量(g/m)	钎剂消耗量(g/m)
1～1.5	150	20
1.5～2.5	250	25
2.5～3.5	350	25
3.5～4.5	500	30
4～5	750	30
5～6	800	35
6～7	800	35
7～8	900	35
8～9	950	35

11. CO_2 气体与焊丝的消耗量

CO_2 气体保护焊时，CO_2 气体与焊丝的消耗量见表 8-13。

表 8-13 CO_2 气体与焊丝的消耗量

焊接接头形式	焊件厚度(mm)	焊缝熔截金属敷面(mm²)	CO_2 气体消耗量(L/min)	每米焊缝上的熔敷金属重量(g/m)	每米焊缝上的焊丝消耗量(g/m)
对接	1.0	3.2	6	25	27
	1.5	3.9	10	31	34

续表 8-13

焊接接头形式	焊件厚度(mm)	焊缝熔截金属敷面(mm²)	CO₂气体消耗量(L/min)	每米焊缝上的熔敷金属重量(g/m)	每米焊缝上的焊丝消耗量(g/m)
对接	2.0	7.0	12	55	60
	2.5	9.5	14	75	81
T形接头	1.0	4.8	6	38	41
	1.5	8.0	10	63	68
	2.0	18	10	142	154
	2.5	23	12	181	196

注:焊丝定额计算系数一般为 1.08。

参 考 文 献

[1] 国家标准. 电阻焊机的安全要求(GB 15578—2008)[S]. 北京：中国标准出版社,2009.

[2] 国家标准. 不锈钢复合钢板焊接技术要求(GB/T 13148—2008)[S]. 北京：中国标准出版社,2009.

[3] 国家标准. 镍及镍合金焊丝(GB/T 15620—2008)[S]. 北京：中国标准出版社,2009.

[4] 国家标准. 气焊焊接工艺规程(GB/T 19867.2—2008)[S]. 北京：中国标准出版社,2008.

[5] 国家标准. 电阻焊焊接工艺规程(GB/T 19867.5—2008)[S]. 北京：中国标准出版社,2008.

[6] 国家标准. 铜及铜合金焊丝(GB/T 9460—2008)[S]. 北京：中国标准出版社,2008.

[7] 国家标准. 气焊、焊条电弧焊、气体保护焊和高能束焊的推荐坡口(GB/T 985.1—2008)[S]. 北京：中国标准出版社,2008.

[8] 国家标准. 埋弧焊的推荐坡口(GB/T 985.2—2008)[S]. 北京：中国标准出版社,2008.

[9] 国家标准. 铝及铝合金气体保护焊的推荐坡口(GB/T 985.3—2008)[S]. 北京：中国标准出版社,2008.

[10] 国家标准. 焊缝符号表示法(GB/T 324—2008)[S]. 北京：中国标准出版社,2008.

[11] 国家标准. 铸铁焊条及焊丝(GB/T 10044—2006)[S]. 北京：中国标准出版社,2006.

[12] 国家标准. 焊接及相关工艺方法代号(GB/T 5185—2005)[S]. 北京：中国标准出版社,2006.

[13] 国家标准. 电弧焊焊接工艺规程(GB/T 19867.1—2008)[S]. 北京：

中国标准出版社,2006.

[14] 国家标准. 埋弧焊用低合金钢焊丝和焊剂(GB/T 12470—2003)[S].北京:中国标准出版社,2003.

[15] 张士相. 焊工(基础知识)[M]. 北京:中国劳动社会保障出版社,2002.

[16] 史耀武. 焊接技术手册[M]. 福州:福建科技出版社,2005.

[17] 张建勋. 现代焊接生产与管理[M]. 北京:机械工业出版社,2006.

[18] 本书编委会. CO_2 气体保护焊工艺与操作技巧[M]. 沈阳:辽宁科学技术出版社,2010.

[19] 邢淑萍. 高级焊工技能训练[M]. 北京:中国劳动和社会保障出版社,2002.

[20] 徐卫东. 焊接检验与质量管理[M]. 北京:机械工业出版社,2008.

[21] 刘松淼,郭颖. 焊接操作技能实用教程[M]. 北京:化学工业出版社,2010.

金盾版图书,科学实用,
通俗易懂,物美价廉,欢迎选购

防水工(建筑工人达标上岗培训丛书)	25.00 元	起重工长(建筑安装工程施工工长丛书)	23.00 元
装饰装修油漆工宜与忌	12.00 元	焊工工长(建筑安装工程施工工长丛书)	27.00 元
实用铆工技术	13.00 元	架子工长(建筑安装工程施工工长丛书)	29.00 元
新农村电工应知应会问答	29.00 元	物业会计实务	29.00 元
架子工操作技能(初、中级)	23.00 元	摩托车故障检修 580 问	24.00 元
起重工操作技能(初、中级)	19.00 元	新编摩托车故障诊断与排除	24.00 元
管工操作技能(初、中级)	26.00 元	摩托车驾驶与维修技术	23.00 元
装饰涂裱工操作技能(初、中级)	16.00 元	摩托车修理工技能实训	15.00 元
电气设备安装工程计价与应用(建筑工程计价丛书)	28.00 元	摩托车故障速查与排除技术手册(修订版)	20.00 元
给排水、采暖、燃气工程计价与应用(建筑工程计价丛书)	28.00 元	摩托车电气设备结构与维修	20.00 元
土石方及桩基础工程计价与应用(建筑工程计价丛书)	39.00 元	国内流行摩托车电气设备结构与维修	27.00 元
砌筑及混凝土工程计价与应用(建筑工程计价丛书)	38.00 元	摩托车使用与维修问答	19.00 元
装饰装修工程计价与应用(建筑工程计价丛书)	38.00 元	国产摩托车使用与维修(修订版)	39.00 元
建筑识图基础及实例解析	16.00 元	电动自行车修理 466 问	18.00 元
村镇建房建材选购手册	20.00 元	电动自行车检修问答	12.00 元
新型电焊机维修技术	28.00 元	电动自行车维修入门与技巧	19.00 元
村镇住宅设计案例精选	28.00 元	电动自行车修理工初级技能	13.00 元
建筑材料试验员基本技术	25.00 元	摩托车检修技术问答	20.00 元
节能砖瓦小立窑实用技术问答	19.00 元	新型摩托车故障快查快修	22.00 元
		摩托车修理入门与技巧	16.00 元
工业锅炉节能改造技术与工程实例	29.00 元	新型摩托车检修实践技巧	35.00 元
		农村常用摩托车使用与维修	26.00 元
管道工长(建筑安装工程施工工长丛书)	38.00 元	新手上路必读——购车用车 200 问	11.00 元

汽车驾驶节油技巧	10.00 元	柴油机维修技术问答	17.00 元
汽车电工电子技术基础	28.00 元	怎样识读汽车电路图	10.00 元
新型轿车维修 265 问	42.00 元	看图学修柴油机	39.00 元
汽车故障诊断与排除实例	20.00 元	康明斯 ISM、QSM 系列全电控	
汽车修理工职业技能鉴定		柴油机维修手册	88.00 元
考证问答(初、中级)	23.00 元	汽车钣金工等级考试必读	18.00 元
汽车修理工职业技能鉴定		北京福田系列汽车使用与	
考证问答(高级、技师)	34.00 元	检修	21.00 元
新编汽车驾驶员自学读本		中级汽车修理工职业资格	
(第二次修订版)	31.00 元	考试指南	18.00 元
汽车维修工艺	52.00 元	汽车维修电工入门与技巧	29.00 元
汽车电子控制技术	38.00 元	怎样经营汽车维修店	18.00 元
柴油汽车故障检修 300 例	15.00 元	新编轿车驾驶速成图解	
柴油物流轻型卡车使用维护		教材	17.00 元
与检修	24.00 元	机动车机修人员从业资格	
汽车发动机构造与维修	35.00 元	考试必读	27.00 元
汽车底盘构造与维修	29.00 元	机动车电器维修人员从业	
汽车驾驶技术教程	22.00 元	资格考试必读	23.00 元
载货汽车驾驶速成图解	23.00 元	机动车车身修复人员从业	
汽车电工实用技术	52.00 元	资格考试必读	20.00 元
汽车故障判断检修实例	10.00 元	机动车涂装人员从业资格	
汽车电器电子装置检修图解	45.00 元	考试必读	16.00 元
新编汽车故障诊断与检修		机动车技术评估(含检测)	
问答	37.00 元	人员从业资格考试必读	16.00 元
汽车电控柴油发动机结构与		国产大众系列轿车维修手册	60.00 元
故障检修图解	36.00 元	汽车涂装工等级考试必读	15.00 元
汽车电控与新型装置维修技术		汽车维修电工等级考试必读	30.00 元
	40.00 元	汽车修理工(含技师)等级	
看图学修柴油发电机组	38.00 元	考试必读	26.00 元
玉柴柴油发动机维修精要	35.00 元	汽车涂装美容技术问答	17.00 元

　　以上图书由全国各地新华书店经销。凡向本社邮购图书或音像制品,可通过邮局汇款,在汇单"附言"栏填写所购书目,邮购图书均可享受 9 折优惠。购书 30 元(按打折后实款计算)以上的免收邮挂费,购书不足 30 元的按邮局资费标准收取 3 元挂号费,邮寄费由我社承担。邮购地址:北京市丰台区晓月中路 29 号,邮政编码:100072,联系人:金友,电话:(010)83210681、83210682、83219215、83219217(传真)。